国家骨干高等职业院校项目建设成果

园 林 树 木

龚雪梅 闫 娜 主 编
兰 伟 李 琳 副主编
罗凤霞 主审

科学出版社
北 京

内 容 简 介

本书共分 6 个项目，包括园林树木的特征及其生长发育、环境与园林树木生长、园林树木识别与应用、园林树木应用调查与配置设计、园林树木栽植技术、园林树木养护技术，各项目又由若干任务组成，全书共 28 个任务。此外，全书紧扣园艺、园林相关专业人才应用技能的培养要求，设计了 16 个技能训练，方便广大教师、学生及专业爱好者使用。

本书可作为高职高专园艺技术、园林技术、园林工程技术等相关专业的教材，也可作为成人教育、职业培训及技术人员的参考用书。

图书在版编目（CIP）数据

园林树木/龚雪梅，闫娜主编. —北京：科学出版社，2016
（国家骨干高等职业院校项目建设成果）
ISBN 978-7-03-045521-5

Ⅰ.①园… Ⅱ.①龚… ②闫… Ⅲ.①园林树木-高等职业教育-教材
Ⅳ.①S68

中国版本图书馆 CIP 数据核字（2015）第 203923 号

责任编辑：李　欣 / 责任校对：刘玉靖
责任印制：吕春珉 / 封面设计：曹　来

科 学 出 版 社 出版
北京东黄城根北街 16 号
邮政编码：100717
http://www.sciencep.com

北京九州迅驰传媒文化有限公司 印刷
科学出版社发行　各地新华书店经销

*

2016 年 6 月第 一 版　　开本：787×1092　1/16
2024 年 1 月第七次印刷　　印张：17 1/2
字数：410 000
定价：53.00 元
（如有印装质量问题，我社负责调换〈九州迅驰〉）
销售部电话 010-62136230　编辑部电话 010-62135235（VL03）

版权所有，侵权必究
举报电话：010-64030229；010-64034315；13501151303

前　言

"园林树木"是阐述园林树木的特征、生长发育规律、识别与应用以及栽培养护管理技术等理论知识，并培养有关实践技能的学科，是园艺技术、园林技术、园林工程技术、城市园林等专业的重要专业基础课，树木的识别、应用及其栽植、养护管理是该课程的重点内容，实践性较强。

本书根据我国高职教育教学改革需要，以职业能力培养为重点，注重应用性知识，突出技能训练，根据园林树木的生长与应用规律，按照园林树木"识别—应用—栽植—养护"的顺序进行编写。全书共分6个项目、28项任务、16个技能训练，体现了"教学内容融合工作任务、技能训练紧贴生产实际、培养过程立足岗位需求"的人才培养理念。根据有关专家及校企合作企业的建议意见，我们在教材的内容、编排等方面进行了精心设计，在内容的选取与设计上，结合职业岗位能力，从典型工作任务入手，设有学习目标、任务分析、任务实施相关专业知识、技能训练、考核标准、习题和知识拓展等内容。技能考核贯穿于整个教材中，实行分组训练、过程考核，能全面、客观、公正地评价学生，有助于培养学生的综合素质。另本书配套有电子课件和模拟试题。

本书由龚雪梅（阜阳职业技术学院）、闫娜（金陵科技学院）担任主编，兰伟（阜阳师范学院）、李琳（阜阳职业技术学院）担任副主编，金继良（阜阳林业技术推广研究所）、张娟（阜阳市园林局）、周友磊等参与编写。其中，项目1和项目3的任务1、2，以及项目4由闫娜编写；项目2和项目3的任务5、6、7、8，以及项目5由龚雪梅编写；项目3的任务3、4由兰伟编写；项目6由李琳编写；全书由龚雪梅统稿，技能训练由金继良、张娟、周友磊审核，项目3的插图由李琳审核，全书由金陵科技学院园林植物与观赏园艺学科带头人罗凤霞教授主审。

在编写本书过程中，我们得到阜阳职业技术学院各级领导、同事的大力支持，并参考了有关教材、著作，以及网络资源，在此有关作者一并致以衷心的感谢。

由于编者水平有限，书中难免存在不足与疏漏之处，敬请读者批评指正。

编　者

2015年2月

目 录

前言
项目1 园林树木的特征及其生长发育 1
 任务1 识别园林树木的园林特征 1
  1.1 园林树木的形态学基础 2
  1.2 植物检索表的使用 20
  技能训练1 园林树木形态特征的观察 22
 任务2 园林树木的生长发育 24
  2.1 园林树木的生命周期 25
  2.2 园林树木的年周期 27
  2.3 园林树木的物候观测 29
  技能训练2 园林树木的物候观测及记载 33
 任务3 园林树木各器官的生长发育 36
  3.1 根系的生长 37
  3.2 茎的生长特性与树体骨架的形成 42
  3.3 叶和叶幕的形成 47
  3.4 花的形成和开花 49
  3.5 果实的形成 56
  技能训练3 园林树木的冬态识别 58
 任务4 树木生长发育的整体性 59
  4.1 各器官的相关性 60
  4.2 地上部分与地下部分的相关性 60
  4.3 营养生长与生殖生长的相关性 61

项目2 环境与园林树木生长 63
 任务1 光与园林树木 63
  1.1 光质与园林树木生长发育 64
  1.2 光照强度与园林树木生长发育 65

1.3	光照长度与园林树木生长发育	66

任务 2 温度与园林树木 67

    2.1 温度与园林树木生长发育的关系 68
    2.2 树木生长所需的基础温度 69
    2.3 极端温度对树木的影响 69
    2.4 园林树木对温度的影响 70

任务 3 水分与园林树木 71

    3.1 水分对园林树木生长发育的影响 71
    3.2 园林树木对水分的需求和适应 72

任务 4 土壤与园林树木 73

    4.1 土壤温度与园林树木的生长 74
    4.2 土壤通气与园林树木的生长 74
    4.3 土壤水分与园林树木的生长 75
    4.4 土壤化学性状与园林树木的生长 75

任务 5 其他环境因子与园林树木 77

    5.1 地形与园林树木的生长 77
    5.2 风与园林树木的生长 78
    5.3 大气污染与园林树木的生长 78
    5.4 生物因子与园林树木的生长 79

项目 3 园林树木识别与应用 82

任务 1 花木类树种的识别与应用 82

    1.1 白玉兰 83
    1.2 紫玉兰 83
    1.3 二乔木兰 84
    1.4 乐昌含笑 84
    1.5 深山含笑 84
    1.6 广玉兰 85
    1.7 含笑 85
    1.8 白兰花 86
    1.9 笑靥花 86
    1.10 珍珠梅 87
    1.11 蔷薇 87
    1.12 玫瑰 87

1.13 结香 ... 88

1.14 瑞香 ... 88

1.15 梅花 ... 89

1.16 桂花 ... 89

1.17 杜鹃花 ... 90

1.18 金丝桃 ... 91

1.19 金丝梅 ... 91

1.20 紫薇 ... 92

1.21 木槿 ... 92

1.22 木芙蓉 ... 93

1.23 扶桑 ... 93

1.24 山茶 ... 94

1.25 云南山茶 ... 95

1.26 茶梅 ... 95

1.27 栀子 ... 96

1.28 蜡梅 ... 96

1.29 银芽柳 ... 97

技能训练 4 花木类园林树木的识别 ... 97

任务 2 叶木类树种的识别与应用 ... 99

2.1 女贞 ... 99

2.2 海桐 ... 100

2.3 蚊母树 ... 100

2.4 石楠 ... 101

2.5 珊瑚树 ... 101

2.6 大叶黄杨 ... 101

2.7 鸡爪槭 ... 102

2.8 三角枫 ... 103

2.9 枫香 ... 103

2.10 变叶木 ... 104

2.11 银杏 ... 104

2.12 榉树 ... 105

2.13 七叶树 ... 105

2.14 八角金盘 ... 106

2.15	鹅掌楸	106
2.16	柽柳	107
2.17	棕竹	107
2.18	棕榈	108

技能训练 5　叶木类园林树木的识别　108

任务 3　果木类树种的识别与应用　110

3.1	枇杷	110
3.2	樱桃	111
3.3	郁李	111
3.4	刺梨	111
3.5	木瓜	112
3.6	平枝栒子	112
3.7	火棘	113
3.8	杨梅	113
3.9	柿树	113
3.10	冬青	114
3.11	荚蒾	114
3.12	紫叶小檗	115
3.13	无花果	115
3.14	南天竹	116

技能训练 6　果木类园林树木的识别　116

任务 4　荫木类树种的识别与应用　117

4.1	香樟	118
4.2	垂柳	118
4.3	白杨	119
4.4	枫杨	120
4.5	榆树	120
4.6	榔榆	121
4.7	朴树	121
4.8	二球悬铃木	122
4.9	刺槐	122
4.10	国槐	123
4.11	臭椿	123

4.12 苦楝	124
4.13 香椿	124
4.14 栾树	125
4.15 喜树	125
4.16 白蜡	126
4.17 泡桐	126

技能训练 7 荫木类园林树木的识别 ·············127

任务 5 林木类树种的识别与应用 ·············128

5.1 雪松	129
5.2 五针松	129
5.3 金钱松	129
5.4 罗汉松	130
5.5 水杉	130
5.6 柳杉	131
5.7 杉木	131
5.8 马尾松	132
5.9 黑松	132
5.10 白皮松	132
5.11 侧柏	133
5.12 圆柏	134

技能训练 8 针叶类园林树木的识别 ·············134

任务 6 蔓木类树种的识别与应用 ·············136

6.1 葡萄	136
6.2 爬山虎	137
6.3 紫藤	137
6.4 凌霄	138
6.5 络石	138
6.6 金银花	138
6.7 薜荔	139
6.8 三角花	139
6.9 木香	140
6.10 常春藤	140

技能训练 9 蔓木类园林树木的识别 ·············141

任务 7 篱木类树种的识别与应用 …………………………………………………… 142
    7.1 枳 ………………………………………………………………………………… 143
    7.2 黄杨 ……………………………………………………………………………… 143
    7.3 雀舌黄杨 ………………………………………………………………………… 143
    7.4 小叶女贞 ………………………………………………………………………… 144
    技能训练 10 篱木类园林树木的识别 ……………………………………………… 145
  任务 8 竹木类树种的识别与应用 …………………………………………………… 147
    8.1 凤尾竹 …………………………………………………………………………… 147
    8.2 毛竹 ……………………………………………………………………………… 147
    8.3 紫竹 ……………………………………………………………………………… 148
    8.4 孝顺竹 …………………………………………………………………………… 148
    8.5 淡竹 ……………………………………………………………………………… 149
    技能训练 11 竹木类园林树木的识别 ……………………………………………… 149

项目 4 园林树木应用调查与配置设计 ………………………………………………… 154
  任务 1 园林树种调查 ………………………………………………………………… 154
    1.1 调查方法 ………………………………………………………………………… 155
    1.2 调查总结 ………………………………………………………………………… 155
    技能训练 12 当地园林绿化树种调查 ……………………………………………… 158
  任务 2 园林树种规划 ………………………………………………………………… 159
    2.1 树种规划原则 …………………………………………………………………… 160
    2.2 园林树种规划的制定 …………………………………………………………… 161
  任务 3 园林树木选择与配置的原则 …………………………………………………… 161
    3.1 适用原则 ………………………………………………………………………… 162
    3.2 美观原则 ………………………………………………………………………… 163
    3.3 多样性原则 ……………………………………………………………………… 164
    3.4 经济性原则 ……………………………………………………………………… 164
  任务 4 园林树木的配置方式 …………………………………………………………… 165
    4.1 规则式配置 ……………………………………………………………………… 165
    4.2 自然式配置 ……………………………………………………………………… 167

项目 5 园林树木栽植技术 ……………………………………………………………… 170
  任务 1 栽植季节及施工准备 …………………………………………………………… 170
    1.1 园林树木栽植的成活原理 ……………………………………………………… 171
    1.2 园林树木栽植的施工原则 ……………………………………………………… 171

  1.3　园林树木栽植的季节············172
  1.4　施工方案制定与编制············174
  1.5　施工现场的准备············176
  1.6　技术培训············177
 任务2　园林树木栽植技术············178
  2.1　栽植地的整理与改良············178
  2.2　苗木的准备············179
  2.3　园林苗木的处理和运输············180
  2.4　定点、放线············184
  2.5　栽植穴的准备············185
  2.6　栽植修剪············187
  2.7　树木栽植施工············187
  2.8　栽后管理············188
 任务3　大树移植············193
  3.1　大树移植的意义及特点············193
  3.2　大树移植前的准备与处理············196
  3.3　木箱包装移植大树············198
  3.4　软包装土球移植············202
  3.5　大树移植后的养护管理············205
  技能训练13　园林树木栽植············206

项目6　园林树木养护技术············212
 任务1　园林树木日常养护技术············213
  1.1　养护管理概述············213
  1.2　园林树木土壤管理············214
  1.3　园林树木水分管理············222
  1.4　园林树木的营养管理············227
  技能训练14　园林树木日常养护技术············233
 任务2　园林树木病虫害防治技术············234
  2.1　园林树木病虫害防治在园林绿化中的重要性············234
  2.2　病虫害的种类及病原生物的类型············234
  2.3　病害发生过程和侵染循环············235
  2.4　害虫的种类及其生活习性············237
  2.5　病虫害的防治原则和措施············238

2.6　园林植物病虫害综合治理 240

任务3　古树、名木的养护技术 241
　　3.1　保护古树、名木的意义 241
　　3.2　古树、名木衰老的原因 242
　　3.3　古树、名木的调查、登记、存档 243
　　3.4　古树、名木的复壮措施 243
　　3.5　古树、名木的养护管理措施 246
　　技能训练15　古树、名木调查分析 248

任务4　园林树木修剪与整形技术 249
　　4.1　园林树木的树冠结构 250
　　4.2　修剪与整形 250
　　4.3　修剪与整形的原则 252
　　4.4　修剪与整形的时期 253
　　4.5　修剪与整形技术 254
　　4.6　园林中各种用途树木的修剪与整形 259
　　技能训练16　常见园林树木修剪与整形技术 262

主要参考文献 268

项目 1　园林树木的特征及其生长发育

☞ **学习目标**

本项目主要介绍园林树木的特征及其生长发育规律，明确园林树木的生命周期、年周期以及物候的概念，通过对园林树木各个生长发育阶段特点的学习，为园林树木的栽培与养护措施提供依据，从而更好地满足园林绿化的要求。

通过本项目的学习，应能够：

- ◆ 通过对园林树木的叶及叶序、茎及枝条类型的观察，为园林树木的识别奠定理论基础；
- ◆ 根据树木各个生长发育阶段的特点，初步提出相应的栽培技术与养护措施；
- ◆ 掌握物候观测的方法，撰写物候观测报告；
- ◆ 理解园林树木生长发育的整体性。

☞ **项目导入**

"要用树，先识树"，在对园林树种的识别与应用过程中，通常根据茎、叶、花（花序）、果的园林特征来进行分类，包括生长季节和落叶树木的冬态识别。

园林树木在其生命过程中，始终存在着地上部分与地下部分、生长与发育、衰老与更新、整体与局部等矛盾。栽培工作者只有熟练掌握园林树木的结构与功能、器官的生长发育、各器官之间的关系以及个体的生长发育规律，才能根据不同的生长期，采取相应的技术措施来调节这些矛盾，使树木能长期健壮地生长，从而提高园林树木的美化、生产以及生态效益。同时，为了达到最好的应用效果，我们必须了解园林树木的识别特点及其园林特性，通过对其准确的识别为园林应用与配置提供一手资料。

识别园林树木的园林特征

【知识点】掌握园林树木识别的形态学知识。

【能力点】正确描述园林树木形态并进行识别，学会使用植物检索表，能完成腊叶标本的制作。

任务分析

园林树木的种类繁多，形态各异，对形态特征的准确描述是园林树木识别的关键。本任务主要介绍运用植物形态学术语正确描述园林树木的形态特征，学生应该能够通过树木的习性、树皮、树枝、果实、球果、叶独立鉴定校园和所在城市常见的树种,并能够熟练使用植物检索表,学会制作植物腊叶标本。

  任务实施的相关专业知识

正确识别园林树种,是园林应用的基础,是对各种园林树种进行鉴定、命名和分类的过程。园林树木的园林特征主要表现在形态、色彩、芳香、质地等方面,通过叶、花、果、枝、干、根等器官,以个体美或群体美的形式构成园林美景的主体,给人以现实客观的直观美感,实现园林美的主旋律。

1.1 园林树木的形态学基础

园林树木的形态是其外形轮廓、体重、形状、质地、结构等特征的综合体现,给人以大小、高矮、轻重等比例尺度的感觉,是一种造型艺术美,为风景园林三维结构中不可分割的一部分,在园林造景中也起到特别重要的作用。

1.1.1 整体性状

下面从以下几方面介绍园林树木的整体性状。

1. 生活型

1)乔木类:树体高大,通常高 6m 以上,具有明显主干,分支点距地面较高;可细分为伟乔(>30m)、大乔(20~30m)、中乔(10~20m)及小乔(6~10m)等,如雪松、香樟、加杨、悬铃木等。

2)灌木类:树体矮小(<6m),有明显主干或者没有明显主干且茎干自地面生出多个分支,呈丛生状(称为丛生灌木),如棣棠、珍珠梅、连翘等。有些树木支干匍匐地面而生长(又称匍匐类、铺地类),如铺地柏、矮生桧子等。

3)藤木类:地上部分不能直立生长,须攀附于他物而向上生长;按照攀缘习性的不同,可分为缠绕类(如铁线莲的茎)、卷须类(如葡萄的茎)、吸附类(如爬山虎的茎)等。

2. 树形

树形指树木从整体形态上呈现的外部轮廓,由树冠及树干组成。树冠由一部分主干、主枝、侧枝及叶幕组成。树形主要受树种的遗传学特性和生长环境条件的影响。园林树木的树形多种多样,每种树形均由一定的垂线、水平线、斜线、弧线或折线构成,它们是树形的基本要素。

通常以正常生长条件下成年的冠形作为该树种的基本树形,主要有以下类型(图 1-1):

1)尖塔形。顶端优势明显,主干生长旺盛,树冠剖面基本以树干为中心,左右对称,树体从底部向上逐渐收缩，主要由斜线和垂线构成，但以斜线占优势，呈金字塔形，如雪松、水杉、南洋杉等。该类树形轮廓分明、形象生动，具有由静而趋于动的意向，有将人的视线或情感从地面导向高处天空的作用。

2）圆柱形。顶端优势较明显，主干生长旺盛且较长，分枝角度小，树冠上、下部直径相差不大，树冠紧抱，冠高超过冠径，如杜松、钻天杨、新疆杨、紫杉等。其树冠构成以垂线为主，给人以雄健、庄严与稳固的感觉，通过引导视线向上的方式，突出了空间的垂直面，能产生较强的高度感染力。

3）圆球形。主干不明显或至一定的高度即分枝，包括球形、扁球形、卵圆形等，树形以弧线为主，给人以优美、圆润、柔和、生动的感觉，多用于规则式种植，如海桐、大叶黄杨、千头柏、栾树、香樟、榕树、加拿大杨、元宝枫等。在人的视觉上，圆球形无明确的方向性，容易在各种场合中与多种形状取得协调与对比。

4）垂枝形。具有明显悬垂或下弯的细长枝条，形态轻盈，如垂柳、龙爪槐、垂榆、垂枝梅、垂桃等。

5）棕榈形。树干不分枝，少数大型叶集生于茎的顶端。这类树的种植可用以体现南国热带风情，如棕榈、蒲葵、椰子、槟榔等。

6）偃卧形。为低矮灌木的习见树形，含匍匐形、偃卧形、拱枝形等，枝条接近地面呈水平状向四周伸展，冠径大大超过植株高度，如沙地柏、迎春花、云南黄馨、连翘、金丝桃等。树形构成要素以水平线为主，引导视线沿水平方向移动，容易使空间产生一种宽阔感和外延感。

7）藤形。枝干不能直立生长，需借用其他物体（如花架、棚架、栏杆等）支持，如葡萄、紫藤、凌霄、五叶地锦、木香等。

8）特殊树形。一种是树木生长过程中因受特殊立地条件的作用，形成的具有特殊观赏价值的形态，如迎客松等；另一种是通过人工修剪、蟠扎、雕琢而成的几何或非几何图形，如各种盆景。

树形不是一成不变的，随着生长发育过程而呈现出规律性的变化。园林工作者只有掌握这些变化的规律，对其变化有预见性，才能成为优秀的园林建设者。

1.1.2 茎及其园林特征

茎是植物体的中轴部分，是维管植物地上部分的骨架，着生叶、花和果实，具有输导营养物质、水分以及支持叶、花和果实展布于一定空间的作用。同时，茎还具有光合作用、储藏和繁殖的功能。

1. 茎的形态

1）形状：园林树木茎的形态多种多样，大多数为圆柱形，也有一些园林树木的茎呈三棱柱形、方柱形、扁平柱形等（图1-2）。

2）枝条：着生叶和芽的茎，称为枝条或枝。

① 节与节间。着生叶和芽的部位是节，两个节之间的部分称为节间。具有节和节间

(a）尖塔形（水杉）　　（b）圆柱形（钻天杨）（c）圆球形（大叶黄杨）　　（d）垂枝形（龙爪槐）

（e）棕榈形（棕榈）　　　　（f）偃卧形（铺地柏）　　　　（g）藤形（紫藤）

图 1-1　常见树形

（a）节与节间　　（b）短枝　　（c）长枝与短枝

图 1-2　茎的形状

是枝条区别于根和茎的主要特征。

② 长枝与短枝。长枝是生长旺盛、节间较长的枝条，具有延伸生长和分枝的习性；短枝是生长极度缓慢、节间极短的枝条，由长枝的腋芽发育而成。大多数树种仅具有长枝，一些树种则同时具有长枝和短枝，如银杏、落叶松、枣树等。有些树种如苹果属、梨属、毛白杨等的生殖枝（花枝）具有短枝的特点。

3）枝的变态性状和附属物（图 1-3）。

① 枝刺。枝刺是枝的变态，是枝条或腋芽变态发育而成的刺状物，枝刺从茎的内部产生，和茎的维管束是相连的，一般不容易折断或剥离，如皂荚、火棘等。

② 茎卷须。茎卷须是地上茎的变态，是由部分茎枝特化而成的卷须状攀缘结构，如葡萄等。

③ 皮刺。皮刺是表皮或树皮形成的尖锐突起部分，着生位置不固定，除了枝条外，在其他器官如叶、花、果实、树皮等处均可出现，如刺楸、玫瑰、花椒等。皮刺和茎的内部构造毫无关系，很容易剥去，剥去后的断面也比较平坦。

④ 木栓翅。木栓质突起呈翅状形成木栓翅，如卫矛、大果榆等。

⑤ 皮孔。皮孔是枝条上与外界进行气体交换的通道，其形状、大小、分布密度、颜色因植物而异，如樱花的皮孔横裂，毛白杨的皮孔为菱形，白桦、红桦的皮孔呈线形横生等。

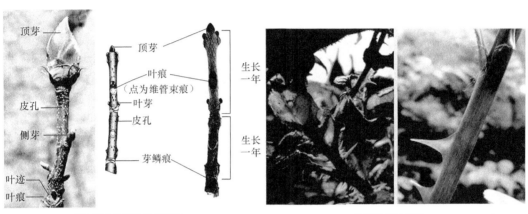

茎卷须（葡萄）

木栓翅（卫矛）

枝刺（皂荚）

图 1-3 枝的变态性状和附属物

在木本植物茎的外形上，还可以看到芽鳞痕，可以看出树苗或枝条每年芽发展时芽鳞脱落的痕迹，从而可以计算出树苗或枝条的年龄。

此外，枝条的颜色、蜡被以及毛被、腺鳞均为树种识别的重要特征，如枝条绿色的棣棠、迎春、青榨槭，红色的红瑞木、云实，黄色的金枝垂柳，白色的银白杨、白桦等。

4）芽：芽是处于幼态而未伸展开的枝、花或花序的原始体，即枝、花或花序的雏体。芽的类型（图 1-4）、形状和芽鳞特征是树木识别的重要特征。

① 叶芽（枝芽）、花芽和混合芽。叶芽开放后形成枝和叶，发育为营养枝，决定着

图 1-4 芽的类型

主干与侧枝的关系与数量，以及植株的长势和外貌；花芽开放后形成花或花序，决定着花、花序的结构和数量，并决定开花的时间和结果的数量；混合芽开放后形成带花的枝条，如海棠、苹果、梨等。在对落叶果树、园林花卉进行冬季修剪时，准确识别花芽、叶芽、混合芽，以便调节花芽、叶芽比例，从而做到合理修剪。

② 定芽和不定芽。在高等植物正常的个体发育中，芽一般从茎尖或叶腋等的一定位置生出，即生长在枝上一定位置，这种芽称为定芽。其中，生长在茎或枝顶端的芽称为顶芽；生长在叶腋的芽称为腋芽或侧芽。一般一个节上只产生一个芽，有些植物叶腋可产生不止一个腋芽，有的叶腋内有 3 个并列而生的芽，称为并生芽（并列芽），且中央的一个芽称为正芽，两侧的芽称为副芽，如桃树；有的纵列 2~3 个叠生芽，位于最下方的一个芽称为正芽，其他的芽为副芽，如桂花、忍冬等；有的芽着生在叶柄下方，并被基部延伸的部分覆盖，叶柄脱落后才能看见芽，这种芽称为柄下芽，如复叶槭、二球悬铃木、火炬松等。

此外，还有些芽不是生于枝顶或叶腋，而是由老茎、根、叶或创伤部位产生的，着生部位不固定，称为不定芽，如刺槐等根上的不定芽、砍伐后的柳树桩上产生的不定芽等。生产上常利用植物能产生不定芽这一特性进行营养繁殖。

③ 鳞芽和裸芽。芽根据有无芽鳞的保护分为鳞芽和裸芽。芽鳞是叶或托叶的变态，可以保护幼态的枝、叶、花或花序。生长在温带的木本植物的芽大多为鳞芽，如杨；只有少数温带树种具有裸芽，如枫杨、木绣球等；另外，生长在热带和亚热带潮湿环境下的木本植物也常形成裸芽。

5）树皮：树皮是树木识别和鉴定的重要特征之一，其中树皮开裂和剥落的方式是常用的特征，而对于部分树种而言，树皮的颜色和附属物则是识别的重要依据。树皮的开裂方式及树皮的颜色具有一定的观赏价值,在园林配置中起着很大的作用。

开裂形态主要有以下类型(图1-5):

① 平滑树皮:树皮表面光滑无裂,如胡桃幼树、梧桐等。
② 横纹树皮:表面呈浅而细的横纹,如山桃、樱花等。
③ 片裂树皮:树皮表面呈不规则的片状剥落,如白皮松、悬铃木、榔榆、木瓜等。
④ 丝裂树皮:树皮表面呈纵而薄的丝状脱落,如楸树、圆柏、侧柏等。
⑤ 纵沟树皮:树皮表面纵裂较深,呈纵条状或近于人字形的深沟,如老年的胡桃、榆树等。
⑥ 纸状树皮:树皮表面呈纸状剥落,如白桦、红桦等。
⑦ 长方形裂片树皮:树皮表面呈长方形,如柿树。
⑧ 纵裂树皮:树皮表面呈不规则的纵条状或近于人字形的浅裂,多数树种属于此类,如银杏、金银忍冬、臭椿、栾树、国槐等。
⑨ 疣突树皮:树皮表面有不规则的疣突,如山皂荚、刺槐等。

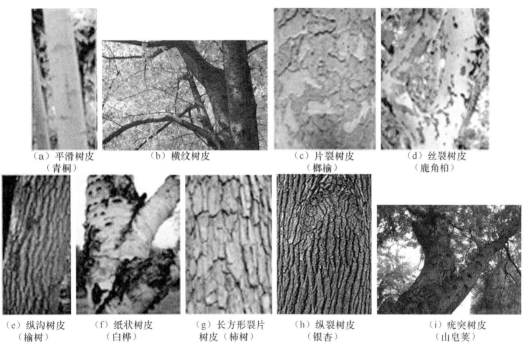

图1-5 树皮的开裂形态

树皮的色彩是树木识别的重要特征,在丛植配景时也要注意树皮颜色与环境的协调,以及各树木之间树皮颜色的关系。

树皮的颜色有暗紫色的,如紫竹;有红褐色的,如马尾松、山桃、火炬松、杉木等;有黄色的,如金竹、黄桦、连翘等;有红色的,如红瑞木、红桦、美人梅嫩枝等;有绿色的,如竹、梧桐、梅的嫩枝等;有斑驳色彩的,如黄金嵌碧玉竹等;有灰白色的,如白皮松、白桦、胡桃等。

2. 茎的分枝

分枝是园林树木生长发育过程中的普遍现象，主干的伸长和侧枝的形成是顶芽和腋芽分别发育的结果。侧枝和主干一样，也有顶芽和腋芽，可以继续产生侧枝，依次产生大量分枝形成园林树木的树冠。由于芽的性质和活动情况不同，园林树木主要的分枝方式有单轴分枝、合轴分枝和假二叉分枝 3 种类型（图 1-6）。

1）单轴分枝（总状分枝）：树木的主干由顶芽不断向上生长，顶端优势明显，产生明显、通直的主轴（主干），各级侧枝依次变细，如裸子植物的乔木类及多数被子植物，常见的有松柏、杉木、水杉、白杨、山毛榉等。行道树一般使用单轴分枝、树体高大、主干明显的乔木树种。

2）合轴分枝：顶芽发育到一定时候就死亡或生长缓慢或为花芽，位于顶芽下的侧芽迅速发育成为新枝，代替原有的顶芽生长，每年交替进行，使主干继续延长。主干由许多腋芽发育而成的侧枝联合形成。幼时显著曲折，老时由于生长加粗，则曲折的形状逐渐消失。大多被子植物的分枝方式属于此类。

合轴分枝具有曲折、节间短、花芽较多等特点，是一种丰产的分枝方式。在园林上，合轴分枝方式使树冠自然展开，通过整枝、摘心等措施，人为调控枝系的空间分布和配比，以达到促进次级侧枝生长，使冠形丰满、匀称、多花，美化株形的目的。

合轴分枝的树木有较大的树冠，能提供大面积的遮阴，在园林绿化和景观美化中适合于营造一种悠闲、舒适和安静的环境，是主要的庭荫树木，如法国梧桐、泡桐、白蜡树、菩提树、桃树、樱花、无花果等。

3）假二叉分枝：合轴分枝的另一种形式，由具有对生叶的植物发育而来。在顶芽停止生长后（或顶芽是花芽的树木开花后），顶芽下两侧腋芽同时发育，形成二叉状分枝，如丁香、茉莉、接骨木等。

这种分枝方式，由于主茎顶芽停止活动，促进了大量腋芽的生长，从而使地上部有更大的开展性，既提高了支持和承受能力，又使枝叶繁茂，通风透气，有效扩大光合作用的面积。具有假二叉分枝的树木的树体通常比较矮小，但在园林绿化中的作用非常广泛，如丁香、接骨木、石榴、连翘、迎春花、金银木、四照花等。

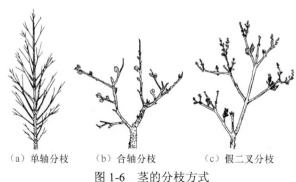

（a）单轴分枝　（b）合轴分枝　（c）假二叉分枝

图 1-6　茎的分枝方式

3. 茎的类型

园林树木在适应外界环境过程中，形成了各自的生长习性以适应外界环境，使叶在空间合理分布，尽可能地获得充足阳光，从而制造营养物质。茎有以下几种主要类型（图 1-7）：

1）直立茎：茎的生长与地面垂直，如松、柏、杨、柳等大多数园林树木的茎。

2）缠绕茎：茎细长而柔软，需缠绕他物而上升。缠绕茎的缠绕方向，有些是左旋的（即按逆时针方向旋转向上），有些是右旋的，如茑萝、紫藤等。热带雨林中的许多绞杀植物都有缠绕茎。

3）攀缘茎：茎细长而柔软，不能直立，借助特有的结构（如吸盘、卷须、钩刺等）攀缘他物而上升，如爬山虎、常春藤、络石、叶子花等。

4）匍匐茎：茎不能直立，也没有缠绕和攀缘的特性和结构，只能匍匐在地面上生长，如铺地柏、砂地柏等。

（a）直立茎（青桐）　　（b）缠绕茎（茑萝）　　（c）攀缘茎（爬山虎）　　（d）葡萄茎

图 1-7　茎的类型

园林上应用缠绕茎、攀缘茎进行垂直绿化；应用具有直立茎的高大、挺拔的树种作为行道树；应用匍匐茎做地被。

1.1.3　叶及其园林特征

叶是鉴定、比较和识别树种常用的形态特征。叶一般由叶柄、叶片和托叶 3 部分组成，叶片为扁平状，呈绿色，是叶行使其功能的主要部分。具有叶片、叶柄和托叶 3 部分的叶称为完全叶，缺少其中任一部分或两部分的叶称为不完全叶。

1. 叶的类型

叶的类型包括单叶和复叶。

1）单叶：一个叶柄上只着生一片叶片，并且叶片与叶柄之间不具有关节，如桃树、香樟、女贞和梧桐等。

2）复叶：一个叶柄上着生 2 片以上的叶片。当叶轴不分枝时，称为一回复叶；当叶轴按照一定规律分枝一次时，称为二回复叶；以此类推。

根据小叶在叶轴上的排列方式，复叶分为以下类型（图1-8）：

① 羽状复叶。复叶的小叶排列成羽状，生于叶轴的两侧，形成一回羽状复叶，可分为奇数羽状复叶（如化香、蔷薇、槐、盐肤木等）和偶数羽状复叶（如黄连木、锦鸡儿、香椿等）。

② 掌状复叶。几枚小叶着生于总叶柄的顶端，如七叶树、木通、五叶地锦等。

③ 三出复叶。总叶柄上具有3枚小叶，可分为掌状三出复叶（如枸橘）和羽状三出复叶（如胡枝子）。

④ 单身复叶。外形似单叶，单小叶片和枝柄之间具有关节，如柑橘。

图1-8 复叶的类型

单叶和复叶的区别：叶轴的顶端没有顶芽，小枝常有顶芽；小叶的叶腋没有腋芽，小枝的叶腋有腋芽；复叶脱落时，先小叶脱离，最后叶轴脱落，小枝上只有叶脱落；单叶叶柄基部有托叶，复叶的小叶柄处无托叶；叶轴上的小叶与叶轴在一个平面上，小枝上的叶与小枝成一定角度。

2. 叶序

叶序即单叶或者复叶在茎或枝条上的排列方式，包括互生、对生、轮生、簇生和基生，但基本的叶序是前3种（图1-9）。

1）互生：茎或枝条的每个节上只着生一枚叶，如白玉兰、香樟等。

2）对生：茎或枝条的每个节上相对着生两枚叶。上、下相邻的两个节上的对生叶着生方向互相垂直的，称为交互对生，如丁香等。

3）轮生：在茎或枝条的同一个节上有3枚或3枚以上的叶着生，如夹竹桃等。

4）簇生：多枚叶以互生叶序密集着生于枝条的顶端（如海桐），或多枚叶以互生叶序着生于极度缩短的短枝上（如金钱松、银杏等）。

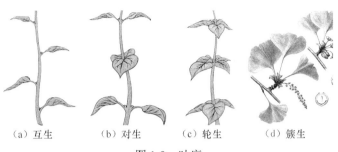

（a）互生　　（b）对生　　（c）轮生　　（d）簇生

图1-9　叶序

3. 叶的形态

在树种鉴定和识别中，常用的形态主要有叶序、叶形、叶脉、叶尖、叶基、叶缘及叶表毛被和毛的类型。

（1）叶形

叶形即叶片或复叶的小叶片的轮廓。按照叶片大小和形态，叶形可分为以下三大类：

1）大型叶类：叶片巨大，但整株树上叶片数量不多。大型叶树的种类不多，其中以具有羽状或掌状开裂叶片的树木为主，多原产于热带湿润气候地区，有秀丽、洒脱、清疏的观赏特征，如巴西棕（其叶片长达20m以上）、芭蕉、椰子、棕榈等。

2）小型叶类：叶片狭窄、细小或细长，叶片长度大大超过宽度，包括常见的鳞形、针形、凿形、钻形、条形以及披针形等，给人以细碎、紧实、坚硬、强劲等视觉效果。例如，柽柳、侧柏的鳞片叶仅几毫米。

3）中型叶类：叶片宽阔，大小介于小型叶与大型叶之间，形状多种多样，有圆形、卵形、椭圆形、心脏形、肾形、三角形、菱形、扇形、掌状形、马褂形、钥形等类型，多数阔叶树属于此类型，给人以丰满、圆润、素朴、适度等感觉。

被子植物常见的叶形类型（图1-10）：

1）椭圆形类：如金丝桃、天竺桂、柿以及长椭圆形的芭蕉等。

2）卵形类：包括卵形及倒卵形叶，如女贞、玉兰、紫楠等。

3）圆形类：包括圆形、心形叶，如紫荆、泡桐等。

4）掌状类：如五角枫、刺楸、梧桐等。

5）三角形类：包括三角形及菱形，如钻天杨、乌桕等。

6）奇异形：包括各种引人注目的形状，如鹅掌形、羊蹄形、戟形、扇形。另外，还有线形、披针形、肾形、剑形等。

裸子植物常见的叶形有针形（如白皮松、雪松）、条形（如日本冷杉、水杉、紫杉等）、四棱形（如红皮云杉）、刺形（如杜松、铺地柏、刺柏）、钻形或锥形（如柳杉）、鳞形（如侧柏、日本扁柏、圆柏等）。

（2）叶脉

叶脉是贯穿于叶肉内的维管组织及外围的机械组织。叶脉在叶片上的分布样式称为脉序，一般分为以下几种（图1-11）：

(a) 椭圆形类（橡皮树）　　(b) 卵形类（紫玉兰）　　(c) 圆形类（莲）　　(d) 掌状类（鹅掌楸）

(e) 三角形类（乌桕）　　(f) 羊蹄形（羊蹄甲）　　(g) 心形（紫荆）　　(h) 扇形（银杏）

图 1-10　叶形类型

1）网状脉：细脉连接成明显的网状，是双子叶植物叶脉的特征。根据侧脉的分布方式，网状脉又分为掌状网状脉（如悬铃木、五角枫等）和羽状网状脉（如夹竹桃）两种。

2）平行脉：侧脉大致平行排列，是单子叶植物叶脉的特征。根据侧脉的位置和伸展方向，平行脉又可分为直出平行脉（如慈竹）、横出平行脉（如芭蕉、美人蕉、香蕉等）、弧状平行脉（如竹）和射出平行脉（如棕榈、蒲葵等）。

3）叉状脉：多见于蕨类植物和裸子植物，如银杏。

（3）叶尖、叶基和叶缘

叶尖的形状：渐尖、急尖、钝形、截形、具短尖、具骤尖、微缺、倒心形。

叶基的形状：耳形、箭形、戟形、匙形、偏斜形。

叶缘的形状：全缘、波状、皱缩状、齿状、缺刻。

4. 叶片的色彩

（1）基本叶色

基本叶色是绿色，受树种及光线的影响，又有墨绿、深绿、油绿、黄绿、亮绿、蓝绿、褐绿、黑绿、茶绿等，且会随季节而变化。早春，叶芽初展，新绿之色，由浅及深，由淡转浓，参差不齐，古诗中"微绿""轻黄""娇黄""才黄""浅黄""鹅黄"，意即春初草林之新绿。

将不同绿色的树木搭配在一起，能形成美丽的色感。例如，在暗绿色的针叶树丛之

（a）掌状网状脉　　　　　（b）羽状网状脉　　　　（c）横出平行脉
（五角枫）　　　　　　　　（榆树）　　　　　　　　（旅人蕉）

（d）射出平行脉　　　　　　　　　　　（e）直出平行脉
（棕榈）　　　　　　　　　　　　　　　（竹）

图 1-11　脉序类型

前，配置黄绿色树冠，会形成满树黄花的效果。

叶色呈深浓绿色的有油松、圆柏、雪松、云杉、青扦、侧柏、山茶、女贞、桂花、榕、槐、毛白杨、构树等。

叶色呈浅淡绿色的有水杉、落叶松、金钱松、七叶树、鹅掌楸、玉兰、芭蕉等。

（2）特殊叶色

特殊叶色指除绿色外而呈现的其他叶色。叶按不同颜色又可分为以下几种：

1）常色叶类。有些树的变种或变型，其叶常年均为异色，而不必待秋天来临，特称为常色树。常色叶有单色与复色两种情况，单色叶片仅表现为某种单一的色彩，复色叶片表现为一个叶片上有两种以上不同的色彩，如叶片腹背的颜色不同，或有黄色的斑点或条纹等。

叶片呈红色的树种有红枫、红叶李、紫叶桃、紫叶小檗、紫叶欧洲槲、红花檵木等。

叶片呈金黄色的树种有金叶鸡爪槭、金叶雪松、金叶圆柏、金叶女贞等。

2）双色叶类。某些树种，其叶背与叶表的颜色显著不同，在微风中形成特殊的闪烁变化的效果，这类树种称为双色叶树种，如银白杨、木半夏、胡颓子、栓皮栎、红背桂等。

3）斑色叶类。绿叶上具有其他颜色的斑点或花纹的树种称为斑色树种，如桃叶珊瑚、变叶木、金边瑞香、东瀛珊瑚、金边大叶黄杨、金心大叶黄杨、银边大叶黄杨、银心大叶黄杨、撒金大叶黄杨等。

4）季节色叶类。叶片因季节变化而出现不同的叶色，如春季新叶为红色，秋季变为红色或黄色。例如，栎树在早春呈鲜嫩的黄绿色，夏季呈正绿色，秋季则变为黄色。

春季发生的嫩叶有显著不同叶色的树种称为春色叶树种。例如，臭椿的春色叶呈红色，黄连木呈紫色，山麻杆、栾树、七叶树、香椿、牡丹、月季等都呈红色。

5）新叶有色类。新叶有色类是指常绿树，不论季节只要发叶，即为非绿色叶，如铁刀木、红叶石楠。

6）秋色叶类。在秋季叶色有显著变化者称为秋色叶树。一般按其色彩的变化可分为以下几类：

① 秋色叶呈红色或紫红色类：鸡爪槭、五角枫、茶条槭、糖槭、枫香、爬山虎、五叶地锦、小檗、樱花、漆树、盐肤木、野漆、黄连木、柿、黄栌、南天竹、花楸、乌桕、红槲、卫矛、山楂等。

② 秋色叶呈黄或黄褐色类：银杏、白蜡、鹅掌楸、加拿大杨、柳、梧桐、榆、槐、白桦、无患子、复叶槭、紫荆、栾树、麻栎、栓皮栎、悬铃木、胡桃、水杉、落叶松、金钱松等。

我国北方深秋观赏红叶为黄栌红叶，南方则以枫香、乌桕之红叶称著。欧美之秋色叶以红槲、桦类为主，日本则以樱花、槭树为普遍。

1.1.4 花及其园林特征

花是不分枝的变态的短枝，是种子植物兼行无性生殖和有性生殖的结构，产生大、小孢子和雌雄配子，两性配子受精后，花就发育为果实和种子。

裸子植物花的结构较简单，无花被，无子房，因此不形成果实（如银杏）。

1. 被子植物花的组成

一朵完全花由花柄、花托、花被、雄蕊群、雌蕊群5个部分组成。缺少其中任何一部分的花称不完全花。

（1）花柄与花托

着生花的小枝称为花柄（花梗），开花后发育为果柄。花托是花柄顶端膨大的部分，形状各异，有圆柱状（如玉兰）、圆锥状或覆碗状（如草莓）、倒圆锥形（如莲）、凹陷呈碗状（如桃）、壶状（如月季）等。花基是花托在雌蕊基部膨大而成，呈盘状，能分泌蜜汁（如柑橘）。雌蕊柄（又称子房柄）是花托在雌、雄蕊之间伸长的部分（如花生）。雌、雄蕊柄是花托在雌、雄蕊与花冠之间伸长的部分（如西番莲）。

（2）花被

花被着生于花托下部或外围，为花萼和花冠的总称。其数目、形状、颜色等特征是分类的重要依据。

同时存在花萼和花冠的称为双被花，如槐、日本樱花；一般仅有花萼的称为单被花，如桑、板栗、榆等；没有花萼和花冠的称为无被花（裸花），如杨、柳；花萼和花冠的形状、颜色相似的称为同被花，每一片称为花被片，如白玉兰。

花萼由萼片组成，一般为绿色，有的大而有色彩。萼片彼此分离的，称为离萼；萼片多少连合的，称为合萼；在花萼的下面，有的植物还具有一轮花萼状物，称为副萼，如锦葵科植物；花萼不脱落，与果实一起发育的，称为宿存萼，如柿树、枸杞。

花冠由花瓣组成，排成一轮或数轮。花瓣离生的称为离瓣花，如紫薇；花瓣合生的称为合瓣花，如柿树，联合部分称为花冠筒，分离部分称为花冠裂片。花冠的对称性有辐射对称（如桃、连翘等）和两侧对称（如刺槐、毛泡桐等），以及不对称（如美人蕉）。辐射对称花又称为整齐花，两侧对称花又称为不整齐花。花冠的形状有十字形、唇形、管状、钟状、漏斗状、轮状（辐状）、舌状等。

（3）雄蕊群

雄蕊群是一朵花中所有雄蕊的总称。雄蕊由花药和花丝组成，原始类型雄蕊呈薄片状，无花丝与花药之分。花药的开裂方式有纵裂、横裂、孔裂、瓣裂等。

雄蕊的数目和合生程度是树种识别的基础，是科、属分类的重要特征。除了离生雄蕊外，常见的有二强雄蕊（如荆条）、四强雄蕊、单体雄蕊（如木槿、苦楝）、二体雄蕊（如刺槐）、多体雄蕊（如金丝桃）、聚药雄蕊等。

（4）雌蕊群

雌蕊群是一朵花中雌蕊的总称，位于花中央或花托顶部。雌蕊由柱头、花柱、子房组成。心皮是构成雌蕊的基本单位，是具有生殖功能的变态叶。心皮的数目、合生情况和位置也是树种识别的基础，是科、属分类的重要特征。

单雌蕊（simple pistil）：雌蕊由一个心皮构成。

两性花（bisexual flower）：兼有雄蕊和雌蕊的花。

单性花（unisexual flower）：仅有雄蕊或雌蕊的花。

子房的位置，根据子房与花托愈合程度不同有以下几种。

1）子房上位，花下位：子房仅以底部着生在花托上，花的其余部分着生在子房下或周围的花托上，如杏。

2）子房上位，花周位：子房仅以底部着生在花托上，花的其余部分着生于花托周围隆起的边缘上，如蔷薇。

3）子房下位，花上位：整个子房埋生于下陷的花托中，并与之愈合，花的其余部分着生于子房上的花托边缘，如白梨。

4）子房半下位，花周位：子房下半部陷生于花托中，并与之愈合，上半部仍露在外面，花的其余部分着生于子房周围的花托边缘，如圆锥绣球。

2. 花序

枝顶或叶腋内只生长一朵花，称为单生花，如白玉兰。多数花在花轴（总花柄、花序轴）上有规律的排列方式，称为花序。花轴上无典型的营养叶着生，在花粉苞片的花轴基部有苞片着生，有的苞片密集于花序之下组成总苞。

根据花在花轴上的排列方式、开放顺序等情况，花序分为无限花序和有限花序。

（1）无限花序

花轴在开花期，可以继续生长，不断形成新的花芽，各花由下而上或由边缘向中心依次开放。无限花序可分为以下几种类型（图1-12）：

1）总状花序：花序轴单一，较长，上面着生花柄长短近于相等的花，开花顺序自下而上，如刺槐、稠李、文冠果。

2）伞房花序：同总状花序，但上面着生花柄长短不等的花，下部花的花柄长，上部花的花柄短，最终各花基本排列在同一个平面上，如苹果、梨。

3）伞形花序：花序轴缩短，花梗近乎等长，聚生在花轴的顶端，呈伞骨状，如笑靥花、珍珠绣线菊。

4）穗状花序：花序轴直立、较长，上面着生许多无梗或花梗甚短的两性花，如胡桃楸、山麻杆等。

5）柔荑花序：花序轴长而细软，常下垂（有少数直立），其上着生许多无梗的单性花；花缺少花冠或花被，开花后或结果后整个花序脱落，如柳、杨、栎的雄花序。

6）头状花序：花序上各花无梗，花序轴常膨大为球形、半球形或盘状，各花密集于花序轴的顶端，呈头状或扁平状，如构树、柘树、四照花、珙桐等。

7）隐头花序：花序轴顶端膨大，中央部分凹陷呈囊状；内壁着生单性花，花序轴顶端有一孔，与外界相通，为虫媒传粉的通路，如无花果等桑科榕属植物的花序。

（a）总状花序（刺槐） （b）伞房花序（日本晚樱） （c）伞形花序（麻叶绣线菊）

（d）穗状花序（山麻杆） （e）柔荑花序（毛白杨） （f）头状花序（四照花） （g）隐头花序（无花果）

图1-12 无限花序的类型

以上花序轴不分枝，称为简单花序；如花序轴分枝，每一分枝呈现上述一种花序，称为复合花序，又分为复总状花序或圆锥花序（如槐树、栾树、珍珠梅等）、复伞房花序（如花楸、粉花绣线菊、石楠、光叶绣线菊）、复伞形花序（如刺楸）。

（2）有限花序

开花期花轴不伸长，开花顺序由上而下或由内向外。有限花序分为单歧聚伞花序、二歧聚伞花序（如大叶黄杨）、多歧聚伞花序（如西洋接骨木）（图1-13）。

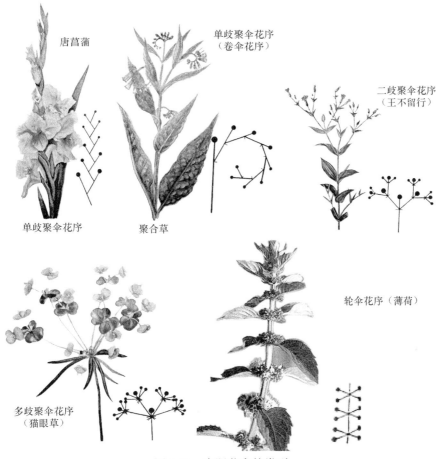

图1-13 有限花序的类型

3. 花色

花的色彩效果是最重要的观赏要素，其变化极多。

1）红色系的花：海棠、桃、杏、梅、樱花、蔷薇、玫瑰、月季、贴梗海棠、石榴、牡丹、山茶、杜鹃、锦带花、夹竹桃、毛刺槐、合欢、粉花绣线菊、凌霄、榆叶梅、紫荆、木棉、凤凰木、刺桐、象牙红、扶桑等。

2）黄色系的花：迎春、迎夏、连翘、金钟花、黄木香、桂花、黄刺梅、黄蔷薇、棣棠花、黄瑞香、黄牡丹、黄杜鹃、金丝桃、金丝梅、珠兰、金雀花、金连翘、黄夹竹桃、小檗、金花茶等。

3）紫色系的花：紫藤、紫丁香、木蓝、木槿、紫荆、泡桐、八仙花、牡荆、薄皮木等。

4）白色系的花：茉莉、白丁香、白牡丹、白茶花、溲疏、山梅花、女贞、荚蒾、枸橘、玉兰、珍珠梅、广玉兰、白兰、栀子花、梨、白鹃梅、白碧桃、白玫瑰、白杜鹃、刺槐、绣线菊、银薇、白木槿、络石等。

5）绿色系的花：茉莉、月季等。

1.1.5 果实及其园林特征

果实是被子植物的雌蕊经过传粉受精，由子房或花的其他部分（如花托、花萼等）参与发育而成的器官。

1. 果实的类型

果实的类型较多，是识别树种的重要特征。单纯由子房发育成的果实，称为真果（true fruit），如柑橘、桃、李等。真果结构包括果皮和种子两部分。由子房和花的其他部分（如花托、花被筒甚至整个花序）共同参与形成的果实称为假果，如苹果、梨等。

一朵花中只有一枚雌蕊、且只形成一个果实的，称为单果。通常又根据成熟果实的果皮是脱水干燥，还是肉质多汁而分为干果与肉质果。干果成熟时果皮干燥，根据果皮开裂与否，可分为裂果和闭果。肉质果是指果实成熟时，果皮或其他组成部分肉质多汁。供食用的果实大部分是肉质果。

在树木识别中，常见的果实类型有以下几种（图1-14）：

1）浆果：肉质果中最为常见的一类，由一个或几个心皮形成，一般肉质多汁，内含多枚种子，如葡萄、柿。

2）核果：由单雌蕊发育而来，内含一枚种子，如桃、李、杏等。

3）柑果：由复雌蕊形成，外果皮呈革质，软而厚，有精油腔；中果皮含有大量薄壁组织细胞，其间的维管组织呈网状分布，果实成熟后即为橘络；在每个心皮的腔室里，由内果皮产生的汁囊充满其间，汁囊为多细胞棒状结构。汁囊即为柑橘的可食部分。

4）梨果（假果）：多为下位子房的花发育而来，果实由花托和心皮愈合后共同形成，属于假果，如梨、苹果。

5）荚果：单心皮发育而成，成熟后沿背缝和腹缝两面开裂，如刺槐。有的虽具荚果形式但并不开裂，如合欢、皂荚等。

6）蓇葖果：由单心皮发育而成，成熟后只沿一面开裂，如沿心皮腹缝开裂的牡丹、梧桐，沿背缝开裂的望春玉兰。

7）蒴果：由合生心皮的复雌蕊发育而来，子房一室至多室，每室种子多枚，成熟时开裂，如金丝桃、紫薇。

8）瘦果：由一至几个心皮发育而来，果皮硬，不开裂，果内含一枚种子，成熟时果皮与种皮易于分离，如蜡梅。

9）颖果：果皮薄，革质，只含一枚种子，果皮与种皮愈合不易分离，如竹类的果实。

10）翅果：果皮延展成翅状，如榆、槭树等。

11）坚果：外果皮坚硬木质，含一枚种子，如板栗、麻栎、榛子等。

12）聚合果：由一朵花内若干个离生心皮发育形成的果实，每一离生心皮形成一独立的小果，聚生在膨大的花托上。因小果的不同，可分为聚合蓇葖果、聚合核果、聚生瘦果、聚合坚果等。

13）聚花果：由整个花序发育而成的果实，如桑葚、无花果等。

图 1-14 果实的类型

2. 果实的色彩

1）红色果：平枝子、水枸子、山楂、枸杞、火棘、金银木、南天竹、橘、柿、石榴等。
2）黄色果：梅、杏、柑橘、梨、木瓜、沙棘、香蕉等。

3）蓝紫色果：紫珠、蛇葡萄、葡萄、桂花等。

4）黑色果：小叶女贞、小蜡、女贞、爬山虎、君迁子等。

5）白色果：雪松、红瑞木、陕甘花楸等。

1.2 植物检索表的使用

植物检索表是鉴别植物种类的重要工具之一。植物检索表是根据二歧分类法的原理，以对比的方式而编制成的区分植物种类的表格。植物检索表由法国的生物学家拉马克提出，是植物分类中识别、鉴定植物不可缺少的工具，各门、纲、目、科、属、种都有相应的检索表，其中科、属、种的检索表较常用，可单独成书或穿插于其他书刊中。

常见的检索表有定距式和平行式两种。

1. 定距式检索表

优点：将相对性质的特征都排列在同样距离，一目了然，便于应用。

缺点：如果编排的种类过多，检索表势必偏斜而浪费很多篇幅。

突出的特点：同号同位。

2. 平行式检索表

优点：排列整齐、美观。

缺点：相对来说，使用起来不能一目了然。

突出的特点：同号相邻，左边对齐。

使用检索表时应注意：在核对两项形状时，即使已符合第一项，为防止偏差，把形态术语使用准确，对每一项充分了解后，再做出取舍，不可以猜度；涉及尺寸大小时，应用尺子测量，不能大致估计；在核对了两项相对性状后，仍不能做出选择时，或现有标本缺少检索表中所列举的器官时，可分别从两方面检索，然后从所获得的两个（或多个）相近的结果中，通过核对全面描述而做出判断。

知识拓展

园林树木的风韵美

风韵美就是园林树木的形体美、色彩美以及嗅觉感知的芳香美、听觉感知的声音美等之外的抽象美，如联想美、内容美、象征美、意境美。它是富于思想感情的美。风韵美的形成是比较复杂的，它与民族的文化传统、各地的风俗习惯、文化教育水平、社会的历史发展等有关。风韵美并不是一下就能领略到的，是文人墨客在欣赏、讴歌大自然中的植物美时，曾多次反复地总结，使许多植物人格化并赋予丰富的感情。

1. 叶

1）坚贞：如松柏。松柏常绿，比喻有气节之人，虽在乱世，仍不变其节。《荀子》中有："松柏经隆冬而不凋，蒙霜雪而不变，可谓其'贞'矣。"

2）高尚：如松、竹、梅，称为"岁寒三友"，象征着坚贞、气节和理想，代表着高尚的品质。

3）常春：如松柏，有"松柏常春"之说，表示长寿、永年。

2. 花

1）梅花：代表高洁。宋代佚名《锦绣万花谷》中有"端伯以梅花为'清友'。"明代徐徕《梅花记》中有："或谓其风韵独胜，或谓其神形具清，或谓其标格秀雅，或谓其节操凝固。"（风韵——风度韵致；神形——神气形态；标格——风范；节操——气节操守；凝固——不变之意）

2）桃李：表示门生、入门弟子。素有"桃李满天下"一说，校园种植较适宜，如北大校园。

3）含笑：表示深情。

4）紫荆：象征兄弟和睦。

另外，民间常用"玉、棠、春、富、贵"表示权势和富贵。

3. 果

1）红豆：表示思慕、相思、恋念，如唐朝王维的《红豆》一诗中有此描述。

2）桃：表示长寿。

4. 枝

1）柳：表示依恋。《诗经·小雅·采薇》中有："昔我往矣，杨柳依依。"（依依本来表示柳条飘荡的样子，也含思慕的意思。现称惜别为"依依不舍"）古时人们送别朋友时，常折柳枝相赠（柳与留为谐音）以表示依恋之情。

2）杨树：古有"白杨萧萧"之说，表示惆怅、伤感，这是过去、旧时的寓意。现在一般是"白杨礼赞"，是另外一种感受。

5. 树

1）香椿：有长寿之意，如《庄子·逍遥游》中有："上古有大椿树者，以八千岁为春，八千岁为秋。"（椿为香椿，祝寿称"椿龄"，古时称父亲"椿庭"）

2）竹：常有潇洒之意。唐朝许昼《江南竹诗》中有"江南潇洒地，本自与君宜。"（江南竹即毛竹。称竹为君，表示与竹为友的意思）

古人以"玉可碎而不改其白，竹可焚而不毁其节"来比喻人的气质，是高风亮节的象征。

3）桑、梓：表示故乡的意思。

国外也有联想美，如日本人钟情于樱花，樱花盛开，举国欢腾；白桦是俄罗斯的乡土树种，垂枝白桦表示哀思。

6. 芳香

许多植物的花、果、叶有芳香味，给人以嗅觉上的享受。虽然芳香没有一致的标准，但可分为清香（如茉莉、九里香）、甜香（如米兰、含笑、桂花、夜合欢）、淡香（如玉兰、丁香）、浓香（如白兰花、玫瑰、依兰）、奇香（如树兰）。

南方有用各种香花植物配成的"芳香园"，北方只有在温室才可以。

技能训练1 园林树木形态特征的观察

一、训练目的

1)通过观察芽和枝的外部形态,识别茎的分枝类型、叶形及叶序、枝条上的脱落器官。

2)观察、认识被子植物花的外部形态和组成及常见花序的类型和特点。

3)用形态学术语比较不同树种的形态特征。

二、材料用具

杨树或胡桃、毛白杨、碧桃、国槐、丁香、银杏枝条,大叶黄杨、丁香和柳等叶芽,榆、桃、枫杨、棉悬铃木和刺槐带芽的枝条等;月季花、桃花、杨树花序、丁香花序、绣线菊花序、牡丹花、木槿花等。

三、方法步骤

1. 枝条外部形态、叶及叶序的观察

(1)枝条的外部形态的观察

1)杨树或胡桃的枝条:观察枝条的外部形态,如节、节间、叶痕、维管束痕、皮孔、芽鳞痕、顶芽、腋芽等结构。

2)毛白杨枝条:观察单轴分枝、顶芽、枝芽、花芽、芽鳞痕、叶痕、枝痕等。

3)碧桃、国槐枝条:观察合轴分枝、皮孔。

4)丁香枝条:观察假二叉分枝。

5)银杏枝条:观察长、短枝。

(2)芽类型的观察

取大叶黄杨的叶芽或其他如榆、桃、枫杨、棉、悬铃木和刺槐带芽的枝条,观察芽的类型:顶芽、侧芽、柄下芽、叶芽、花芽、混合芽、鳞芽、裸芽等。

(3)叶及叶序的观察

1)单叶叶片形态及叶序的观察。取苹果或其他植物材料,观察一下其形态:

① 叶的组成:托叶、叶柄、叶片。

② 叶尖、叶基、叶裂。

③ 叶序:互生、对生、轮生、簇生、基生。

● 叶互生:茎的每个节上都只生一张叶。

● 叶对生:每个节上都生有两张叶。

● 叶轮生:每个节上生有三张或三张以上的叶。

● 叶簇生:节间极度缩短的短枝上丛生两张或两张以上的叶。

● 叶基生:叶自植物体的基部发出,常呈莲座状。

④ 脉序:取银杏、榆树、五角枫等叶片观察其叶脉。

2）复叶类型的观察。

① 奇数羽状复叶：有一顶生小叶，数目为单数。

② 偶数羽状复叶：没有顶生小叶，数目为偶数。

③ 掌状复叶：小叶着生于总叶柄的顶端。

④ 羽状三出复叶：叶有三张小叶，生于总叶柄的顶端或侧生于总叶柄的顶端。

⑤ 掌状三出复叶：复叶的两张小叶，生于总叶柄的顶端。

⑥ 单身复叶：取金橘等植物的叶观察，其叶由三张小叶组成，其中两张侧生小叶退化，顶生小叶正常发育，总叶柄与顶生小叶连接处有关节。

2. 花的结构及花序类型的观察

（1）花的结构

取不同植物的花进行解剖观察，注意下列不同植物花的特点，以及雌蕊的数目和胎座类型。

1）桃花：花托杯状，因其子房壁不与花托结合，故为子房上位。

2）月季花：花托杯状，心皮多数，生长在下凹的花托上，为子房上位。

3）苹果花：花托杯状（或称壶状），其子房壁与花托结合，为子房下位。

4）紫藤花：花冠 5 枚，排列成蝶形，称蝶形花冠。注意观察其对称方式是哪种，雄蕊 10 枚，分为两组，称二体雄蕊。

（2）花瓣的排列方式

植物花瓣的排列方式有 3 种：镊合状、螺旋状和覆瓦状，在花蕾期观察更为明显。取葡萄、紫荆、酸橙、悬钩子和桃花的花冠，观察花瓣在芽内的排列，判断其属于哪种排列方式。

（3）花序类型

取苹果、毛白杨、丁香、棕榈、无花果、绣线菊等不同植物的花序标本。观察其形态特点，并判断属于哪种花序类型（无限花序或有限花序、向心花序或离心花序）。

四、训练作业

1）利用课余时间观察校园内树木茎的分枝方式，区分单轴分枝、合轴分枝、假二叉分枝。

2）完成校园内园林树木形态特征观察记录表（表 1-1）和园林树木形态特征观察技能训练评价表（表 1-2）。

表 1-1　校园内园林树木形态特征观察记录表

观察时间：　　　　　　　　　　　　　　　　　　　　　　　　　　观察人：

序号	树木名称	科属	主要形态特征（树形、分枝方式、叶形、花、果实等）	备注

表 1-2　园林树木形态特征观察技能训练评价表

学生姓名					
测评日期		测评地点			
测评内容	园林树木形态特征的观察				
考评标准	内容	分值	自评	互评	师评
	正确使用形态学术语描述园林树木的外部形态	30			
	能区分树木茎的分枝类型、芽的类型	20			
	能正确说出叶形、花（花序）、果类型	30			
	能认真完成技能训练报告	20			
	合计	100			
最终得分（自评30%＋互评30%＋师评40%）					

说明：测评满分为 100 分，60～74 分为及格，75～84 分为良好，85 分以上为优秀。60 分以下的学生，需重新进行知识学习、任务训练，直到任务完成达到合格为止

任务 2　园林树木的生长发育

【知识点】了解生长发育的概念；掌握园林树木的生命周期和年周期、树木各器官的生长发育规律（个体规律）、树木群体及其生长发育规律；掌握物候观测的方法。

【能力点】依据树木生长发育规律，能正确地选用树种，为具体的树种或品种制定合理的栽培与养护方案，有预见性地调控树木的生长发育，以充分发挥其园林功能。

任务分析

通过本任务，使学生了解园林树木生长发育的基本概念、树木生命周期与年生长周期的概念；掌握树木生命周期中生长与衰亡的变化规律、树木物候观测的意义与方法。

任务实施的相关专业知识

园林树木习性主要指园林树木的生物学习性和生态学习性。生物学习性是树木内在的一种特性，即树木生长发育的规律。生长和发育是植物共有的现象之一。

植物在同化外界物质的过程中，通过细胞分裂、扩大和分化，导致体积、质量和数量等形态指标方面的不可逆增加，是一个量变过程，体现在整个生命活动的过程中。根、

茎、叶等营养器官的生长称为营养生长，花、果、种子等生殖器官的生长称为生殖生长。发育则是在植物体生长过程中，建立在细胞、组织和器官分化基础上的结构和功能的质变过程。

生长和发育关系密切，生长是发育的基础。它们不仅受树木内在遗传基因的支配控制，还受环境条件的影响。了解和掌握园林树木的生长发育规律，可以为园林树木的科学栽培与养护提供理论基础。

2.1 园林树木的生命周期

园林树木是多年生的木本植物，其个体生长发育过程中存在着两个生长发育周期，即年周期和生命周期。

对于实生树而言，园林树木的生命周期是指园林树木个体从受精卵最初的分裂开始，经过种子的萌发，形成幼苗，经历开花、传粉、受精、结实等阶段，直至衰老和死亡的全部生活史，实际上就是指树木一生中个体生长发育的全过程。

2.1.1 实生树木的发育阶段

实生树木的发育阶段包括种子期（胚胎期）、幼年期、青年期、成年期和衰老期。

1. 种子期（胚胎期）

种子期（胚胎期）指从卵细胞受精形成合子开始，至种子萌发时为止。

种子期主要促进种子的形成、安全储藏和在适宜的环境条件下播种并使其顺利发芽。种子期的长短因植物而异，有些植物种子成熟后，只要有适宜的条件就发芽，有些植物的种子成熟后，给予适宜的条件不能立即发芽，而必须经过一段时间的休眠后才能发芽。

2. 幼年期

从种子萌发起至性成熟为幼年期。一般以第一次开花为性成熟的标志。

幼年期是树木地上、地下部分进行旺盛的离心生长时期。植株在高度、冠幅、根系长度、根幅等方面生长很快，体内逐渐积累起大量的营养物质，为营养生长转向生殖生长做好了形态和内部物质方面的准备。

幼年期的长短因园林树木的种类、品种类型、环境条件及栽培技术而异。例如，紫薇、月季的幼年期为1年；桃的为3年，李的为4年，杏的为5年；银杏的为20～30年。在幼年期，树木的遗传性尚未稳定，易受环境影响，可塑性较大，适宜引种栽培、驯化、定向培育。

这一时期的栽培措施：加强土壤管理，充分供应水肥，促进营养器官健康而均衡地生长，轻修剪多留枝，使其根深叶茂，形成良好的树体结构，制造和积累大量的营养物质，为早见成效打下良好的基础。对于观花、观果树木，则应促进其生殖生长，在定植初期的1～2年中，当新梢长至一定长度后，可喷洒适当的抑制剂，促进花芽的形成，达到缩短幼年期的目的。

目前园林绿化中，常用多年生的大规格苗木，所以幼年期多在园林苗圃中度过，要注意应根据不同的绿化目的培养树形。

3. 青年期

青年期指从第一次开花结实到连续每年开花结实 5~6 次为止。在这个时期，树木的结实量很少，仍以营养生长为主。

其特点是树冠和根系加速扩大，是离心生长最快的时期，能达到或接近最大营养面积。植株能年年开花和结实，但数量较少，质量不高。

这一时期的栽培措施：应给予良好的环境条件，加强水肥管理。对于以观花、观果为目的的树木，轻剪和重肥是主要措施，目标是使树冠尽快达到预定的最大营养面积；同时，要缓和树势，促进树体生长和花芽形成，如生长过旺，可少施氮肥，多施磷肥和钾肥，必要时可使用适量的化学抑制剂。

4. 成年期

成年期指从大量结实开始到结实衰退为止。这个时期也称繁殖期。在这个时期，树木的根系与树冠生长都已达到高峰。

其特点是植株各方面已经成熟，花果性状稳定，开花、结实数量多，达到生产最高峰；处于观赏盛期，经济效益最高，对不良环境的抗性较强；遗传保守性很强，不易动摇。这个时期是采种、采花的最佳时期。

这一时期的栽培措施：加强水肥管理，防止树木早衰，细致地进行更新、修剪，控制花果数量，延长成年期，同时切断部分骨干根，促进根系更新。

5. 衰老期

衰老期指从结实衰退开始到死亡前为止。在这个时期，树木的生理机能明显衰退，新生枝的数量显著减少，主干顶端和侧枝开始枯死，抗性下降，容易发生病虫害。

其特点是骨干枝、骨干根大量死亡，营养枝和结果母枝越来越少，枝条纤细且生长量很小，树体平衡遭到严重破坏，树冠更新复壮能力很弱，抗逆性显著降低，木质腐朽，树皮剥落，树体衰老，逐渐死亡。

这一时期的栽培技术措施应视目的的不同而不同。对于一般花灌木来说，可以萌芽更新，或砍伐重新栽植；而对于古树、名木来说，则应采取各种复壮措施，尽可能延续其生命周期，只有在无可挽救，失去任何价值时才予以伐除。

实生树木有两个明显的发育阶段：

1）幼年阶段：生长为主，形态、解剖上有明显的特点。从种子萌发时起，到具有开花潜能（具有形成花芽的生理条件，但不一定就开花）之前的一段时期，叫作幼年阶段。我国民谚"桃三李四杏五年"指的就是这些树种的幼年期。不同树种和品种，其幼年阶段的长短不同，少数树种的幼年阶段很短，当年就可开花，如矮石榴、紫薇等，但多数园林树木都要经过一定期限的幼年阶段才能开花，如梅花需要 4~5 年，银杏需要 15~20 年，松需要 5~10 年等。在此阶段，树木不能接受成花诱导而开花，任何人为措施都不能使树木开花，但合理的措施可以使这一阶段缩短。

2）成年（成熟）阶段：幼年阶段达到一定生理状态之后，就获得了形成花芽的能力，从而达到性成熟阶段，即成年阶段。进入成年阶段的树木能接受成花诱导（如环剥、喷洒激素等）并形成花芽。开花是树木进入性成熟的最明显的标志。实生树经多年开花结实后，逐渐出现衰老和死亡的现象，这一衰老过程称为老化过程或衰老过程。

幼年阶段与成年阶段的区分具体如下：

① 幼年阶段未结束时，不能接受成花，即用任何人为的措施都不能使其开花，但这一阶段是可以被缩短的，如通过嫁接可以使其提早开花结实。

② 开花是树木进入性成熟的最明显的特征，但幼年阶段的结束与首次开花可能不一致。

③ 在成年阶段，生殖生长和营养生长并存。

④ 生长是永恒的，发育是伴随生长而进行的。

⑤ 这两个阶段在形态上有明显区分。

2.1.2 营养繁殖树的发育阶段

由营养苗长成的树木，一生只经历青年期、成年期和衰老期，具有以下特点：

1）已过幼年阶段，没有性成熟过程，如有成花诱导条件（环剥、施肥、修剪），随时可成花，即只有成年期和衰老期。树木的营养繁殖一般都用树冠上1~2年嫩枝或根部上的幼嫩部分作为材料。

2）根茎萌蘖年龄小，树冠外年龄大。

3）一般插穗、接穗要在外围获取，年龄较为成熟。

4）生命力比实生苗弱。

营养繁殖树各个年龄时期的特点及其管理措施与实生树相应的时期基本相同。

树木在不同的年龄时期有其不同的生长发育特点，对外界环境和栽培管理都有一定要求。研究树木不同年龄时期的生长发育规律，采取相应的栽培措施，促进或控制各年龄时期的生长发育节律，可实现幼树适龄开花结实，延长盛花盛果的观赏期，延缓树木衰老进程等园林树木栽培目的，更好地保持园林树木的良好绿化和美化效果。

2.2 园林树木的年周期

园林树木在一年内随着季节的变化，在生理活动和形态表现上呈现出周期变化称为年生长周期，简称年周期。树木每年萌芽、抽枝、展叶、开花、结实和落叶休眠都是年周期变化的表现。

2.2.1 落叶树木的年周期

温带地区的气候在一年中有明显的四季，因此温带落叶树木的年周期最为明显，可分为生长期和休眠期，在生长期和休眠期之间又各有一个过渡期，即生长转入休眠期和休眠转入生长期。

1. 从休眠转入生长期

这一时期处于树木将要萌芽前。春天随着气温的逐渐回升，树木开始由休眠状态转入生长状态，一般以日平均气温在 3℃以上，芽膨大待萌时为止。芽萌发是树木由休眠转入生长的明显标志，一般生理活动则出现更早。树木由休眠转入生长，要求一定的温度、水分和营养物质等。

休眠时，生命活动并非完全停止，而是缓慢地进行着各种生命活动，如呼吸、蒸腾、根的吸收、养分合成和转化、芽的分化和芽鳞生长等。树木春季萌芽，主要取决于从休眠到萌芽所需的积温和萌芽前 3～4 周的日平均气温。积温要求低者，萌芽期早；积温要求高者，则萌芽期晚。花芽萌发所需积温比叶芽低，故先开花后发叶，如毛白杨、榆等。

在合适的温度和水分条件下，树液开始流动（伤流），如核桃、葡萄；一般北方树种芽膨大所需的温度较低，而原产温暖地区的树种芽膨大所需要的温度则较高。这一时期若遇到突然的低温则很容易发生冻害，因此早春要注意采取防寒措施。

2. 生长期

树木从萌芽到落叶算作一个生长期，即整个生长季。这一时期在一年中所占的时间较长，树木（成年树）在此期间随季节变化会发生极为明显的变化，如萌芽、抽枝、展叶、开花、结实等，并形成许多新的器官，如叶芽、花芽等。

萌芽常作为树木开始生长的标志，但实际上根的生长比萌芽要早得多。每种树木在生长期中，都按其固定的物候顺序进行一系列的生命活动。

3. 生长期转入休眠期

秋季叶片自然脱落是树木开始进入休眠期的重要标志。秋季日照缩短、气温降低是导致树木落叶和进入休眠期的主要外部原因。秋季昼渐短，夜渐长，细胞分裂渐慢，树液停止流动，温度降低，光合作用与呼吸作用减弱，叶绿素分解，叶柄基部形成离层而脱落。落叶后随着气温降低，树体内脂肪和单宁物质增加，细胞液浓度和原生质黏度增加，原生质膜形成拟脂层，透性降低等，有利于抗寒越冬。树木经过这一系列准备后进入休眠期。

不同年龄阶段的树木进入休眠期的早晚不同，幼龄树比成年树较迟进入休眠期。而同一树体不同器官和组织进入休眠期的时间也不同，一般芽最早进入休眠期，其后依次是枝条和树干，最后是根系。长枝下部的芽进入休眠期早，主茎进入休眠期晚，根颈进入休眠期最晚。

4. 休眠期

树木从秋季正常落叶到次春萌芽为止是落叶树木的休眠期（相对休眠期）。休眠期长短取决于树种遗传性。

在树木的休眠期，短期内虽看不出有生长现象，但树体内仍进行着各种较缓慢的生命活动，如呼吸、蒸腾、芽的分化、根的吸收、养分合成和转化等。所以，树木的休眠只是相对的。

根据休眠的状态可分为自然休眠和被迫休眠。自然休眠是由于树木生理过程所引起的或由树木遗传性所决定的，落叶树木进入自然休眠后，要在一定的低温条件下经过一段时间后才能结束。在休眠结束前即使给予适合树体生长的外界条件,也不能萌芽生长。被迫休眠是指落叶树木在通过自然休眠后,如果外界缺少生长所需要的条件,仍不能生长而处于被迫休眠状态,一旦条件合适,就会开始生长。

休眠的原因主要有:①度过严寒冬季;②必须通过一定的低温阶段才能萌芽生长。温带0～10℃的累计时数;暖温带5～15℃的累计时数。冬季低温不足会引起萌芽或开花的参差不齐。北方树种南移,常因冬季低温不足表现为花芽少、新梢节间短、叶呈莲座状等现象。

2.2.2 常绿树木的年周期

常绿树并不是树体上全部叶片全年不落,而是叶的寿命相对较长(多在一年以上),没有集中明显的落叶期,每年仅有一部分老叶脱落并能不断增生新叶,这样在全年各个时期都有大量新叶保持在树冠上,使树木保持常绿。常绿树随季节变化在外观形态上没有明显变化,无自然休眠期,但会因高温或低温而被迫休眠。

常绿树叶子的寿命因树种不同而异,针叶类如松为2～5年,冷杉为3～10年,紫杉为6～10年,阔叶类如香樟、石楠、广玉兰等为1年。落叶期也不同,老叶脱落时间一般也是在秋冬之间,多数在新叶萌发期落叶。常绿阔叶树的老叶多在萌芽展叶前后逐渐脱落,如香樟,刮风天尤甚。

常绿树生长发育可表现出多次性,如多次开花、多次抽梢。

2.3 园林树木的物候观测

树木的各个器官随季节性气候变化而发生的形态变化称为树木的物候。树木在一年中随着气候变化,各生长发育阶段开始和结束的具体时期,称为树木的物候期,亦称物候的阶段性划分。

物候是树木年周期的直观表现,可作为树木年周期划分的重要依据。人们可以通过物候期来认识气候的变化,所以又称物候期为生物气候学时期。树木物候期的提早与推迟除受树种本身的生物学特性影响外,还受纬度、经度和海拔的影响。

对树木的物候期进行观测和记录,称为物候观测。物候观测是探索和认识树木的生长发育与气候变化相关规律的重要方法,目的是解决林业生产和园林建设的实际问题。例如,观赏春、秋叶色变化以便确定最佳观赏期;为芽接和嫩枝扦插进行粗生长和木质化程度的观测;为有利杂交授粉,选择先开优质花朵和散粉、柱头液分泌时间的观测等。

2.3.1 物候观测的意义

园林树木物候观测是研究树木年周期的一个好方法,也是研究树种生物学特性和生态学特性的一个途径。物候观测除具有生物气候学方面的一般意义外,主要有以下的意义:

1)掌握树木的季相变化,为园林树木种植设计、选配树种、形成四季景观提供依据。
2)为园林树木栽培(包括繁殖、栽植、养护与育种)提供生物学依据。例如,确定繁殖时期、栽植季节与先后，树木周年养护管理（尤其是花木专类园），催延花期等；根据开花生物学特性进行亲本选择与处理，有利于杂交育种、不同品种特性的比较试验等。

2.3.2 物候观测的方法

对于园林树木观测法，应在《中国物候观测方法》一书提出的基本原则和乔灌木各发育时期观测特征相统一的前提下，增加特殊要求的细则项目。进行物候观测时，主要做好以下几方面的工作：

1. 确定观测地点

观测点要具有固定性、代表性，选定后将观测点的详细情况进行记载。

2. 确定观测对象

1）按统一规定的树种名单，从露地栽培或野生（盆栽不宜选用）树木中，选择生长发育正常并已开花结实3年以上的树木，树冠、枝叶较匀称，体形中庸。在同地同种树有许多株时，宜选3～5株作为观测对象。对于雌雄异株的树木，最好同时选择雌株和雄株，并在记录中注明性别。

2）观测植株选定后，应做好标记，并绘制平面位置图存档。

3. 确定观测时间与年限

1）应常年进行，可根据观测目的、要求和项目特点，在保证不失时机的前提下来决定间隔时间的长短。一般3～5天观测一次。那些变化快、要求细的项目（如开花、展叶期）宜每天观测或隔日观测。冬季深休眠期可停止观测。一天中，一般宜在气温高的下午（14:00～15:00，但也应随季节、观测对象的物候表现情况灵活掌握）观测。

2）应选向阳面的枝条或上部枝（因物候表现较早）进行全面观测。高树顶部不易看清，宜用望远镜或用高枝剪剪下小枝观察。无条件时可观察下部的外围枝。

3）应靠近植株观察各发育期，不可远站粗略估计进行判断。

4. 确定观测人员

物候观测须选责任心强的专人负责。人员要固定，不能轮流值班式观测。专职观测者若因故不能坚持，应由经培训的后备人员接替，不可中断。

5. 观测记录与资料整理

物候观测应随看随记，不应凭记忆，事后补记。

注意事项：在较大区域内的物候观测，众多人员参加时，首先应统一树木种类、主要项目（并立表格）、标准和记录方法。人员（最好包括后备人员）要经统一培训。

知识拓展

树木的生长

1. 树木的寿命

世界上寿命最长的生物是树木。树木中寿命最长的是乔木，其次是灌木和藤本。乔木因种类不同，寿命长短差异很大。一般针叶树的寿命比阔叶树长。松、云杉、落叶松的寿命达250～4400年，红松的寿命达3000年，巨杉的寿命达4000年以上，栎树的寿命达400～500年，山杨、桦木的寿命通常为80～100年。

乔木年龄的测定用数木质部年轮来确定。有些树种也可从树皮年轮测定。热带常绿树不形成年轮，测定年龄较困难。用数年轮方法测定树龄也不是十分准确，有时存在假年轮。灌木的年龄较难测定，至今也没有什么好方法。因为灌木的根茎通常分蘖性强，逐代更替，不能以个别茎的年龄代替灌丛的年龄，它们的年龄应该是积累的。

2. 树木生命周期中生长与衰亡的变化规律

（1）实生树生长衰亡的变化规律

1）树木从种子萌发以后，以根颈为中心，根因具有向地性，向下形成根系。茎因具有背地性，向上生长成主干，侧枝形成树冠。这种由根颈向两端不断扩大其空间的生长，称为离心生长。

各种树木的根系与树冠的幅度和大小均因各自的遗传性而有一定的范围。树木从幼年期、青年期到开始进入成年期，生长都很旺盛，并随着年龄增长逐渐衰亡。主茎上的骨干枝不断萌发侧枝，形成茂密的树冠，树膛内光照不足，早年形成的侧枝营养不良，长势衰退以至枯萎，造成树膛空缺。成年树进入旺盛开花结实期以后，新产生的叶、花、果都集中在树冠外围，增大了从根尖至树冠外围的运输距离。开花、结果消耗了大量养分，而补偿不足，使树木生长势减弱；而且生长到一定年龄以后，生活潜能也逐渐降低，使树木出现衰老现象，如主干结顶、骨干枝分枝角张开、枝端弯曲下垂和枯梢等。环境污染和病虫危害也能促使树木衰老和死亡。这种以离心方式出现的根系"自疏"和根冠的"自然打枝"称为离心秃裸。

2）树木自身的更新复壮。当树冠空缺时，具有长寿潜伏芽的树种能在主要枝上萌生出粗壮而直立的徒长枝，在徒长枝上又形成小树冠。由许多徒长枝形成的小树冠代替了原来的树冠，使树冠形态发生了变化。当新树冠达到最大限度以后又会出现衰弱和更新。一般更新与衰亡由树冠外向树膛内、由顶端向下部直到根颈进行，故称为"向心更新"和"向心枯亡"。当主干死亡以后，如果根颈处有长寿潜伏芽，又可萌发成小树，并按照上述更新规律进行第二轮生长和更新，但树冠一次比一次小，直至死亡。对于潜伏芽寿命短的树种，一般自身更新比较困难。凡无潜伏芽的树种不可能进行自我更新。许多种针叶树都没有这种更新能力。

（2）营养繁殖树的生长衰亡变化规律

营养繁殖树的发育特性，主要取决于繁殖材料取自实生树的部位。例如，取自成年树冠外围的枝，本身已具有开花的潜力，故开花早；取自实生树的基部或根颈，其发育较缓，故开花迟。营养繁殖树的遗传基础与母树相同，其发育性状（花、果的颜色和雌雄性别等）和对环境条件的要求与抗逆性基本相同。老化过程在一定程度上和一定条件下是可逆的，通过施肥、修剪可更新复壮。

3. 树木物候期的基本规律

1）顺序性。树木物候期的顺序性是指树木各个物候期有严格的时间先后次序的特性。例如，只有先萌芽和开花，才可能进入果实生长和发育时期；先有新梢和叶子的营养生长，才有可能出现花芽的分化。树木进入每一物候期都是在前一物候期的基础上进行与发展的，同时又为进入下一物候期做好了准备。树木只有在年周期中按一定顺序顺利通过各个物候期，才能完成正常的生长发育。不同树种的不同物候期通过的顺序不同。例如，有的树种先花后叶，有的树种先叶后花等。

2）不一致性。树木物候期的不一致性（或称不整齐性）是指同一树种不同器官物候期通过的时期各不相同，如花芽分化、新梢生长的开始期、旺盛期、停止生长期各不相同。此外，树木在同一时期、同一植株上可同时出现若干个物候期。例如，贴梗海棠在夏季果实形成期，大部分枝条上已经坐果，但仍有部分枝条上开花。

3）重演性。在外界环境、条件变化的刺激和影响下，如自然灾害、病虫害、栽培技术不当，能引起树木某些器官发育终止而刺激另一些器官的再次活动，如二次开花、二次生长等。这种现象反映出树体代谢功能紊乱与异常，影响正常的营养物质积累和翌年正常生长发育。

4. 个体树木生长大周期

个体树木的生长发育过程一般表现为"慢—快—慢"的 S 形曲线式总体生长规律，即开始阶段的生长比较缓慢，随后生长速度逐渐加快，直至达到生长速度的高峰，随后会逐渐减慢，最后完全停止生长而死亡。

不同树木在其一生的生长过程中，各个生长阶段出现的早晚和持续时间的长短会有很大差别。相对来说，阳性速生树种的生长高峰期出现较早，持续时间相对较短，而耐阴树种的生长高峰期出现较晚，但延续期较长。在园林树木中，可根据树高加速生长期出现的早晚划分为速生树种、中生树种和慢生树种。

在城市及园林绿地规划设计中，应根据树种生长特性合理配置速生树种与慢生树种，以保持良好的长期绿化和美化效果。如果不了解树木在生长速度方面的差异，树种配置往往不合理，初期的配植效果尚好，若干年后就会由于缺乏对树种生长速度差异的预见性，导致原来的设计意图面目全非。

技能训练2 园林树木的物候观测及记载

一、训练目的

1) 学会园林树木的物候观测方法。
2) 掌握树木的季相变化,为园林树木种植设计、选配树种、形成四季景观提供依据。
3) 对园林树木进行物候观测,即对园林树木的生长发育过程进行观测与记载,从而了解本地区的树种与季节的关系,以及一年中树木展叶、开花、结果和落叶休眠等生长发育规律。

二、材料用具

从校园内树种(学生自选)中选取落叶乔木2种、花灌木2种、藤本1种、常绿树1种;围尺、卡尺、望远镜、记录表、记录夹、记录笔等。

三、方法步骤

1. 实施步骤

1) 观测地点的选定:观测地点必须具备代表性;可多年观测,不轻易移动。

观测地点选定后,将其名称、地形、坡向、坡度、海拔、土壤种类、pH等项目详细记录在园林树木学物候期观测记录表(表1-3)中。

表1-3 园林树木物候观测记录表

| 观测地点: | | | | | 地理位置:北纬 | | | 东经 | | | 海拔 | | | | | | |

| 生境: | 地形: | | 坡向: | | 坡度: | | | 土壤种类: | | | 伴生植物养护情况: | | | | | | |

编号	树种	萌芽期		展叶期			开花期					果实期				新梢生长期					秋叶变色期			落叶期			备注
		树液流动开始期	芽膨大始期	芽开放期	展叶始期	展叶盛期	春色叶变绿期	开花始期	盛花期	开花末期	最佳观光起止期	二次开花期	幼果出现期	生理落果期	果实成熟期	果实脱落期	果实观赏期	春梢开始生长期	春梢停止生长期	秋梢开始生长期	秋梢停止生长期	多次抽梢情况	秋叶开始变色期	秋色叶全部变色期	秋叶观赏期	落叶始期	落叶盛期	落叶末期	

观测者:　　　　　记录者:　　　　　观测时间:　　年　　月　　日

2) 观测目标选定:在本地从露地栽培或野生(盆栽不宜选用)树木中,选生长发育正常并已开花结实3年以上的树木。对于雌雄异株的树木,最好同时选择雌株和雄株,并在记录中注明雌、雄的性别。观测植株选定后,应做好标记,并绘制平面位置图存档。

3) 观测时间与方法:一般3~5天进行一次。展叶期、开花期、秋叶变色期及落果期要每天进行观测，时间在每日下午 14:00～15:00。冬季休眠期可停止观测。

4）观测部位的选定：应选向阳面的枝条或中上部枝（因物候表现较早）。高树项目不易看清，宜用望远镜或用高枝剪剪下小枝观察。观测时应靠近植株观察各发育期，不可远站粗略估计进行判断。

2. 观测内容

园林树木物候期包括休眠期和生长期。观测的内容应该包括根系的生长周期、树液流动开始期、萌芽期、展叶期、开花期、新梢生长期、结果期、秋叶变色期、落叶期等。

（1）根系生长周期

利用根窖或根箱，每周观测新根数量和生长长度。

（2）树液流动开始期

以新伤口出现水滴状分泌液为准。可通过折枝观测，如核桃、葡萄（在覆土防寒地区一般不易观察到）等树种。

（3）萌芽期

萌芽期是树木由休眠转入生长的标志。

1）芽膨大始期：具鳞芽者，当芽鳞开始分离，侧面显露出浅色的线形或角形时，为芽膨大始期（具裸芽者如枫杨、山核桃等）。不同树种的芽膨大特征有所不同，应区别对待。

2）芽开放期或显蕾期（花蕾或花序出现期）：当树木鳞芽的鳞片裂开，芽顶部出现新鲜颜色的幼叶或花蕾顶部时，为芽开放期。

（4）展叶期

1）展叶始期：从芽苞中伸出的卷须或按叶脉折叠着的小叶，出现第一批有 1～2 片平展时，为展叶始期。针叶树以幼叶从叶鞘中开始出现时为准，具复叶的树木以其中 1～2 片小叶平展时为准。

2）展叶盛期：阔叶树以其半数枝条上的小叶完全平展时为准，针叶树类以新针叶长度达老针叶长度 1/2 时为准。

有些树种开始展叶后，就很快完全展开，可以不计展叶盛期。

（5）开花期

1）开花始期：一半以上植株有 5%的（只有一株亦按此标准）花瓣完全展开时为开花始期。

2）盛花期：在观测树上有一半以上的花蕾都展开成花瓣或一半以上的柔荑花序松散下垂或散粉时，为盛花期。针叶树可不计盛花期。

3）开花末期：在观测树上残留约 5%的花瓣时，为开花末期。针叶树类和其他风媒树木以散粉终止时或柔荑花序脱落时为准。

4）多次开花期：有些一年一次于春季开花的树木，在有些年份于夏季间或初冬再度开花。即使未选定为观测对象，也应另行记录，并分析再次开花的原因。内容包括：①树种名称，是个别植株还是多数植株及大约比例；②再度开花日期、繁茂和花器完善程度、花期长短；③分析开花原因、调查，如与未再开花的同种树比较树龄、树势情况，生态环境上有何不同，当年春温、干旱、秋冬温度情况，树体枝叶是否（因冰雹、病虫害等）损伤，以及养护管理情况并记录；④再度开花树能否再次结实及数量，能否成熟等。

（6）果实生长发育和落果期

果实生长发育和落果期自坐果至果实或种子成熟脱落止。

1）幼果出现期：子房开始膨大（苹果、梨果直径 0.8cm 左右）时，为幼果出现期。

2）果实成长期：选定幼果，每周测量其纵、横径或体积，直到采收或成熟脱落为止。

3）果实或种子成熟期：当观测树上有一半的果实或种子变为成熟色时，为果实或种子的成熟期。

4）脱落期：成熟种子开始散布或连同果实脱落，如松属的种子散布，柏属果落，杨属、柳属飞絮，榆钱飘飞，栎属种脱，豆科有些荚果开裂等。

5）果实观赏期：指从树体上的果实呈现出观赏价值到大部分果实脱落为止。

（7）新梢生长期

新梢生长期自叶芽萌动开始，至枝条停止生长为止。

新梢的生长分一次梢（习称春梢）、二次梢（习称秋梢）。

1）春梢开始生长期：选定的主枝一年生延长枝上顶部营养芽（叶芽）开放。

2）春梢停止生长期：春梢顶部芽停止生长。

3）秋梢开始生长期：当年秋梢上腋芽开放。

4）秋梢停止生长期：当年秋梢上腋芽停止生长。

（8）秋叶变色期

秋叶变色期系指由于正常季节变化，树木出现变色叶，其颜色不再消失，并且新变色的叶不断增多到全部叶变色的时期。不能与因夏季干旱或其他原因引起的叶变色混同。常绿树多无叶变色期。

1）秋叶开始变色期：全株有 5%的叶变色。

2）秋叶全部变色期：全株叶片完全变色。

3）秋色叶观赏期：以树体上有 30%~50%的叶片呈现秋色叶，有一定观赏效果开始，至树体上还残留有 30%的秋色叶时为止。

（9）落叶期

1）落叶始期：约有 5%叶片脱落。

2）落叶盛期：全株有 30%~50%叶片脱落。

3）落叶末期：全株叶片脱落达 90%~95%。

四、训练作业

1）填写树种物候期观测记录表。观测要求：物候期观察需要以周年进行。本次训练应在萌芽前做好准备；应随看随记；物候观测须选责任心强的专人负责，人员要固定，不能轮流值班式观测，不可中断。从当地主要绿化树种中选一个树种或品种观察。以 2~3 人为小组进行观察、记录和整理。

2）总结出本地区常见观花树种、观果树种的最佳观花时期及观果时期。

3）通过本地区园林树种物候期的观测，列出本地区春季、秋季的观叶树种及其观叶的最佳时期。

4）完成园林树木物候观测及记载技能训练评价表（表1-4）。

表1-4　园林树木物候观测及记载技能训练评价表

学生姓名					
测评日期			测评地点		
测评内容		园林树木物候观测及记载			
考评标准	内容	分值	自评	互评	师评
	正确填写树木物候观测记录表	30			
	总结出本地区常见观花、观果树种	20			
	列出本地区春季、秋季的观叶树种	20			
	能独立完成一份物候观测报告	30			
	合计	100			
最终得分（自评30%＋互评30%＋师评40%）					

说明：测评满分为100分，60～74分为及格，75～84分为良好，85分以上为优秀。60分以下的学生，需重新进行知识学习、任务训练，直到任务完成达到合格为止

任务 3　园林树木各器官的生长发育

【知识点】认识园林树木各器官的结构、功能以及它们之间的关系。

【能力点】通过园林各器官生长发育的学习，熟练运用园林树木生长发育规律指导栽培实践，为更好地进行园林树木栽培和管理打下基础。

任务分析

本任务主要通过观察和识别园林树木根、茎、叶、花、果实等器官的形态与结构，使学生理解植物器官的结构与功能相适应的辩证关系，并熟练运用园林树木生长发育规律指导栽培实践。

任务实施的相关专业知识

园林树木是由繁殖器官和营养器官组成的一个统一体。在树木栽培实践中，通常将树体分为地上和地下两部分。地上部分一般由树干（或藤本树木的枝蔓）和树冠（包括枝、叶、花、果等）构成，根系则称为地下部分，地上部分与地下部分的交界处称为根颈。不同类型的园林树木，如乔木、灌木或藤本，它们的结构又各有特点，这决定了园

林树木在生长发育规律和园林应用中的差异。要想更好地达到园林树木栽培和管理的目的，必须首先认识园林树木的结构、功能以及它们之间的关系。

3.1 根系的生长

根系是园林树木从土壤中吸收水分和养分的主要器官，其生长状况以及生理状况在很大程度上决定着园林树木获取水分和养分的能力，进而影响园林树木的生产能力。

3.1.1 根的类型与功能

1. 园林树木根系的发生及组成结构

完整的根系包括主根、侧根和须根。种子萌发时，胚根最先突破种皮向下生长形成主根（又叫初生根）。当主根达到一定长度后，在它上面产生的各级较粗大的分枝称为侧根。在侧根上形成的较细的根称为须根，一般直径小于 2.5mm，是根系中最活跃的部分。根据须根的形态结构及其功能又可以分为生长根、吸收根、过渡根和输导根 4 个基本类型。

1）生长根：又称轴根，属于初生结构，分生能力强，生长快，在整个根系中长而粗，并具有一定的吸收能力。其主要作用是促进根系的延长，扩大根系分布范围并形成吸收根。生长根的不同生长特性使园林树木发育成各种不同类型的根系。

2）吸收根：又称营养根，是着生在生长根上无分生能力的细小根，属于初生结构。吸收根上常布满根毛，具有很高的生理活性，其主要功能是从土壤中吸收水分和矿物质。在根系生长最好的时期，它数目可占植株根系的 90%或更多。它的长度通常为 0.1～4mm，粗 0.3～1mm，但寿命比较短，一般为 15～25 天。吸收根的数量、寿命及活性与树体的营养状况关系极为密切，是保证园林树木良好生长的基础。通过加强水肥管理，可以促进吸收根的发生，提高其活性。

3）过渡根：多数由吸收根转变而来，多数过渡根经过一定时间由于根系的自疏而死亡，少数过渡根由生长根形成，经过一定时期后开始转变成输导根。

4）输导根：属于次生结构，主要来源于生长根，随着年龄的增大而逐年加粗变成骨干根。它的功能主要是输导水分和营养物质，并起固着作用。

2. 园林树木根系的类型

根据根系的发生及来源，园林树木的根系可分为实生根系、茎源根系和根蘖根系 3 个基本类型（图 1-15）。

（1）实生根系

通过实生繁殖和用实生砧木（如苹果、梨、桃等栽培品种苗木）嫁接的园林树木，根由种子的胚根发育而来，称为实生根。实生根的一般特点主要表现为：主根发达，分布较深，固着能力好，阶段发育年龄幼，吸收力强，生命力强，对外界环境的适应能力较强，个体间差异较大。

（2）茎源根系

通过枝条扦插、压条等繁殖方式形成的个体，其根系来源于茎上的不定根，称为茎源根系。茎源根的主要特点是，主根不明显，须根特别发达，根系分布较浅，固着性较差，阶段发育年龄老，生命力差，对外界环境的适应能力相对较弱，个体差异较小。

（3）根蘖根系

有些园林树木能从根上发生不定芽进而形成根蘖苗，与母株分离后形成独立个体，其根系称为根蘖根，如枣、山楂等。根蘖根的主要特点与茎源根相似。

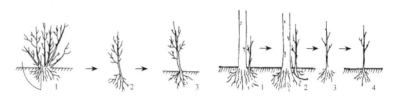

根蘖根系（示分株繁殖）

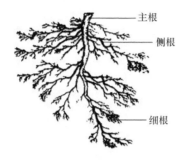 

实生根系　　　　　　　　茎源根系（月季扦插苗）

图 1-15　根系的类型

一般来说，树木根系是生长在地下部分的营养器官，但也有一些热带树木和特殊树木为适应特定的环境，常产生根的变态，在地面上形成支柱根、呼吸根、板根或吸附根等气生根，同时具有一定的园林观赏价值。

3. 根系的功能

根是植物适应陆地生活逐渐形成的器官，在植物的生长发育中主要发挥吸收、固着、支持、输导、合成、储藏和繁殖等功能。

（1）根的吸收功能

根的主要功能是吸收作用，它能吸收土壤中的水分、无机盐类和二氧化碳，分布在 20cm 左右深的土层中。植物体生长发育所需要的各种营养物质，除少部分可通过叶片、幼嫩枝条和茎吸收外，大部分都要通过根系从土壤中吸收。根系是植物的主要吸收器官，但并不是根的各部分都有吸收功能。无论是对水分的吸收还是对矿物质的吸收，其吸收功能主要在根尖部位，而且以根毛区的吸收能力最强。根毛区的大量根毛既增大了吸收面积，由果胶质组成细胞壁黏性和亲水性强，也有利于对水分和营养物质的吸收。在移植苗木时应尽量少损伤细根，保持苗木根系的吸收功能，有利于提高苗木的成活率。

（2）根的固着和支持作用

园林树木庞大的地上部分之所以能抵御风、雨、冰、雪、雹等灾害的侵袭，是因为植物发达的、深入土壤的庞大根系所起的固定与支持作用。根内牢固的机械组织和维管组织是根系固着和支持作用的基础。在园林树木大树移栽作业中，由于根系受到了伤害，原来的根系与移栽地土壤没有密切结合，容易活动，栽植后一定要进行树体的支撑和固定。

（3）根的输导和合成功能

由根毛、表皮吸收的水分和无机盐，通过根的维管组织输送到枝，而叶制造的有机养料经过茎输送到根，再经根的维管组织输送到根的各个部分，以维持根系的生长和生活的需要。根也可以利用其吸收和输导的各种原料合成某些物质，如合成蛋白质所必需的多种氨基酸、生长激素和植物碱。

（4）根的储藏和繁殖功能

园林树木的根内常具有发达的薄壁组织，是树木储藏有机营养物质和无机营养物质的重要器官，特别是在秋冬季节，树木在落叶前后将叶片合成的有机养分大量地向地下转运，储藏到根系中，翌年早春又向上回流到枝条，供应树木早期生长所需要的养分。所以，园林树木的根系是其冬季休眠期的营养储备库，骨干根中储藏的有机物质可以占到根系鲜重的12%～15%。根内储藏的大量养分也可供树木移植后重新生长发育使用。

许多园林树木的根具有较强繁殖能力，其根部能产生不定芽形成新的植株，尤以阔叶树木和大多数灌木树种产生不定芽的能力较强。多数树木在根部伤口处更容易形成不定芽，利用树木根部这种产生不定芽的能力和特性，可采用插根、根蘖等方法进行园林树木的营养繁殖，特别是对于一些种子繁殖困难或种子产量很低的树种来说，除了可以用枝条进行营养繁殖外，用根繁殖也是一条重要途径，而且有些园林树木用根繁殖比用枝条繁殖更容易。

小贴士

有些园林树木的根系能分泌有机化合物和无机化合物，以液态或气态的形式排入土壤。多数树种的根系分泌物有利于溶解土壤养分，或者有利于土壤微生物的活动以加速养分转化，改善土壤结构，提高养分的有效性。有些树木的根系分泌物能抑制其他植物的生长而为自己保持较大的生存空间，也有一些树种的根系分泌物对树木自身有害，因此在进行园林树木栽培与管理中，不仅要在换茬更新时考虑前茬树种的影响，也要考虑树种混交时的相互关系，通过栽植前的深翻和施肥等措施加以调节和改造。

3.1.2 根系在土壤中的分布

根系在土壤中的分布因树种、土壤和栽培技术条件而有差异，主要有垂直分布和水平分布两种类型。

1. 垂直分布

树木的根系大体沿着与土层垂直方向向下生长，这类根系叫作垂直根。垂直根多数沿着土壤缝隙和生物通道垂直向下延伸，入土深度取决于土层厚度及其理化特性。在土质疏松、通气良好、水分和养分充足的土壤中，垂直根发育良好，入土深；而在地下水位高或土壤下层有砾石层等不利条件下，垂直根的向下发展会受到明显限制。

垂直根能将植株固定于土壤中，从较深的土层中吸收水分和矿质元素，所以，树木的垂直根发育好、分布深，树木的固地性就好，其抗风、抗旱、抗寒能力也强。不同树种根系的垂直分布范围不同，通常树冠高度是根系分布深度的2～3倍，但大多数集中在10～60cm范围内。因此，在对园林树木施基肥时，应尽量施在根系集中分布层以下，以促进根系向土壤深层发展。

2. 水平分布

树木的根系沿着土壤表层几乎呈平行状态向四周横向发展，这类根系叫作水平根。根系的水平分布一般要超出树冠投影的范围，甚至可达到树冠的2～3倍。因此，对园林树木施肥时，要施到树冠投影的外围。水平根大多数占据着肥沃的耕作层，须根很多，吸收功能强，对树木地上部的营养供应起着极为重要的作用。在水平根系的区域内，由于土壤微生物的数量和活力高，营养元素的转化、吸收和运转快，更容易出现局部营养元素缺乏，应注意及时加以补充。

3.1.3 影响根系生长的因素

一般情况下，树木根系的生长没有自然休眠期，只要条件适宜，就可全年生长或随时由停顿状态迅速过渡到生长状态。影响根系生长的因素主要有树体的营养状况以及根际的环境条件。

1. 树体的营养状况

树体的营养状况对根系的生长影响很大，因为根的生长、水分和营养物质的吸收及有机物的合成都依赖于地上部分碳水化合物的供应。在土壤条件良好时，树木根群的总量取决于地上部分输送的有机物质数量。当结果过多或叶片受到损害时，有机物质不足，根系生长受到抑制。即使施肥，也难以改善生长状况。

2. 根系的环境条件

1）温度。树种不同，对温度要求不同。一般原产北方的树种对温度要求较低，南方树种则要求较高。一般根系生长的最佳温度范围15～20℃。上限温度为40℃，下限温度为5～10℃。

2）水分。通常最适于植物生长的土壤含水量为土壤最大田间持水量的60%～80%。当土壤的水分降低到某一限度时，即使其他因子合适，根系生长也会停止，根对干旱的抵抗力比叶低得多，严重缺水时，叶可以夺取根部的水分，使根系停止生长和呼吸，严重时根系可能死亡。但轻微干旱对根系生长发育有利，因为此时土壤透气性强，同时抑制了地上部分的生长，使较多的碳水化合物用于根系的生长，使根系发达。一般认为，根系发达，具有较多分支和深入下层的根，可以有效利用深层土壤的水分和矿质营养，比较耐旱。土壤水分过多也不利于根系的生长，水分过多，通气不良，根系在缺氧的条件下，就不能进行正常的呼吸及其他生理活动；同时二氧化碳及其他有害气体在根系周围积累，达到一定浓度时可引起根系中毒。另外，土壤的孔隙度对根系的生长也有一定的影响，一般土壤的孔隙度在10%以上，根系生长良好。

3）土壤的营养条件。在肥沃的土壤或施肥的条件下，根系发达，根细密，活动时间长。施用有机肥可促进植物吸收，加速根的产生；适当增施无机肥对根系的生长也有一定的好处，例如，适量的氮肥利于根系的生长，磷肥促进根系的发育，硼、锰对根系的生长也有良好的影响。

3.1.4 根系的年生长动态

根系在一年中的生长过程一般都表现出明显的周期性，根系生长高峰与地上部分生长高峰相互交错发生。一般来说，春季气温回升，根系开始生长，大多数植物根系生长开始的时期比地上部分要早，出现第一个生长高峰，此时的根系生长长度和发根数量直接取决于上一生长季节树体储藏的营养物质的水平。然后地上部开始迅速生长，根系生长趋于缓慢。当地上部生长趋于停止时，根系生长出现一个大高峰，且强度大，发根多。落叶前根系生长还可能出现小高峰（图1-16）。

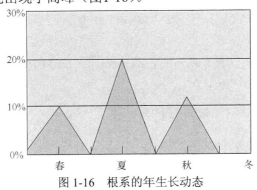

图1-16 根系的年生长动态

不同树种的根系年生长表现也有所不同。有些亚热带树种的根系活动要求温度较高，如果引种到温带冬春较寒冷的地区，由于春季气温上升快，地温的上升还不能满足树木根系生长的要求，会出现先萌芽后发根的情况，出现这种情况不利于树木的整体生长发育，有时还会因树木的地上部分活动强烈而地下部分的吸收功能不足导致树木死亡。

一年中，树木根系生长出现高峰的次数和强度与树种和年龄有关，根在年周期中的生长动态还受当年地上部生长和结实状况的影响，同时与土壤温度、水分、通气及营养状况等密切相关。因此，树木根系年生长过程中表现出高峰和低谷交替出现的现象，是上述因素综合作用的结果，某个因素只是在一定时期内起着主导作用。

树体有机养分和内源激素的积累状况是影响树木根系生长的内因，而土壤温度和土壤水分等环境条件是影响根系生长的外因。夏季高温干旱和冬季低温都会使根系生长受到抑制，使根系生长出现低谷，而在整个冬季，虽然树木枝芽已经进入休眠状态，但根系并未完全停止活动。虽然上述规律的具体表现因树种而异，但对于同类型树种来说都有类似的表现，例如，松类一般在秋冬就停止生长，而阔叶树在冬季仍有缓慢的加粗生长。另外，在生长季节内，根系生长也有昼夜动态变化节律。许多树木根系的夜间生长量和发根量都多于白天。可见，掌握园林树木根系年生长动态规律，对于科学合理地进行树木栽培和管理有着重要的意义。

3.1.5 根系的生命周期

在树木根系的整个生命周期中，根系始终有局部自疏和更新的现象。根系生长开始一段时间后就会出现吸收根的死亡现象，吸收根逐渐木栓化，外表变为褐色，逐渐失去吸收功能；有的轴根演变成起输导作用的输导根，有的则死亡。须根自身也有一个小周期，其更新速度更快，从形成到壮大直至死亡一般只有数年的寿命。须根的死亡，起初发生在低级次的骨干根上，其后在高级次的骨干根上，以至于较粗的骨干根后部几乎没有须根。一棵树上的根的寿命由长至短的顺序大致是支持根、储藏根、运输根、吸收根。根毛的寿命很短，一般在几天或几个星期内即随吸收根的死亡及生长根的木栓化而死亡。

研究表明，根系的生长速度与树龄有关。在树木的幼年期，根系生长一般比地上部分要快，并以垂直向下生长为主，为以后树冠的旺盛生长奠定基础，所以，壮苗应先促根。树冠达最大时，根幅也最大。在根系生长达到最大根幅后，也会发生向心更新。随着树龄的增加，根系的生长趋于缓慢，并在较长时期内与地上部分的生长保持一定的比例关系，直到吸收根完全衰老死亡，根幅缩小，整个根系结束生命周期。

当树木衰老，地上部分濒于死亡时，根系仍能保持一段时期的寿命。利用根的此特性，我们可以进行部分老树复壮的工程。

3.2 茎的生长特性与树体骨架的形成

除了少数具有地下茎或根状茎的植物外，茎是植物体地上部分的重要营养器官。许多园林树木能形成庞大的分枝系统，同茂密的叶一起构成完整的树冠结构。在园林树木栽培和管理过程中，通过对树木的整形与修剪，建立和维护良好的树形，是一项基本且极其重要的工作。而了解和掌握树木枝条和树体骨架形成的过程和基本规律，则是做好树木整形、修剪和树形维护的基础。

3.2.1 茎的功能

1. 输导功能

茎的输导功能是和它的结构紧密联系的。被子植物茎木质部中的导管和管胞把根系从土壤中吸收的水分和无机盐输送到植物的各个部分。而在大多数的裸子植物中，管胞是唯一输导水分和无机盐的组织。茎的韧皮部中的筛管将叶的光合产物运送到植物的各个部分。

2. 支持功能

茎的支持作用保证了树木的空间结构和形态，它支持着枝、叶、花的空间合理配置，保证了树木正常的光合作用、开花、传粉以及果实种子的发育、成熟和传播，同时抵御暴风和冰雪的侵蚀。

3. 储藏和繁殖功能

茎组织中的薄壁细胞储藏着大量的营养物质，特别是在秋冬季节，茎中储存的营养物质对树木第二年春季的发芽、展叶、开花、生长等具有决定性的影响。有些旱生和沙生树木的茎具有储水结构和功能，将雨季吸收的水分储存起来供旱季消耗。

不少植物茎有形成不定根和不定芽的习性，可进行营养繁殖。农、林和园艺工作中用扦插、压条来繁殖苗木，便是利用茎的这种习性。

4. 观赏价值

树木的茎还具有一定的观赏价值。例如，树干和枝的色彩、形状，树皮的各种形态、突起、质地等特征都是园林树木观赏特征的重要组成部分，在园林树木管理和应用中具有重要地位。

3.2.2 芽的生长特性

芽是多年生植物为适应不良环境和延续生命活动而形成的重要器官，它是枝、叶、花的原始体，是树木生长、开花结实、更新复壮、保持母株性状和营养繁殖的基础。了解芽的特性，对园林树木的整形、修剪和管理具有重要意义。

1. 芽序

芽在枝条上按一定规律排列的顺序性称为芽序。因为大多数的芽都着生在叶腋间，所以芽序与叶序一致。不同树种的芽序不同，多数树木的互生芽序为2/5式，即相邻芽在茎或枝条上沿圆周着生部位的相位差为144°；有些树种的芽序为1/2式，即着生部位的相位差为180°；另外，还有对生芽序（如丁香、洋白蜡、油橄榄等树木属于对生芽序，即每节芽相对而生，相邻两对芽交互垂直）和轮生芽序（如夹竹桃、盆架树、雪松、油松、灯台树等，芽在枝上呈轮生状排列）。由于枝条也是由芽发育生长而成的，芽序对枝条的排列乃至树冠形态都有重要的决定性作用。

2. 芽的异质性

在芽的形成过程中，由于内部营养状况和外界环境条件的不同，会使处在同一枝上不同部位的芽在大小和饱满程度乃至性别上都会有较大差异，这种现象称为芽的异质性。枝条基部的芽多在展叶时形成，由于这一时期叶面积小，气温低，因此芽一般比较瘦小，且常成为隐芽。此后，随着气温增高，枝条叶面积增大，光合效率提高，芽的发育状况得到改善，到枝条进入缓慢生长期后，叶片累积的养分能充分供应芽的发育。

有些树木（如苹果、梨等）的长枝有春梢、秋梢，即一次枝春季生长后于夏季停长，到秋季温、湿度适宜时，顶芽又萌发成秋梢。秋梢的组织常不充实，在冬寒地易受冻害。如果长枝生长延迟至秋后，由于气温降低，梢端往往不能形成新芽。因此，一般长枝的基部和顶端部分或者秋梢上的芽的质量较差，中部的芽最好；中短枝中、上部的芽较为充实饱满；树冠内部或下部的枝条因光照不足，生长其上的芽的质量欠佳。在进行树木扦插繁殖时，可根据此特性选取插穗。

3. 芽的晚熟性和早熟性

当年形成的芽，需经过一段低温时期解除休眠，到第二年春季才能萌发成枝，这种芽称为晚熟性芽。许多暖温带和温带树木的芽为晚熟性芽，如银杏、广玉兰、毛白杨等。

而另一些树木在生长季节早期形成的芽，当年就能萌发（如桃、月季、米兰、茉莉等），有的多达2～4次梢，具有这种特性的芽叫早熟性芽。这类树木成形快，有的当年即可形成小树。其中也有些树木，芽虽具有早熟性，但不受刺激一般不萌发，采取人为修剪、摘叶等措施可促进芽的萌发。

4. 萌芽力和成枝力

不同的树木种类与品种，其叶芽的萌发能力不同。有些树木的萌芽力和成枝力强，如多数的杨、柳、白蜡、卫矛、紫薇、女贞、黄杨、桃等，这类树木容易形成枝条密集的树冠，耐修剪，易成形。有些树木的萌芽力和成枝力较弱，如松类和杉类的多数树种、梧桐、楸树、梓树、银杏等，枝条受损后不容易恢复，树形的塑造也比较困难，要特别保护这类苗木的枝条和芽。许多树木枝条基部的芽或上部的副芽，一般情况下不萌发而呈潜伏状态，称隐芽或潜伏芽。当枝条受到某种程度的刺激，如上部或近旁枝条受伤，或树冠外围枝出现衰弱时，潜伏芽可以萌发出新梢。有的树种有较多的潜伏芽，而且潜伏寿命较长，有利于树冠的更新和复壮。

3.2.3 茎枝的生长

1. 顶端优势

树木同一枝条上顶芽或位置高的芽比其下部芽饱满、充实，萌发力、成枝力强，抽生出的新枝生长旺盛，这种现象就是树木枝条的顶端优势。许多园林树木都具有明显的顶端优势，它是保持树木具有高大挺拔的树干和树形的生理学基础。相对而言，灌木树种的顶端优势就要弱得多，但无论乔木或灌木，不同树种的顶端优势的强弱相差很大，要在园林树木养护中达到理想的栽培目的，在园林树木的整形与修剪中有的放矢，必须了解与运用树木的顶端优势。对于顶端优势比较强的树种，抑制顶梢的顶端优势可以促进若干侧枝的生长；而对于顶端优势很弱的树种，可以通过侧枝的修剪促进顶梢的生长。一般来说，顶端优势强的树种容易形成高大挺拔和较狭窄的树冠，而顶端优势弱的树种容易形成广阔的圆形树冠。有些针叶树的顶端优势极强，如松类和杉类，当顶梢受到损害后侧枝很难代替顶梢的位置，影响冠形的培养。因此，要根据不同树种顶端优势的差异，通过科学管理，合理修剪，培养良好的树干和树冠形态。对于观花树种，如月季、白玉兰、紫薇等，也应通过调节枝条的生长势，促使枝条由营养生长向生殖生长方面转化，促进花芽分化和开花。

一般来说，幼树、生长势强的树木的顶端优势比老树、生长势弱的树木明显；枝条在树体上的着生部位愈高，枝条的顶端优势愈强；枝条着生角度越小，顶端优势越强，而下垂的枝条的顶端优势较弱。

2. 年轮及其形成

在树干和枝条的增粗生长过程中，由于树木形成层随季节的活动周期性使树干横断面上出现因密度不同而形成的同心环带，即为树木年轮。温带和寒温带的大多数木本植物的形成层在生长季节（春季、夏季）不断地增生，而在秋季和冬季形成层的增生趋于缓慢或停止，这是年轮发生的生理学基础。热带树木可因干季和湿季的交替而出现年轮，有时由于一年中气候变化多次可导致树木出现几个密度不同的同心环带，实际每一轮并不代表一年，可称为生长轮，但一年中生长轮的数量对于特定地区的特定树种来说也是有规律的。

更确切地说，年轮是树木横断面上由春材和秋材形成的环带。在只有一个生长期的温带和寒温带，在根颈处的树木年轮是树木年龄和历史上气候变化的历史记载。

由于气候的异常影响或树木本身的生长异常（如病害等），在树干横断面也会产生"伪年轮"。在根据年轮判断树木年龄时，伪年轮是引起误差的主要原因，只有剔除伪年轮的影响，才能正确判断树木的实际年龄。伪年轮一般具有以下特征：

① 伪年轮的宽度比正常年轮的小。
② 伪年轮通常不会形成完整的闭合圈，而且有部分重合。
③ 伪年轮外侧轮廓不太明显。
④ 伪年轮不能贯穿全树干。

3. 枝干的生长特性

树木每年都通过新梢生长来不断扩大树冠，新梢生长包括加长和加粗生长两个方面。一年内枝条生长增加的粗度或长度称为年生长量。在一定时间内，枝条加长和粗生长的快慢称为生长势。生长量和生长势是衡量树木生长状况的常用指标，也是评价栽培措施是否合理的依据之一。

（1）加长生长

新梢的加长生长并不是匀速的，从开始生长期、旺盛生长期到停止生长期，依次表现出慢—快—慢的生长规律，生长曲线呈S形。

加长生长的起止时间与树种、部位及环境条件关系密切。一般来说，北方树种停止生长的时间早于南方树种，成年树木早于幼年树木，观花和观果树木的短果枝或花束状果枝早于营养枝，树冠内部枝条早于树冠外围枝，有些徒长枝甚至会因没有停止生长而受冻害。土壤养分缺乏、透气不良、干旱等不利环境条件都能使枝条提前1～2个月结束生长，而氮肥施用量过大、灌水过多或降水过多均能延长枝条的生长期。在栽培中应根据目的合理调节光、温、肥、水，以控制新梢的生长时期和生长量，通过合理的修剪，促进或控制枝条的生长，达到园林树木培育的目的。

（2）加粗生长

树干及各级枝的加粗生长都是形成层细胞分裂、分化、增大的结果。在新梢伸长生长的同时，也进行加粗生长，但加粗生长高峰稍晚于加长生长，停止也较晚。新梢加粗生长的次序也是由基部到梢部。形成层活动的时期和强度依枝的生长周期、树龄、生理状况、部位及外界温度、水分等条件而异。落叶树种形成层的活动稍晚于萌芽；春季萌芽开始时，在最接近萌芽处的母枝形成层活动最早，并由上而下开始微弱增粗，此后随着新梢的不断生长，形成层的活动也逐步加强，加粗生长量增加。新梢生长越旺盛，形成层活动也越强烈，持续时间也越长。秋季由于叶片积累大量光合作用产物，因而枝干明显加粗。级次越低的枝条的加粗生长高峰期越晚，加粗生长量越大。一般幼树的加粗生长持续时间比老树长，同一树体上新梢的加粗生长的开始期和结束期都比老枝早，而大枝和主干的加粗生长从上到下逐渐停止，以根颈结束最晚。

通常树木主干加粗生长的起始时间落后于加长生长，但加粗生长的持续时间比加长生长长。一些树木的加长生长与加粗生长能相互促进，但由于顶端优势的影响，往往加长生长或多或少会抑制加粗生长。

4. 影响枝梢生长的因素

枝梢的生长除受树种和品种特性决定外，还受砧木、有机养分、内源激素、环境与栽培条件等的影响。

（1）品种与砧木

不同品种由于遗传型的差异，新梢生长强度有很大的差异。砧木对地上部分枝梢生长量的影响也很明显，同一树种和品种嫁接在不同砧木上，其生长势存在明显差异，有使嫁接苗整体呈乔化或矮化的趋势。

（2）储藏养分

树体储藏养分少，则萌发新梢纤细。例如，对于春季先开花后展叶类树木，开花结实过多，消耗大量养分，则新梢生长差。

（3）内源激素

叶片除进行光合作用产生有机养分外，还产生激素。成熟叶和幼嫩叶所产生的激素不同，成熟叶产生的有机养分与生长素类配合引起叶和节的分化；幼嫩叶内产生类似赤霉素的物质，能促进节间伸长。另外，成熟叶内产生的休眠素可抑制赤霉素，摘除成熟叶可促进新梢加长生长，但不会增加节数和叶数；摘除幼嫩叶，仍能增加节数和叶数，但节间变短而减少新梢长度。

生产上，通过喷施生长调节剂，以影响内源激素水平及其平衡，促进或抑制新梢生长。例如，生长延缓剂B-9、矮壮素（CCC）可抑制内源赤霉素的生物合成。另外，B-9也影响细胞分裂素的作用，可使枝条内脱落酸增多而赤霉素含量下降，因而枝条节间短，停止生长早。

（4）母枝所处部位与状况

树冠外围新梢较直立，光照条件好，则生长旺盛；树冠下部和内膛枝因芽质差，有机养分少，光照不足，所发新梢较细弱。母枝的强弱和生长状况对新梢生长影响很大。新梢随母枝直立至斜生，顶端优势减弱。随母枝弯曲下垂而发生优势转位，于弯曲处或最高部位发生旺长枝，这种现象称为"背上优势"。生产上常利用枝条生长姿态来调节树势。

（5）环境与栽培条件

通常在气温高、生长季长的地区，新梢年生长量大；在气温低、生长季短的地区，热量不足，新梢年生长量则小。光照不足时，新梢细长而不充实。另外，施氮肥、浇水过多或者修剪过重，都会引起过旺生长。总之，一切能影响根系生长的措施，都会间接影响新梢的生长。

5. 干性与层性

树木的干性是指树木中心干的强弱和维持时间的长短。乔木树种的共性是，干性强，即中心干坚硬，能长期处于优势生长，枝干的中轴部分比侧生部分具有明显的相对优势，如雪松、水杉、广玉兰等。

树木的层性是指主枝在中心干上的分布或二级枝在主枝上的分布形成明显的层次，它是顶端优势和芽的异质性共同作用的结果。层性在幼树期历年重现，顶端优势强而成枝力弱的树种的层性明显。具有明显层性的树种有黑松、马尾松、银杏、广玉兰、枇杷，几乎一年一层，可作为测定树木树龄的依据之一。顶端优势强弱与保持年代长短，表现于层性明显与否。具有层性的树冠，有利于通风透光。

树木的干性与层性如图1-17所示。不同树种的干性和层性强弱不同。例如，雪松、水杉、广玉兰的干性强，而梅、桃、灌木树的干性弱。树木的干性和层性在不同栽培条件下会发生一定的变化，如群植能增强干性，孤植会减弱干性。另外，人为修剪也能使树木的干性和层性发生变化。

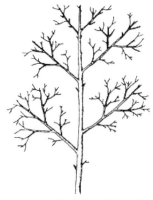

图1-17　树木的干性与层性

6. 树体骨架的形成

枝、干为构成树木地上部分的主体，对树体骨架的形成起重要作用。多数园林树木树冠的形成过程就是树木主梢不断伸长，新枝条不断从老枝条上分生出来并伸长和增粗的过程。

随树龄的增长，中心干和主枝伸长枝的优势逐渐转弱，表现为顶芽成花、自枯或枝条弯曲，树冠变得圆钝而后宽广表现出壮龄期的冠形，达到一定立地条件下的最大树高和冠幅后，会转入衰老阶段。

树木的整体形态构造依枝、干的生长方式，可大致分为以下3种主要类型。

（1）单干直立型

单干直立型树木具有一个明显的与地面垂直生长的主干，包括乔木及部分灌木树种。这类树木的顶端优势明显，由骨干主枝、延长枝及细弱侧枝3类枝构成树体的主体骨架。

（2）多干丛生型

多干丛生型树木以竹类和丛生灌木树种为主。由根颈附近的芽或地下芽，抽生形成几个粗细接近的枝干，构成树体的骨架，在这些枝上，再萌生各级侧枝。

这类树木的离心生长相对较弱，顶端优势也不十分明显，植株低矮，芽抽枝能力强。

（3）藤蔓型

藤本类园林树木有多条从地面生长出的明显主蔓，具有单干直立型与多干丛生型树木枝干的生长特点；但大多不能形成自己的冠形，而是随攀缘或附着物的形态而变化，这也给园林植物造型提供了合适的材料。

3.3　叶和叶幕的形成

3.3.1　叶的功能

1. 叶的主要生理功能

叶的主要生理功能是光合作用和蒸腾作用，还具有一定的吸收能力。例如，根外施肥时，向叶面上喷施一定浓度的肥料，叶片表面就能吸收；喷施农药时（如有机磷杀虫剂），农药也是通过叶面表面吸收进入植物体内的。一些树种的叶还有繁殖能力，如落地生根。

2. 叶的生态效益

由于植物的光合作用主要由叶片进行，因此叶片在改善园林树木环境方面有着重要的作用。

1）植物的叶片是环境中CO_2和O_2的调节器，在光合作用中每吸收44g的CO_2就可以放出32g的O_2。虽然植物也进行呼吸作用，但在日间由光合作用所放出的O_2要比呼吸作用所消耗的O_2量大20倍。

2）叶片能够吸收空气中的有毒气体。城市空气中有许多有毒物质，植物的叶片可以将其吸收、分解或富集于体内而减少空气中的有毒物质。例如，忍冬的叶片吸收有毒气体的能力很强，单位面积叶片吸收SO_2的量达438.14mg/（m^2·h）的，叶面只有星点烧伤，受害并不严重。

3）树木的枝叶还可以阻滞空气中的烟尘，起到过滤器的作用，使空气更清洁。各种树木阻滞烟尘的能力差别很大。例如，桦树比杨树的滞尘力大2.5倍，杨树比针叶树大30倍。一般而言，树冠大而浓密、叶片多毛或粗糙以及有油脂或黏液分泌腺的树种，吸收和滞尘能力较强。

4）树木的枝叶可以减缓雨水对地表的冲击力，减少地表径流，增加土壤的水分入渗量和减轻水土流失。

5）园林树木叶片是树木蒸腾作用的主要器官，对降低周围环境温度、增加空气相对湿度、调节局部小气候起主要作用。

3. 叶的观赏价值

园林树木的叶具有极其丰富多彩的形态、色彩，不同的排列方式与质地是构成园林树木观赏性的主要元素。

3.3.2 叶片的形成

叶片是由叶芽中前一年形成的叶原基发展起来的，其大小与前一年或前一生长时期形成叶原基时的树体营养状况和当年叶片生长条件有关。不同树种和品种的树木，甚至同一树体上不同部位枝梢上，其叶片形态和大小均不同。旺盛生长期形成的叶片生长时间较长，单叶面积大。不同叶龄的叶片在形态和功能上也有明显差别，幼嫩叶片的叶肉组织量少，叶绿素浓度低，光合作用较弱；随着叶龄的增大，单叶面积增大，生理活性增强，光合作用大大提高，直到达到成熟并持续相当时间后，叶片会逐步衰老，各种功能也会逐步衰退。由于叶片的发生时间有差别，同一树体上着生着各种不同叶龄或不同发育时期的叶片，它们的功能也在发生变化。常绿树以当年的新叶光合作用最强。

3.3.3 叶幕的形成

叶幕是指树冠内叶片集中分布的区域，是树冠叶面积总量的反映。树龄、整形、栽培的目的与方式不同，园林树木叶幕的形态和体积也不相同。幼树时期，由于分枝尚少，树冠内部的小枝多，树冠内外都能见光，叶片分布均匀，树冠的形状和体积与叶幕的形状和体积基本一致。无中心主干的成年树，其叶幕的体积与树冠的体积不一致，小枝和叶多集中分布在树冠表面，叶幕往往仅限于树冠表面较薄的一层，多呈弯月形叶幕。有中心主干的成年树的树冠多呈圆头形，到老年多呈钟形叶幕。成片栽植的树木，其叶幕顶部呈平面形或立体波浪形。观花观果类园林树木为了结合花、果生产，经人工整剪成一定的冠形，有些行道树为了避开高架线，人工修剪成杯状叶幕。藤本树木的叶幕随攀附物体的形状变化。

落叶树木叶幕在年周期中有明显的季节变化，常表现为慢—快—慢的生长规律，呈S形曲线式生长。叶幕形成的速度因树种和品种、环境条件和栽培技术的不同而不同。一般来说，幼龄树、长势强的树、长枝型树种的叶幕形成时期较长，高峰出现晚；而树势弱、年龄大、短枝型树种的叶幕形成和高峰期出现较早。

落叶树木的叶幕，从春天发叶到秋季落叶，大致能保持5～10个月的生活期；而常绿树木的叶幕，由于叶片的生存期长，多半可达一年以上，而且老叶多在新叶形成之后逐渐脱落，叶幕比较稳定。

3.4 花的形成和开花

在园林树木生命周期中，最明显的质变是由营养生长转变为生殖生长，而花芽分化及开花是生殖生长的标志。许多园林树木属于观花或兼用型观赏树木，因此，了解其花芽分化的规律，对于促进花芽的形成和花芽分化的质量、增加花果生产具有重要意义。

3.4.1 花芽分化

1. 花芽分化的概念

植物的生长点既可以分化为叶芽，也可以分化为花芽。生长点由叶芽状态开始向花芽状态转变的过程，称为花芽分化。从生长点顶端变得平坦、四周下陷开始，到逐渐分化为萼片、花瓣、雄蕊、雌蕊以及整个花蕾或花序原始体的全过程，称为花芽形成。生长点内部由叶芽的生理状态（代谢方式）转向形成花芽的生理状态的过程，称为生理分化。由叶芽生长点的细胞组织形态转变为花芽生长点的细胞组织形态过程，称为形态分化。树木花芽分化的概念有狭义和广义之分。狭义的花芽分化是指形态分化，广义的花芽分化包括生理分化、形态分化、花器的形成与完善直至性细胞的形成。

2. 花芽分化期

花芽的分化一般可分为生理分化期、形态分化期和性细胞形成期3个时期，三者顺序不可改变，缺一不可。不同树种的花芽分化时期有很大差异，分化标志的鉴别与区分是研究分化规律的重要内容之一。

（1）生理分化期

生理分化期是指芽的生长点由叶芽转向分化花芽而发生生理代谢变化的时期，肉眼无法观察到。它是控制花芽分化的关键时期，因此也称花芽分化临界期。生理分化期出现在形态分化期前1~7周,一般是4周左右。树种不同,生理分化期开始的时期也不同,如月季为3~4月,牡丹为7~8月。生理分化期持续的长短与树种和品种的特性有关,还与树体营养状况及外界的温度、相对湿度、光照条件等有密切关系[图1-18(a)~(c)]。

(2)形态分化期

形态分化期是指花或花序的各个花器原始体发育过程所经历的时期,一般又可分为分化初期、萼片原基形成期、花瓣原基形成期、雄蕊原基形成期、雌蕊原基形成期5个时期。有些树种的雄蕊原基形成期和雌蕊原基形成期时间较长,要到第二年春季开花前完成[图1-18(d)~(e)]。

(3)性细胞形成期

性细胞形成期是指雄蕊产生花粉母细胞或雌蕊产生胚囊母细胞分别形成雄配子体或雌配子体的全过程。于当年进行一次或多次花芽分化并开花的树木,其花芽性细胞都在年内较高温度的时期形成;而于夏秋分化,在次年春季开花的树木,其花芽在当年形态分化后要经过冬春一定时期的低温(温带树木为0~10℃,暖温带树木为5~10℃)累积条件,才能形成花器并进一步分化完善,再在第二年春季萌芽后至开花前的较高温度下才能完成[图1-18(g)和(1)]。

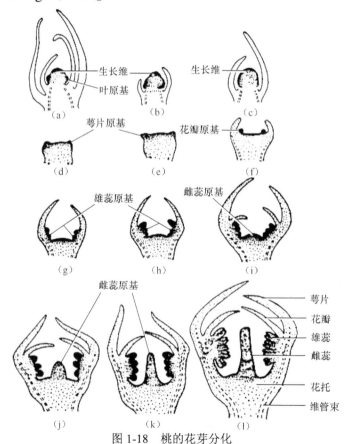

图1-18 桃的花芽分化

(a)营养生长锥　　　(b)~(c)生殖生长锥分化初期　　　(d)~(e)萼片原基形成期
(f)花瓣原基形成期　　　(g)~(h)雄蕊原基形成期　　　(i)~(1)雌蕊原基形成期

性细胞形成期消耗能量及营养物质很多，如不能及时供应，就会导致花芽退化，影响花芽质量，进而引起大量落花落果。生产上，可在花前和花后及时追肥灌水，以提高坐果率。

3. 花芽分化的类别

花芽分化开始时期和延续时间的长短，以及对环境条件的要求因树种（品种）、地区、年龄等的不同而异。根据不同树种花芽分化的特点，可以分为以下4种类型：

（1）夏秋分化型

绝大多数早春和春夏开花的观花树木，如海棠、榆叶梅、樱花、迎春、连翘、玉兰、紫藤、丁香、牡丹、杨梅、山茶（春季开花的）、杜鹃等，属于夏秋分化型。其花芽在前一年夏秋（6~8月）开始分化，并延续至9~10月间才完成花器分化的主要部分。但也有些树种，如板栗、柿子分化较晚，在秋天还只能形成花器原始体，需要延续更长时间才能完成花器分化。夏秋分化型树木花芽的进一步分化与完善，还需经过一段低温，直到第二年春天才能完成性器官的分化。有些树种的花芽，即使由于某些条件的刺激和影响，在夏秋已完成分化，仍需经低温后才能提高其开花质量。因此，冬季剪枝插瓶水养时，应选择合适的时期，以保证开花质量。

（2）冬春分化型

原产亚热带、热带地区的某些树种，一般秋梢停长后至第二年春季萌芽前，即于11~4月间这段时期中完成花芽的分化。柑橘类的柑和橘常从12月至次春期间分化花芽，其分化时间较短并连续进行。此类型中有些延迟到第二年初才分化，而在冬季较寒冷的地区，如浙江、四川等地，有提前分化的趋势。

（3）当年分化型

许多夏秋开花的树木，如木槿、槐、紫薇、珍珠梅、荆条等，都是在当年新梢上形成花芽并开花，不需要经过低温阶段即可完成花芽分化。

（4）多次分化型

在一年中能多次抽梢，每抽一次梢就分化一次花芽并开花的树木属于多次分化型，如茉莉、月季、葡萄、无花果、金柑和柠檬等，其他树木中某些多次开花的变异类型，如四季桂、西洋李中的三季李、四季橘等也属于此类。对于多次分化型树木，春季第一次开花的花芽有些可能是去年形成的，花芽分化交错发生，没有明显的分化停止期，花芽分化节律不明显。

4. 花芽分化的一般规律

1）都有一个分化临界期——生理分化期。各种树木从生长点转为花芽形态分化之前，必然都经历生理分化期。在此时期，生长点原生质处于不稳定状态，对内因、外因有高度的敏感性，易于改变代谢方向，是花芽分化的关键时期。花芽的生理分化期因树种、品种而异，如苹果在花后2~6周，柑橘于果熟采收前后。

2）花芽分化的长期性。以全树而言，大多数树木的花芽分化是分期、分批陆续进行的。有的从5月中旬开始生理分化，到8月下旬为分化盛期，到12月初仍有10%~20%

的芽处于分化初期，甚至到翌年2～3月还有5%左右的芽仍处于分化初期状态。例如，山桃、连翘、榆叶梅、海棠类、丁香等开花后适时摘叶可促进花芽分化，秋季可再次开花。这种现象表明，树木在落叶后，在暖温带可以利用储藏养分进行花芽分化，因而花芽分化是长期性的。花芽分化的长期性为多次开花以及控制花芽分化数量并减少大小年现象提供理论根据。

3）相对集中性和相对稳定性。各种树木的花芽分化的开始期和盛期（相对集中期）在不同年份有所差别，但并不悬殊。以果树为例，桃集中在7～8月，苹果为6～9月，柑橘为12月至翌年2月。花芽分化的相对集中性和相对稳定性与稳定的气候条件和物候期有密切关系。通常多数树木是在新梢（包括春、夏、秋梢）停止生长后达到花芽分化高峰。

4）形成花芽所需时间因树种和品种而不同。从生理分化到雌蕊形成所需时间，苹果需1.5～4个月，芦柑需半个月。梅花的形态分化在7月上中旬至8月下旬，花瓣形成；牡丹的分化期为6月下旬至8月中旬。

5）分化早晚与树龄、部位、枝条类型和结实大小年的关系。树木花芽分化期不是固定不变的。一般幼树比成年树晚，生长势强的树比生长势弱的树晚，同一树上短枝、中长枝及长枝上腋的花芽形成时间依次后延。一般停止生长早的枝分化早，但花芽分化多少与枝长短无关，大年枝梢停止生长早，但因结实多，使花芽分化推迟。

5. 影响花芽分化的因素

花芽分化是在内、外因素综合作用下进行的，决定花芽分化的首要因子是营养物质的积累水平，而激素和一定的外界环境因素则是花芽分化的重要条件。

内在因素：

1）芽内生长点细胞必须处于分裂又不过旺的状态，正在进行旺盛生长的新梢或已进入休眠期的芽是不能进行花芽分化的。

2）营养物质的供应是花芽形成的物质基础，高的碳氮比是许多植物成花转变过程的决定性因素之一，也是形成成花激素的物质前提。

3）内源激素的调节是花芽形成的前提。目前已知能促进花芽形成的激素有细胞分裂素、脱落酸和乙烯（多来自根和叶），对花芽形成有抑制作用的激素有生长素和赤霉素（多来自于种子）。

4）实生树的遗传性与首次成花的关系。实生树通过幼年期，要达到一定的大小（体积、分枝级次或枝的节数）或称形态上的复杂性，或需经过一定的有丝分裂世代，即达到一定年龄以后，才能接受成花诱导。不同树木在一定条件下，首次成花的快慢不同，这是受其遗传性所决定的，快则1～3年，多则半个世纪。

5）叶、花、果与花芽分化的关系。叶是同化器官，碳素的产物主要来自这个"加工厂"。叶多是形成花芽多的原因，除营养物质多以外，还有：老叶多，形成有利花芽分化的脱落酸（休眠素），以抑制来自嫩叶和种子的能促进生长、阻碍花芽分化的赤霉素；叶多，蒸腾作用强，能使根系合成的激素（细胞分裂素或称激动素等）增多，有利于花芽分化。对于先花后叶类的树木，开花，尤其是繁茂之花，能消耗了大量的储藏养分，从而造成根系生长低峰并限制新梢生长量。因而开花量的多少间接影响果实发育与花芽分化。树上结实多，一般易理解为果多，消耗多，积累少，影响花芽分化，但这只是一方面；另一方面是果多，种子多，种胚多，其生长阶段产生大量的赤霉素和生长素，使幼果具有很大的竞争养分的能力并改变了激素平衡（即改变了与促花激素间的比例）。

6）枝条营养生长与花芽分化的关系。从现象上看，营养生长旺盛的成花迟，而营养生长弱的成花早。花芽分化要以营养生长为基础，否则比叶芽复杂得多的花芽就不可能形成。

国内外的研究结果一致认为，绝大多数树木的花芽分化都是在新梢生长趋于缓和或停长后开始的。因为新梢停长前后的代谢方式有一个明显的转变，即由消耗占优势转为累积占优势。如果此时营养生长过旺，自然不利于花芽分化。由于生长本身首先要消耗营养物质，此时能累积的营养物质的绝对量和相对量都少，影响成花。可见生长的消耗与累积是矛盾的。所以还要看旺长发生在什么时候，是否符合正常的节律。生长初期，旺长问题不大，健旺是好的，但到快分化花芽时发生旺长，就不利于花芽分化了。

外界环境条件：

1）光照。光照对树木花芽形成的影响是很明显的，有机物的形成、积累与内源激素的平衡等都与光有关。无光不结果，光对树木花芽分化的影响主要在光量和光质等方面。根据试验，许多树木对光周期并不敏感，其表现是迟钝的。松树的雄花分化需要长日照，而雌花分化则需要短日照。针叶树的柏属对光周期有反应，但也只限于赤霉素诱导开花的情况下。光周期不影响苹果和杏的成花，只是长日照下花芽多些。

2）水分。水分过多不利于花芽分化，夏季适度干旱有利于树木花芽的形成。例如，在新梢生长季对梅花适当减少灌水量（俗称"扣水"），能使枝变短，成花多而密集，甚至枝下部的芽也能成花。

3）温度。温度影响树木的一系列生理过程，如光合作用、根系的吸收率及蒸腾作用等，并且影响激素水平。

4）矿质营养。矿质、根系生长与花芽分化有明显的正相关性，这与吸收根合成蛋白质和细胞激动素等的能力有关。花芽生理分化期，施铵态氮肥（如硫酸铵），有利于促进生根和花芽分化。施铵态氮改变了树体内有机氮化物的平衡。由于细胞激动素本身是氮化物，因此氮的形态同根内细胞激动素的产生可能有些值得进一步研究的关系。氮能促黑醋栗、樱桃、葡萄、杏、甜柚等成花；氮可促进落叶松和若干被子植物硬木树种形成雄花。磷对成花的作用因树而异。对苹果施磷可增加成花，但对樱桃、梨、李、柠檬、板栗、杜鹃等无明显作用。此外，苹果、梨缺铜会减少成花。又如，苹果枝条灰分中钙的含量和成花量成正相关，柳杉缺钙、镁可减少成花。总之，大多数矿质元素相当缺乏时，会影响成花。

5）栽培技术。栽培中，应采取综合措施，如挖大穴，用大苗，施大量的有机肥，促进水平根系的发展，扩大树冠，加速养分积累；然后采取转化措施（开张角度或拉平，进行环剥或倒贴皮等），促使其早成花。做好周年管理，加强水肥管理，防治病虫害，合理修剪、疏花来调节养分分配，减少消耗，使每年形成足够的花芽。另外，利用矮化砧和应用生长延缓剂等来促进成花。

6. 控制花芽分化的途径

树木的许多生理代谢活动都直接或间接地影响着花芽分化。在了解花芽分化规律的基础上，通过栽培技术调节树体各器官间生长发育的关系以及外界因子的影响，以控制树木的花芽分化。控制花芽分化应因树、因地、因时制宜，主要有以下几点：

1）研究其花芽分化时期与分化特点或按树木开花类别进行调节。

2）抓住分化临界期，采取相应措施进行促控：适地适树（土层厚薄与干湿等）、选砧（乔化砧或矮化砧）、嫁接（二重接、高接、桥接等）、促控根系（穴大小、紧实度、土壤肥力、土壤含水量等）、整形与修剪（主干倒贴皮、适当开张主枝角度、环剥（勒）、摘心、扭梢、摘心并摘幼叶促发二次梢、轻重短截和疏剪）、疏花疏（幼）果、施肥（肥料类别、叶面喷肥）、生长调节剂的施用等。

3）根据不同分化类别的树木花芽分化与外界因子的关系，通过满足或限制外界因子来控制。

4）根据树木不同年龄时期的树势、枝条生长与花芽分化的关系进行调节。

3.4.2 树木的开花

树体上正常花芽的花粉粒和胚囊发育成熟，花萼和花冠展开的现象称为开花。不同树木在开花顺序、开花时期、异性花的开花次序以及不同部位的开花顺序等方面都有很大差异。

1. 开花顺序

（1）不同树种的开花顺序

树木的花期早晚与花芽萌动先后相一致。同一地区不同树种在一年中的开花时间早晚不同，除特殊小气候环境外，各种树木每年的开花时间有一定先后顺序。了解当地树木开花时间对于合理配置园林树木、保持园林绿化地区四季花香具有重要指导意义。例如，在北京地区常见树木的开花顺序依次是银芽柳、毛白杨、榆、山桃、玉兰、加拿大杨、小叶杨、杏、桃、绦柳、紫丁香、紫荆、核（胡）桃、牡丹、白蜡、苹果、桑、紫藤、构树、栓皮栎、刺槐、苦楝、枣、板栗、合欢、梧桐、木槿、国槐等。

（2）不同品种开花早晚不同

同一地区同种树木的不同品种之间，开花时间也有一定的差别，并表现出一定的顺序性。例如，在北京地区，碧桃中的"早花白碧桃"于3月上旬开花，而"亮碧桃"则要到3月下旬开花；在南京地区，梅花不同品种间的开花顺序可相差1个月左右。品种较多的观花树种可按花期的早晚分为早花、中花和晚花3类。在园林树木栽培和应用中也可以利用其花期的差异，通过合理配置，延长和改善其美化效果。

（3）同株树木上的开花顺序

有些园林树木属于雌雄同株异花的树木，雌雄花的开放时间有的相同，有的不同。同一树体上不同部位，开花早晚也有所不同。同一花序上的不同部位，开花早晚也可能不同。例如，具伞形总状花序的苹果的顶花先开，而具伞房花序的梨的基部边花先开，菜荑花序则于基部先开。这些特性多数是有利于延长花期的，掌握这些特性可以在园林树木栽培和应用中提高其美化效果。

2. 开花类型

按树木开花与展叶的先后关系，树木可分为以下 3 类：

（1）先花后叶型

此类树木在春季萌动前已完成花器分化。花芽萌动不久即开花，先开花后展叶，如银芽柳、迎春、连翘、山桃、梅、杏、李、紫荆等，有些能形成一树繁花的景观，如玉兰、山桃等。

（2）花叶同放型

此类树木的开花和展叶几乎同时进行，花器也是在萌芽前已完成分化，开花时间比先花后叶型树木稍晚。多数能在短枝上形成混合芽的树种属于此类，如苹果、海棠、核桃等。混合芽虽先抽枝展叶而后开花，但多数短枝抽生时间短，很快见花。

（3）先叶后花型

此类树木多数是在当年生长的新梢上形成花器并完成分化，萌芽要求的气温高，一般于夏秋开花，是树木中开花最迟的一类；有些甚至能延迟到晚秋，如木槿、紫薇、凌霄、槐、桂花、珍珠梅、荆条等。

3. 开花次数

多数园林树木每年只开一次花，特别是原产温带和亚热带地区的绝大多数树种，但也有些树种或栽培品种一年内有多次开花的习性，如月季、柽柳、四季桂、佛手、柠檬等，紫玉兰中也有多次开花的变异类型。

对于每年开花一次的树木种类，一年出现第二次开花的现象称为再度开花、二度开花，我国古代称作"重花"。常见再度开花的树种有桃、杏、连翘等，偶见玉兰、紫藤等出现再度开花现象。树木出现再次开花现象有两种情况：一种是花芽发育不完全或因树体营养不足，部分花芽延迟到夏初才开，这种现象常发生在某些树种的老树上；另一种是秋季发生再次开花现象，通常是由于气候原因导致的再度开花，如进入秋季后温度下降但晚秋或初冬发生气温回暖，一些树木花开二度。

对于为生产花、果的树木再度开花，一方面提前萌发了明年开花的花芽，另一方面消耗大量养分，又往往结不成果（或不能成熟，或果质差）并不利于越冬，因而大大影响第二年的开花与结果，对生产是不利的。

4. 授粉与受精

对于绝大多数树木，开花要经过授粉和受精才能结实。授粉、受精过程能否完成，受许多因素的影响。有些树木"自交不孕"，其最主要的原因是自交不亲和。某些树种的花粉不能使同品种的卵子受精，如欧洲李、甜樱桃等，栽培时应配植花粉多、花期一致、亲和力强的其他品种作为授粉树。

（1）授粉方式

授粉方式主要有以下几种：自花授粉，自花结实；异花授粉，异花结实；单性结实；无融合生殖。

（2）影响授粉与受精的因素

1）遗传方面的因素。除闭花受精的树木（豆科、葡萄）外，许多树木有异花授粉的习性，即除雌雄蕊异熟外，还有雌雄异株（如银杏、雪松等）、雌雄蕊虽同花而不等长（如李、杏的某些品种）以及柱头泌液对不同花粉刺激萌发有选择性等。能形成正常花粉和胚囊是授粉和受精成功的前提条件。但有些因素常会引起花粉或胚囊发育中途停止，如三倍体与五倍体，造成不能形成大量正常的花粉。

2）营养条件。花粉粒所含的物质（蛋白质、碳水化合物以及生长素和矿质元素等）供萌发和花粉管伸长用。胚囊发育也需要蛋白质。当这些营养物质不足时，花粉和胚囊就会发育不良，表现为花粉萌发率差，花粉管伸长慢，在胚囊失去功能前未达珠心或胚囊寿命短致使柱头接受花粉的时间变短。而上述营养物质的多少又决定于亲本树体的营养状况。例如，对于衰老树或衰弱枝上的花，花粉少、萌发力弱、干旱、土壤瘠薄或前一年结实过多等会使胚囊发育不良。

3）环境条件。温度是影响授粉受精的重要因素。温度不足，花粉管伸长慢，甚至不能完成受精；过低时能使花粉、胚囊冻死。如果低温期长，造成开花慢而叶生长加快，从而消耗养分，不利胚囊发育与受精。低温也会限制昆虫的传粉活动。此外，开花期遇干旱、大风、阴雨、大气污染等都影响授粉和受精。

（3）提高授粉的措施

1）配置授粉树。有些长期实生繁殖的树木，如核桃等，雌雄异花虽同株，但常能分化出雌、雄开花期不一致的类型；除部分雌雄同熟者外，有的雄花先熟，有的雌花先熟。因此，应注意不同类型的混栽。

2）调节营养。树体的营养状况是影响花粉萌发、花粉管伸长速度、胚囊寿命以及柱头接受花粉的时间长短的重要内因。因此，凡能直接或间接影响树体营养的，特别是氮素营养储存，都会影响受精。对于衰弱树，在其花期喷尿素可提高坐果率。头年后期施氮肥，也有利于提高结实率。硼对花粉萌发和受精有良好作用。花粉本身含硼不多，要靠柱头和花柱补充。如能在萌（花）芽前或花期喷一定浓度的硼砂，可提高坐果率。

另外，还可以采取人工辅助授粉、改善环境条件等措施提高授粉受精的成功率。

3.5 果实的形成

果实和种子的主要功能是繁殖，在园林树木栽培中，园林树木果实的观赏功能也很突出，许多园林树木的果实具有很高的观赏价值，给人以硕果累累、丰收在望的喜悦。有些园林树木的果实在形态、颜色、大小等方面有很突出的特点，也具有很好的观赏价值。

3.5.1 果实的生长发育

1. 果实的生长发育时间

各类树木的果实成熟时，在果实外表会表现出成熟果实的颜色和形状特征，称为果实的形态成熟期（简称果熟期）。果熟期的长短因树种和品种而不同，榆、柳等树种的果熟期最短，桑、杏次之。松属植物种子发育成熟需要两个完整生长季，第一年春季传粉，第二年春季才能受精，球果成熟期要跨年度。果熟期的长短还受自然条件的影响，高温干燥，果熟期缩短，反之则延长；山地条件、排水好的地方果实成熟早些。另外，果实外表受伤或被虫蛀食后成熟期会提早。

2. 果实的生长过程

果实生长是通过果实细胞的分裂与增大进行的，果实生长的初期以伸长生长（即纵向生长）为主，后期以横向生长为主。

果实的生长过程并不是直线形，一般表现为慢—快—慢的 S 形曲线生长过程。有些树木的果实呈双 S 形生长过程（即有两个速生期），但其机制还不十分清楚。园林观果树木的果实多种多样，有些奇特果实的生长规律有待更多的观察和研究。

3. 果实的着色

果实的着色是成熟的标志之一。由于叶绿素的分解，果实细胞内原有的类胡萝卜素和黄酮等色素物质的绝对量和相对量增加，使果实呈现出黄色、橙色；由叶中合成的色素原输送到果实，在光照、温度和充足氧气的共同作用下，经氧化酶的作用而产生青素苷，使果实呈现出红色、紫色等色彩鲜艳的效果。

3.5.2 坐果与落果

经授粉、受精后，子房膨大发育成果实，在生产上称为坐果。事实上，坐果数比开放的花朵数少得多，能真正成熟的果则更少。其原因是开花后，一部分未能授粉、受精的花脱落了，另一部分虽已授粉、受精，因营养不良或其他原因产生脱落，这种现象叫作落花落果。

从果实形成到果实成熟期间，常常会出现落果现象，有些树木的果实大，果柄短，而结果量多，由于果实之间相互挤压、夏秋季节的暴风雨等外力作用常引起机械性落果。由于非机械和外力所造成的落花落果现象统称为生理落果。根据对仁果和核果类果树的观察，落花落果现象一年可出现 4 次。

1）落花。第一次于开花后，因花未受精，未见子房膨大，连同谢的花瓣一起脱落。这次落花对果实的丰收影响不大。

2）落幼果。第二次出现约在花后 2 周，子房已膨大，是受精后初步发育了的幼果。这次落果对丰收已有一定影响。

3）六月落果。在第二次落果后 2~4 周出现落果，大体在六月间，故果树栽培上又称六月落果，此时幼果已有指头大小，因此损失较大。

4）采前落果。有些树种或品种在果实成熟前也有落果现象，果树生产上称为采前落果。

生理落果机制比较复杂，诸如因授粉、受精不完全而引起的落果，有些树种的花器发育不完全，如杏花常出现雌蕊过短或退化，或柱头弯曲，不能授粉、受精；因土壤水分过多造成树木根系缺氧，水分供应不足引起果柄形成离层，以及土壤缺锌也易引起生理性落果；或者由于营养不足造成落果，这些都需要在栽培管护工作中采取措施加以避免和控制。

技能训练 3　园林树木的冬态识别

一、训练目的

通过对一些树种的冬态观察，掌握树木的冬态特征和主要的形态术语，以达到能在冬季鉴定、识别园林树木的目的。

二、材料用具

当地 20 种以上园林绿化树种，记录夹、记录表、放大镜、镊子、枝剪、解剖刀、皮尺、高枝剪。

三、方法步骤

树木的冬态是指树木入冬落叶后营养器官所保留可以反映和鉴定某种树种的形态特征。在树种的识别和鉴定中，叶、花和果实是重要的形态。但是在我国大部分地区，许多树种到冬天均要落叶，树形、树干、树皮、叶痕、叶迹、皮孔、髓、芽枝干附属物等冬态特征成为主要的识别依据。

（一）园林树木冬态特征的观察及记录

仔细观察 20 种以上园林树木的特征并填写记录表（表 1-5）。

（二）园林树木的冬态识别

通过以上观察、记录过程，基本掌握园林树木冬态识别的方法，对照植物检索表进一步识别常见园林树木。

四、训练作业

1）填写常见园林树木冬态特征记录表。
2）总结 20 种园林树木的冬态识别要点。
3）完成园林树木冬态识别技能训练评价表（表 1-6）。

表 1-5　常见园林树木冬态特征记录表

观察时间：　　　　　　　　　　　　　　　　　　　　　观察人：

序号	树木名称	科属	树形	冠形	枝干形	分枝方式	树皮	冬芽	叶迹	叶痕	枝髓	附属物	备注

项目 1　园林树木的特征及其生长发育

表 1-6　园林树木冬态识别技能训练评价表

学生姓名					
测评日期		测评地点			
测评内容	园林树木的冬态识别				
考评标准	内容	分值	自评	互评	师评
	熟练应用形态学术语描述园林树木	30			
	正确填写常见园林树木冬态特征记录表	30			
	学会植物检索表的使用方法	20			
	能独立完成实验报告	20			
	合计	100			
最终得分（自评30%＋互评30%＋师评40%）					

说明：测评满分为100分，60～74分为及格，75～84分为良好，85分以上为优秀。60分以下的学生，需重新进行知识学习、任务训练，直到任务完成达到合格为止

任务 4　园林树木生长发育的整体性

【知识点】了解园林树木生长发育的整体性，以及各器官生长发育的相关性。

【能力点】通过园林生长发育整体性的学习，熟练地将其应用于园林树木的栽培实践中。

 任务分析

本任务主要通过对园林树木生长相关性的学习，使学生理解树木有机体的整体性，体现为树木各器官间生长发育互相依赖又互相制约的关系，将树木生长的相关性作为制定合理栽培措施的重要依据之一，熟练应用于园林树木栽培养护管理中。

 任务实施的相关专业知识

园林树木树体某一部位或器官的生长发育常能影响另一部位或器官的形成和生长发育。树木各部分器官之间生长发育的各阶段或过程间存在着、相互促进或相互抑制的关系，这种对立与统一的关系构成了树木生长发育的整体性。研究树木的

59

整体性，有助于更全面、综合地认识树木生长发育的规律，以指导生产实践。

4.1 各器官的相关性

每株园林树木均是由各种器官组成的，各个器官之间均具有这样或那样的相关性，要想栽植好或管理好园林树木，必须了解各器官间相互依存的关系。

1. 顶芽与侧芽

幼、青年树木的顶芽通常生长较旺，侧芽相对较弱，表现出明显的顶端优势。除去顶芽，则优势位置下移，将会促进较多的侧芽萌发，有利于扩大树冠。如果去掉侧芽，则更能保持顶端优势。因此，可以利用修剪措施来控制树势和树形。

2. 根端与侧根

根的先端生长对侧根的形成有抑制作用。切断主根先端，有利于促进侧根；切断侧根，可多发些侧生须根。对实生苗多次移植，有利于出圃成活，就是这个道理。对壮年树、老龄树深翻改土，切断一些一定粗度的根（因树而异），有利于促发须根、吸收根，可以增强树势，更新复壮。

3. 果与枝

正在发育的果实争夺养分较多，对营养枝的生长、花芽分化有抑制作用。其作用范围虽有一定的局限性，但如果结实过多，就会影响全树的长势和花芽分化，并出现开花结实的大小年现象。其中，种子所产生的激素抑制附近枝条的花芽分化更为明显。一般来说，幼嫩、生长旺盛、代谢旺盛的器官或组织是树体生长发育和有机养分重点供应的对象。树木在不同时期的生长发育中心大体与生长期树体物候期的转换相一致。

4. 营养器官与生殖器官

营养器官与生殖器官的形成都需要光合产物，而生殖器官所需的营养物质是由营养器官所供给的。营养器官的健壮生长是达到多开花、多结实的前提，但营养器官生长本身也要消耗大量养分，因此常与生殖器官的生长发育出现养分竞争，这二者在养分供求上表现十分复杂的关系，而树木各部分的相关现象是随条件而变化的，即在一定条件下起促进作用，而超出一定范围后就会变成抑制。

4.2 地上部分与地下部分的相关性

在正常情况下，树木地上部分与地下部分之间是一种相互促进、协调的关系，以水分、营养物质和激素的双向供求为纽带，将两部分有机地联系起来。"根深叶茂，本固枝荣。枝叶衰弱，孤根难长。"这句话充分说明了树木地上部树冠的枝叶与地下部根系之间的相互联系和相互影响的辩证统一关系。实际上，地上部与地下部关系的实质是树体生长交互促进的动态平衡，是存在于树木体内相互依赖、相互促进和反馈控制机制决定的整体过程。

枝叶是树木为生长发育制造有机营养物质、固定太阳能并为树体各部分的生长发育提供能源的主要器官。枝叶在生命活动和完成其生理功能的过程中，需要大量的水分和营养元素，需要借助于根系的强大吸收功能。根系发达而且生理活动旺盛，可以有效地促进地上部分枝叶的生长发育，为树体其他部分的生长提供能源和原材料。

根系是树体吸收水分和营养元素的主要器官，它必须依靠叶片的光合作用提供有机营养与能源，才能实现生长发育并完成其生理功能。繁茂的枝叶可以促进根系的生长发育，提高根系的吸收功能。当枝叶受到严重的病虫危害后，光合作用功能下降，根系得不到充分的营养供应，根系的生长和吸收活动就会减弱，从而使树木的生长势衰弱。当树木枝叶受到的危害比较轻微时，根系的吸收功能在短期内不会有严重损害，根系吸收的水分和养分可以比较集中地供应部分枝叶，以促进枝叶迅速恢复，在相互促进中使树木的长势逐步恢复。

总之，在园林树木的栽培过程中可以通过各种栽培措施，调整园林树木根系与树冠的结构比例，使园林树木保持良好的结构，进而保持或恢复地上部分与地下部分间养分与水分的正常平衡，促进树木整体协调、健康生长。

4.3 营养生长与生殖生长的相关性

没有健壮的营养生长，就难以有正常的生殖生长。例如，在生长衰弱、枝细叶小的植株上是难以分化花芽、开花结果的，即使成花，其质量也不会好，极易因营养不良而发生落花落果现象。健壮的营养生长还要有量的保证，也就是要有足够的叶面积，否则难以分化花芽。

植物营养器官的生长也要消耗大量的养料。营养生长过旺，消耗养料过多，必然会影响生殖生长。徒长枝上不能形成花芽，生长过旺的幼树不开花或延迟开花，都是因为枝叶生长夺取了过多养料的缘故。植物在开花结果期间，枝叶生长过旺，就会发生落花落果现象。所以，在栽培管理中，对于观花、观果树种，应防止枝叶的过旺生长。花果的生长发育需要的养料主要靠营养器官供应，因此要保证花果生长发育良好，必须根据植株营养生长的情况，控制一定量的花果数，使花果的数量与叶片面积形成相互适宜的比例。如果开花结果过多，超过了营养器官的负担能力，必然会抑制营养生长，减少枝叶的生长量，还会使根系得不到足够的光合产物，影响根系的生长，降低根系的吸收功能，进一步恶化树体的营养条件，花果也因此生长发育不良，从而降低观赏价值。所以，在养护管理中，应防止片面追求花多、果多的不良倾向，根据器官的负荷能力协调好营养生长和生殖生长的关系。

营养生长与生殖生长之间需要形成一个合理的动态平衡。对于观花、观果树种，在花芽分化前，一方面要提供植物阶段发育所需的必要条件；另一方面要使植株有健壮的营养生长，保证有良好的营养基础。到了开花坐果期，要适当控制营养生长，避免枝叶过旺生长，使营养集中供应花、果。对于以观叶为主的植物，则应延迟其发育，尽量阻止其开花结果，保证旺盛的营养生长，以提高其观赏价值。

 归纳总结

本项目主要通过形态学基础知识，学会根、茎、叶、花、果实及种子的形态学术语，为园林树种识别以及查阅植物检索工具打下基础，并根据其园林特征对树木的冬态进行识别，初步了解其园林用途；理解生长与发育、园林树木生命周期与年周期的概念；通过对园林树木生长发育规律的学习，了解树木各个生长发育时期的栽培要点与养护措施，并学会通过物候观测确定树种物候期，为园林树种的合理配置提供依据；理解园林树木生长发育的整体性，在园林树木的科学栽培养护过程中，协调好园林树木地上部分与地下部分、营养生长与生殖生长以及各器官的相关性。

 思考题

1. 单选题
1）属于春色叶树种的是（　　）。
　　A. 黄栌　　　　B. 金心黄杨　　C. 鸡爪槭　　　D. 山麻杆
2）下列植物中可观花也可观果的植物是（　　）。
　　A. 柿子　　　　B. 石榴　　　　C. 桃　　　　　D. 山茶
3）枝红色的树木有（　　）。
　　A. 红瑞木　　　B. 棕竹　　　　C. 三角枫　　　D. 梅
4）属于芳香类的植物是（　　）。
　　A. 山茶　　　　B. 橡皮树　　　C. 桂花　　　　D. 月季
5）下列树种中属于红色花的是（　　）。
　　A. 白玉兰　　　B. 广玉兰　　　C. 紫薇　　　　D. 栀子花
2. 简答题
1）园林植物的功能有哪些？试举例说明。
2）观叶植物按照叶色可以分为哪些类型？试举例说明。
3）树木的生命周期分为哪几个时期，如何划分？
4）什么是年周期？落叶树木的年周期经历哪几个时期，各有何特点？
5）树木物候观测有何实践意义？
6）简述花芽分化的控制途径。
7）论述园林树木生长发育的整体性。
3. 实训题
调查校园中10种不同园林树木，描述其形态特征并按照生长特性对其进行分类。

项目 2　环境与园林树木生长

☞ **学习目标**

本项目主要介绍了园林树木的生长发育与环境的关系，明确了环境因子和生态因子的概念。通过对园林树木生长发育与各种生态因子的相互关系的学习，为园林树木的栽培与养护措施提供依据，从而更好地满足园林绿化的要求。

能够：

◆ 了解园林树木对环境的生态适应性及影响；

◆ 结合园林树木生长发育规律，根据树木立地条件，初步提出相应的栽培技术与养护措施；

◆ 理解园林树木与环境是一个相互紧密联系的辩证统一体。

☞ **项目导入**

一切植物的生长都离不开环境，植物必须从环境中获取生活所必需的物质和能量，同时其生长还受各种各样的外界环境因素的影响，因此，植物只有适应环境才能生存。所谓环境就是园林树木生存地点周围空间的一切因素的总和。从环境中分析出来的因素称为环境因子，其中对园林树木起作用的因子称为生态因子，如温度、光照、水分、土壤、空气、生物以及建筑物、铺装地面、灯光、城市污染等物理环境因素。

园林树木的生长发育除了受自身的遗传特性影响外，还受制于环境条件的现状及变化趋势。园林树木多年生、占地空间大的生长特点，决定其与环境条件间的关系错综复杂，影响深远。一方面，环境因子直接影响树木生长发育的进程和质量；另一方面，园林树木在自身发育过程中不断与周围环境进行物质交换，如吸收 CO_2、放出 O_2，吸收无机物质、合成有机物质，进行能量转换等，对环境条件的变化也会产生各种不同的反应。正确了解和掌握园林树木生长发育与外界生态因子的相互关系是园林树木栽培和应用的前提。

树木长期生长在某种环境条件下，形成了对该种环境条件的要求和适应能力，称为生态学特性。

任务 1　光与园林树木

【知识点】掌握影响光合作用的主要因子。了解树木耐阴性以及光照长度对树木开花、营养生长和休眠等的影响。

【能力点】根据所学知识，能通过调节不同光质来促进或抑制园林树木的生长。

任务分析

本任务阐述了光是绿色植物最重要的生存因子，主要通过光质、光照强度和光照长度来影响树木的光合作用。通过学习，学会生产上利用不同光质作用于园林树木，以促进或抑制树木的加长生长、物质的合成等；了解树木的耐阴性，为引种驯化、苗木培育、树木的配置和养护管理等方面提供理论依据；理解光照长度是植物成花的必需因子，从而调控园林树木的花期。

任务实施的相关专业知识

光是植物生长发育的必要条件，植物在自然界中所接受的光分两类：直线光和散射光。散射光对光合作用有利。直线光含有抑制生长的紫外线，若为了避免植物徒长，促进茎枝老化，则可使之充分接受直线光。

光是绿色植物最重要的生存因子，也是植株制造有机物质的能量来源。树木生长过程中所积累干物质的 90%～95% 来自光合作用，光对树木生长发育的影响主要是通过光质、光照强度和光照长度来实现的，其中对园林树木影响最大的是光照强度。

1.1 光质与园林树木生长发育

光是太阳的辐射能以电磁波的形式投射到地球表面上的辐射线（图2-1），其能量的 99% 集中在波长为 150～400nm 的范围内。人眼能看见波长为 380～770nm 范围内的光（图2-2），即可见光，对树木进行光合作用起着重要作用；但人眼看不见波长小于 380nm 的紫外线部分和波长大于 770nm 的红外线部分，这两部分对树木也有一定作用。

一般而言，树木在全光范围，即在白光下才能正常生长发育，但不同波长的光对植株生长发育的作用不同，主要体现在以下几个方面。

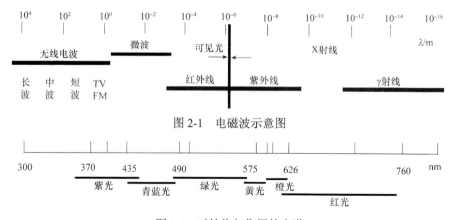

图 2-1　电磁波示意图

图 2-2　对植物起作用的光谱

1）在树木的光合作用中，叶绿素对光线的吸收有选择性，叶绿素吸收红光最强烈，因此红光有助于叶绿素的形成，其次是蓝紫光和黄橙光，绿光则几乎全被反射。

2）红光、橙光有利于树木碳水化合物的合成，加速长日照植物的发育，延迟短日照植物的发育，蓝紫光则相反，所以栽培上为培育优质的壮苗，可选用不同颜色的玻璃或塑料薄膜覆盖，人为地调节可见光成分。

3）蓝光、紫光能抑制树木的加长生长，对幼芽的形成和细胞的分化均有重要作用，它们还能促进花青素的形成，使花朵色彩鲜丽。紫外线也具有同样的功能，因此，高山上的树木生长慢，节间短缩，植株矮小而花色鲜艳。热带植物的花色浓艳也是因为紫外线较多之故。紫外线还能促进种子发芽、果实成熟，杀死病菌孢子等。

4）红外线是一种热线，它被地面吸收转变为热能，能提高地温和气温，提供树木生长所需要的热量。

1.2 光照强度与园林树木生长发育

光照强度是单位面积上所接受到的可见光的能量，简称照度，单位为勒克斯（lx）。各种园林树木都要求在一定的光照强度下生长，而不同的树木对光照强度的反应不同，如月季等，光照充足时，植株生长健壮；有些园林树木如含笑、红豆杉等，在强光下生长不良，但半阴条件下生长健康。另外，园林树木在不同的生长发育时期对光照强度的要求也不同。因此，配置树木时，要注意树木对光的要求。

1.2.1 树木的需光量和对光照的适应性

各种树木维持生命活动所要求的光照强度不同，通常用光补偿点和光饱和点来表示。光补偿点是光合作用所产生的碳水化合物的量与呼吸作用所消耗的碳水化合物的量达到动态平衡时的光照强度。在这种情况下，树木不会积累干物质，即此时的净光合作用等于零。在光补偿点以上，随着光照的增强，光合强度逐渐提高，这时光合强度超过呼吸强度，树木体内开始积累干物质，但是到一定值后，再增加光照强度，光合强度也不再增加，这种现象称为光饱和现象，此时的光照强度就称为光饱和点。

树种的喜光性和耐阴性常因生长地区、环境、年龄不同而有所差异。同一树种幼年期较耐阴，生长在干旱条件下的树木则要求更多的光照。园林树木根据正常生长发育对光照强度的要求及适应性的不同，可划分为以下 3 种类型。

1. 阳性树种

该类树木要求较强的光照，光补偿点高，为全部太阳光照强度的 3%～5%，通常不能在林下正常生长和完成其更新，如马尾松、樟子松、落叶松属、水杉、桦木属、桉树属、杨属、柳属、相思属、刺槐、楝树、金钱松、落羽松、银杏、板栗、漆树、泡桐属、刺楸、臭椿、悬铃木、核桃、乌桕、黄连木等。

2. 阴性树种

该类树木在较弱的光照条件下比在强光下生长良好，光照强度过大时，会导致光合作用减弱。其光补偿点低,不超过全部太阳光照强度的 1%,如珊瑚树、紫杉等。严格地说,木本植物中很少有典型的阴性植物而多为耐阴植物。

3. 耐阴树种

该类树木对光照强度的要求介于阳性树种和阴性树种之间,对光的适应幅度较大,既能在全日照下良好生长,也能忍受适当的庇荫,如枇杷、冷杉等。

中性偏阳的树种:榆、朴树、樱花、碧桃、山桃、月季、木槿、石榴、黄刺玫、榆叶梅。

中性稍耐阴的树种:圆柏、槐、七叶树、太平花、丁香、黄花茶藨子、红瑞木、锦带花。

耐阴性较强的树种:云杉、冷杉、矮紫杉、粗榧、罗汉松、金银木、天目琼花、珍珠梅、绣线菊、常春藤等。

1.2.2 影响树木耐阴性的因素

树木耐阴性除受树种的遗传性影响外,还受 CO_2 的供给量、树龄、气候条件、土壤条件等因素的影响。CO_2 浓度大,树木表现耐阴。一般树木在幼龄时,特别是幼苗阶段比较耐阴,随着年龄的增加,耐阴性逐渐减弱,特别是在壮龄以后,耐阴性逐渐降低,需要更强的光照。在气候适宜的情况下,如在湿润、温暖的条件下,耐阴能力表现较强;而在干旱瘠和寒冷条件下,则趋向喜光。所以同一树种在不同气候条件下,耐阴有差异。在低纬度地区和湿润地区,往往比较耐阴;而在高纬度地区或干旱地区,往往趋向阳性。同一树种在土壤水分充足与肥沃时,树木耐阴性强;而在干旱瘠薄土壤上,耐阴性差。

1.3 光照长度与园林树木生长发育

光照长度是植物成花的必需因子,按植物对日照长度的要求将植物分为以下 3 类。

1. 长日照植物

这类植物大多数原产于温带和寒带,日照短于一定长度时便不能开花或明显推迟开花。每天需 14h 以上的光照才能实现由营养生长转向生殖生长,花芽才能顺利地进行发育,否则将处于营养生长阶段而不能开花。

2. 短日照植物

这类植物大多原产于热带和亚热带地区,在短日照条件下正常开花,日照超过一定长度便不开花或明显推迟开花。这类植物在 24h 的昼夜周期中需一定时间的连续黑暗(一般需 14h 以上的黑暗)才能形成花芽,并且在一定范围内,黑暗时间越长,开花越早。在自然栽培条件下,通常在深秋与早春开花的植物多属此类,如三角花等。

3. 中日照植物

这类植物对光照时间长短没有严格要求,只要温度、湿度等生长条件适宜,在长、短日照下都能开花,如月季、紫薇、香石竹等。

长日照、中日照和短日照植物的花芽形成时都需要光，只是长日照植物在光照后不需要黑暗，短日照植物在光照后必须通过一定的黑暗期。短日照植物一旦通过黑暗期，花芽形成，则对日照长短不再有反应。所以植物对光周期的要求主要是黑暗时间的长短。

生产中常利用植物的光周期现象，通过人为控制光照和黑暗时间的长短来达到催花或延迟开花的目的。

知识拓展

园林树木耐阴性的测定

判断树木耐阴性的方法有生理指标法和形态指标法两种。生理指标法是通过光合作用测定，确定光补偿点和光饱和点。形态指标法是根据树木的外部形态来判断树种的喜光性和耐阴性。

1. 生理指标法

耐阴性强的树种的光补偿点较低，有的仅为100～300lx，而不耐阴的阳性树则为1000lx。耐阴性强的树种的光饱和点较低，有的为5000～10000lx，而一些阳性树的光饱和点可达50000lx以上，一般树种在20000～50000lx。因此从测定树种的光补偿点和光饱和点上可以判断其对光照的需求程度。但是植物的光补偿点和光饱和点是随环境条件的其他因子以及植物本身的生长发育状况和部位的不同而改变的。例如，红松的补偿点在郁闭的林下为70lx，在半阴处为100lx，在全光下为150lx。

2. 形态指标法

1）树冠呈伞形者多为阳性树种，树冠呈圆锥形而枝条紧密者多为耐阴树种。

2）树干下部侧枝早枯落的多为阳性树种，下枝不易枯落而且繁茂的多为耐阴树种。

3）树冠的叶幕区稀疏透光，叶片色淡而质薄，如果是常绿树，其叶片寿命较短的为阳性树种。叶幕区浓密，叶色浓而且质地厚，如果是常绿树，则叶可在树上存活多年的为耐阴树种。

4）常绿性针叶树的叶呈针状的多为阳性树种，叶呈扁平或呈鳞片状而表、背区别明显的为耐阴树种。

5）阔叶树中的常绿树多为耐阴树种，而落叶树中多为阳性树种或中性树种。

任务 2　温度与园林树木

【知识点】了解温度三基点、积温的概念，理解园林树木对温度的影响。

【能力点】根据所学知识，能解释"北树南移"和"南树北引"时可能出现的异常现象。

任务分析

本任务阐述了温度是树木生存和进行各种生理生化活动的必要条件。理解树木的生活是在一定的温度范围内进行的，掌握树木生长发育过程中的温度三基点，对树木起限制作用的温度指标是年平均温度、有效积温和极端温度。

任务实施的相关专业知识

温度是树木生长发育必不可少的因子，决定着树种的自然分布。温度因纬度、海拔不同而发生变化，是不同地域树种组成差异的主要原因之一。由于园林树木的遗传性不同，各个树种芽的萌动、生长、休眠、发叶、开花、结果等生长发育过程都要求一定的温度条件，对温度有一定的适应范围，超过极限高温或极限低温，树木就难以生长。不同树种对温度的适应范围不同，谚语"樟不过长江"、"杉不过淮河"说的就是这个道理。

2.1 温度与园林树木生长发育的关系

各树种因遗传性不同，对温度的适应性也有很大差异。原产于热带干燥地区者较耐高温，生命活动的温度不超过60℃即可正常生长；原产于温带的树木在35℃左右的气温下，其生命活动就减退或发生不正常的现象，而在50℃左右就常受到伤害了。园林树木生命活动的最低温度在1℃左右，但有的在0℃以上较低温度下即可受害。而原产北方的树木，如一些石楠科的小灌木，却能在千里冰封的雪地中开出美丽的花朵。

2.1.1 温度三基点

温度对树木的影响是通过对树木各种生理活动的影响表现出来的，如种子发芽、光合作用、呼吸作用、蒸腾作用、根吸收作用等。树木生长的三基点指的是最低温度、最适温度和最高温度（图2-3）。最适温度下树体表现为生长、发育正常，温度过高或过低则树体的生理过程受到抑制或完全停止，并出现异常现象。

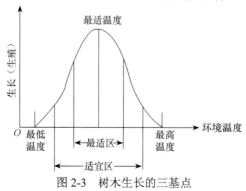
图2-3 树木生长的三基点

一般树木种子在0～5℃开始萌动，最适温度为25～30℃，最高温度约为45℃。光合作用的最低温度约为5℃，最适温度一般为25～35℃。对于乔木树种，当温度超过50℃时，其呼吸作用迅速下降，接近枯死，最适温度为45～50℃。一般呼吸作用的最适温度比光合作用的最适温度高。

树木的生长是在一定的温度范围内进行的，生长在高山和极地的树木的最适温度在

10℃以内；而大多数温带树种，在5℃以上开始生长，最适温度为25~30℃，而最高生长温度约为40℃。通常亚热带树种的最适温度为30~35℃，最高温度为45℃。

一般发育阶段的温度三基点比生长时的温度三基点高，所以开花结果时，若遇低温，则会遭受很大损害，应当注意。

温度还能影响果实种子的品质，特别是在果实成熟期，需要足够的温度，这样果实的含糖量才高，味甜、颜色好。

2.1.2 树木对温度的适应性

通常树种根据其对温度的要求与适应范围可分为以下4类。
1) 最喜温树种：橡胶树、椰子树等。
2) 喜温树种：杉木、马尾松、毛竹、油桐、茶树、苦楝、樟树等。
3) 耐寒树种：油松、毛白杨、刺槐、侧柏、榆、枣树、胡桃等。
4) 最耐寒树种：落叶松、樟子松、冷杉属、白桦、蒙古栎等。

研究树种的耐寒性对造林树种的选择和树种引进有极重要的意义。

2.2 树木生长所需的基础温度

树木生长发育不但需要有一定的温度范围，还需要有一定的温度总量才能完成其生活周期。树木生长所需的基础温度主要有年平均温度和有效积温，树木的生态分布和气候带的划分主要以此为依据。

1. 生物学零度

植物在达到一定温度总量时才能完成其年生长周期。对于园林树木来说，在综合外界条件下能使树体萌芽的日平均温度为生物学零度，即生物学有效温度的起点。一般落叶树种的生物学零度多在6~10℃，其中温带地区树种一般为5℃，亚热带地区树种常为10℃，热带地区树种多为18℃。常绿树的生物学零度为10~15℃。

2. 生物学有效积温

通常把树木生长季中高于生物学零度的日平均温度总和，即生物学有效温度的累积值称为有效积温（又称生长季积温），其总量为全年内具有有效温度的日数和有效温度值的乘积。不同树种（品种）在年生长期内，对有效积温的要求不同，一般落叶树种为2500~3000℃，而常绿树种多在4500℃以上。园林树木在生长期中对温度热量的要求与其原生地的温度条件有关，如原生于北方的落叶树种萌芽、发根都要求较低的温度，生长季的暖温期也较短；而原生热带、亚热带的常绿树种的生长季长而炎热，生物学零度值也高。

2.3 极端温度对树木的影响

1. 低温对树木的危害

当温度降低到植物能忍受的极限低温以下，植物就会受到伤害。低温对植物的伤害程度既取决于温度降低的程度、低温的持续时间和发生的季节，也取决于植物本身的抵抗能力。一般南方植物忍受低温能力差，如扶桑、茉莉等；而北方植物忍受低温能力较强，如珍珠梅、东北山梅可耐-45℃左右的低温。

2. 高温对树木的危害

当温度超过植物生长最高温度后，再继续上升，会对植物产生危害，使植物生长发育受阻，甚至死亡。一般当气温达到35～40℃时，植物停止生长，这是因为高温破坏其光合作用和呼吸作用的平衡，使呼吸作用加强，光合作用减弱甚至停滞，营养物质的消耗大于积累，植物处于"饥饿"状态而难以生长。当温度达到45℃以上时，植物因细胞内的蛋白质凝固变性而死亡，结果造成局部伤害或全株死亡。另外，高温能使蒸腾作用加强，破坏水分平衡，导致植物萎蔫枯死；还可促使叶片过早衰老，减少有效叶面积，并使根系早熟与木质化，降低吸收能力而影响植物生长；还会导致一些树皮薄的园林树木或朝南的树皮受日灼。

园林树木的种类不同，抗高温能力也不相同。米兰在夏季高温下生长旺盛，花香浓郁。同一植物处于不同的物候期，耐高温的能力也不同，种子期最强，开花期最弱。在栽培过程中，应适时采用降温措施，如喷、淋水、遮阴等，帮助植物安全越夏。

2.4 园林树木对温度的影响

盛夏，树冠遮挡了太阳的直射光使树冠下温度降低，形成"树荫"。通常树冠下温度比周围裸地低2～5℃。冬季，由于树木枝干受热面积比无树受热面积大，并且能降低风速，因此园林树木群落内部的气温比空旷地高。可见，园林树木可以调节小气候。

知识拓展

昼夜温度对植物生长的影响

昼夜温度有节奏的变化称为温周期。温周期对植物的生长有很大的影响，一般植物夜间生长比白天快，这是因为白天气温高，有利于光合作用制造并积累养分，晚上气温低，呼吸作用减弱，消耗养分少，白天积累的养分供给细胞伸长和细胞的形成，植物这种因温度昼夜变化而发生生理变化的事实，称为温周期现象。温周期现象在温带植物上比热带植物上明显。据研究，大多数植物昼夜温差以8℃左右最为合适。

温度与树木的发育及花色的关系：温度对植物的发育有深刻影响，植物在发育的某一时期，特别是在发芽后不久，需经受较低温度后才能形成花芽，这种现象称为春化作用。一些落叶花灌木如碧桃，在7～8月炎热天气时形成花芽后，必须经过一定低温才能正常开花，否则花芽发育受阻，花朵异常。

温度的高低还会影响花色，但对某些植物影响显著，对某些植物影响较少。例如，对于蓝白复色的矮牵牛，蓝色或白色部分多少受温度的影响，在30～35℃高温下，花呈蓝色或紫色；而在15℃以下呈白色；在上述两种温度之间时，则呈蓝白复色。月季花、大丽花、菊花等在较低温度下花色浓艳，而在高温下则花色暗淡。

任务 3　水分与园林树木

【知识点】理解水分对园林树木生长发育的影响，以及园林树木对水分的需求及适应。

【能力点】能根据不同树种对水分的需求特点，为树木、合理供水。

任务分析

本任务主要介绍水分对园林树木生长发育的影响，以及园林树木对水分的需求及适应，为园林树木养护管理中的水分管理提供理论依据。

任务实施的相关专业知识

3.1　水分对园林树木生长发育的影响

水分是决定树木生存、分布与生长发育的重要条件之一。树体枝叶和根部的水分含量约占50%以上。树体内的生理活动都要在水分的参与下才能进行，光合作用每生产0.5kg光合产物，蒸腾150～400kg水。水通过不同质态、数量和持续时间的变化对树体起作用，水分过多或不足都会影响树体的正常生长发育，甚至导致树体衰老、死亡。水的质态可分为固态（雪、冰雹）、液态（降雨、灌水）和气态（大气湿度、雾），各种质态的水对树体起不同的作用，但其中以液态水最为重要。

3.1.1　水在树体生理活动中的重要作用

水是树体生命过程中不可缺少的物质，细胞间代谢物质的传送、根系吸收的无机营养物质输送以及光合作用合成的碳水化合物分配都是以水作为介质进行的。另外，水对细胞壁产生膨压，得以支持树木维持其结构状态，当枝叶细胞失去膨压即发生萎蔫并失去生理功能，如果萎蔫时间过长则导致器官或树体最终死亡。一般树木根系正常生长所需的土壤水分为田间持水量的60%～80%。

树体生长需要足量的水，但水又不同于树体吸收的其他物质，其吸收的水分中大约只有1%在生物量中被保留下来，而大量的水分通过蒸腾作用耗失体外。蒸腾作用能降低树体的温度，如果没有蒸腾作用，叶片温度将迅速上升到致死的温度；蒸腾作用的另一个生理作用是同时完成对养分的吸收与输送。蒸腾使树体水分减少而在根内产生水分张力，土壤中的水分随此张力进入根系。当土壤干燥时，土壤与根系的水分张力梯度减小，根系对水分的吸收急剧下降或停止，叶片萎蔫，气孔关闭，蒸腾停止，此时的土壤水势称为暂时萎蔫点。如果土壤水分补给上升或水分蒸腾速率降低，树体会恢复原状；但当土壤水分进一步降低时，则达到永久萎蔫程度，树体萎蔫将难以恢复。

3.1.2 树体生长与需水时期

春季萌芽前为落叶树种的树体需水时期，如冬春干旱则需在初春补足水分，此期水分不足，常延迟萌芽或萌芽不整齐，影响新梢生长。花期干旱会引起落花落果，降低坐果率，为又一树体需水时期。新梢生长期，温度急剧上升，枝叶生长迅速、旺盛，此期需水量最多，对缺水反应最敏感，为需水临界期，供水不足对树体年生长影响巨大。果实发育的幼果膨大期需充足水分，为又一需水临界期。

植物生长一段时期后，营养物质积累至一定的程度，此时营养生长逐渐转向生殖生长，进行花芽分化、开花和结实。花芽分化期间，如水分缺乏，花芽分化困难，形成花芽少；如水分过多，长期阴雨，花芽分化也难以进行。对于很多植物，水分常是决定花芽分化迟早和难易的主要因素。例如，对于沙地生长的球根花卉，球根内含水量少，花芽分化早；对盆梅适时"扣水"也能抑制其营养生长，使花芽得到较多的营养而分化。

花芽分化期的需水量相对较少，如果水分过多则分化减少；在南方，落叶树种的花芽分化期正值雨季，如雨季推迟，则可促使花芽提早分化。秋梢过长是由后期水分过多造成的，这种枝条往往组织不充实、越冬性差，易遭低温冻害。

3.1.3 水分对花色的影响

开花期内若水分不足，花朵难以完全绽开，不能充分表现出品种固有的花形与色泽，而且缩短花期，会影响到观赏效果。此外，土壤水分的多少对花朵色泽的浓淡也有一定的影响。水分不足，花色变浓，如白色和桃红色的蔷薇品种，在土壤过于干旱时，花朵变为乳黄色或浓桃红色。为了保持品种的固有特性，应及时进行水分的调节。

3.2 园林树木对水分的需求和适应

水分在植物的生长发育、生理生化过程中有着重要的作用。水分是植物体的基本组成部分，植物体内的一切生命活动都是在水的参与下进行的。植物生长离不开水，但各种植物对水分的需要量是不同的。一般阴性植物要求较多的水分，阳性植物对水分要求相对较少。

树种在系统发育中形成了对水分不同要求的生态习性和生态类型，表现为对干旱、水涝的不同适应能力。树木抗旱和耐涝的概念不仅限于树体维持其生命活动，更重要的是能够正常开花、结果。

根据植物对水分需求量的不同，可将植物分为以下3类。

1. 旱生树种

旱生树种通常在土壤水分少、空气干燥的条件下生长，能长期忍受干旱而正常生长发育，如柽柳、桂香柳、胡颓子等。有的植物具有肥厚的肉质茎、叶，能储存大量的水分，而且这类植物体内的水分以束缚水的形式存在，能强有力地保持体内水分，如龙舌兰、仙人掌类等。

1）少浆植物或硬叶旱生植物，其生理特点如下：

① 叶面积小，多退化成鳞片状、针状或刺毛状，如柽柳、针茅、沙拐枣等。
② 叶表面具有厚的蜡层、角质层或毛茸，以防止水分的蒸腾。
③ 叶的气孔下陷并在气孔腔中生有表皮毛，以减少水气的散失。
④ 当体内水分降低时，叶片卷曲或呈折叠状。
⑤ 根系极发达，能从较深的土层和较广的范围内吸收水分。
⑥ 细胞液的渗透压极高，叶子失水后不萎凋变形。
⑦ 同一属中少浆植物单位叶面积上的气孔数目常比同属中中生植物的气孔数目多，在土壤水分充足时，其蒸腾作用会比中生植物强得多，但在干旱条件下蒸腾作用极低。

2）多浆植物或肉质植物，其生理特点如下：

① 茎或叶具有发达的储水组织而多肉。
② 茎或叶的表皮有厚角质层，表皮下有厚壁细胞层，这种结构可以减少水分的蒸腾。
③ 大多数种类的气孔下陷，气孔数目不多。
④ 根系不发达，属于浅根系植物。
⑤ 细胞液的渗透压很低，为5～7个大气压。

3）冷生植物或干矮植物。

2. 湿生树种

湿生树种需要生长在潮润多湿环境中，在干燥的或中生的环境下常致死或生长不良。这类树种的根系短而浅，在长期淹水条件下，树干基部膨大，具有呼吸根，如水松、落羽杉及红树等。

3. 中生树种

中生树种适宜生长在干湿适中的环境下，介于旱生树种与湿生树种之间，大多数树木均属于此类，如香樟、楠、枫香、苦楝、梧桐、油松、麻栎、杉木及枫杨等。

由上所述，水分在植物的各个生育期内都是很重要的，又是易受人为控制的，因此在植物的各个物候期，创造最适宜的水分条件是使园林植物充分发挥其最佳的观赏效益和绿化功能的主要途径之一。

任务 4　土壤与园林树木

【知识点】理解土壤对树木生长发育的影响是由土壤的多种因素如母岩、土层厚度、土壤质地、土壤结构、土壤营养元素含量、土壤酸碱度以及土壤微生物等的综合作用所决定的。

【能力点】能够在分析土壤对树木生长的作用时，找出影响最大的主导因子，并研究树木对这些因子的适应特性。

任务分析

本任务主要介绍了影响树木的分布及其生长发育的土壤因子，如土壤的水分、肥力、空气、温度等条件，了解树木对这些因子的适应性，为树种的选择做到"适地适树"提供理论依据。

任务实施的相关专业知识

土壤是树木栽培的基础，是树体生长发育所需水分和矿质营养元素的载体。土壤的理化特性与树木的生长发育极为密切，良好的土壤结构能满足树体对水、肥、气、热的要求。土壤具有潜在的生物生产力，对树木生长的影响主要表现在土壤厚度、质地、结构、水分、空气、温度等物理性质，土壤酸度、营养元素、有机质等化学性质。

4.1 土壤温度与园林树木的生长

土壤温度直接影响根系的活动，同时制约着各种盐类的溶解速度、土壤微生物的活动以及有机质的分解和养分转化等。树木根系生长与土壤温度有关，夏季土壤温度过高时，表土根系会遭遇伤害甚至死亡，故可采取种植草坪、灌木等地被植物或进行土壤覆盖等措施加以解决。土壤温度与树体的生长有关，其实质是对光合作用与水分平衡的影响。据测定，光合蒸腾率随土壤温度上升而减少，当土壤温度为29℃开始降低，到36℃时根组织的干物质明显下降，叶中钾和叶绿素的含量显著减少；当土壤温度为40℃时，叶片水分含量减少，叶绿素含量严重下降，而根中水分含量增加，这是由于高温导致初生木质部的形成减弱，水的运转受阻。当冬季土壤温度低于－3℃时，根系发生冻害，低于－15℃时大根受冻。

土壤的热量主要来源于太阳辐射能，经土壤表面吸收传到深层；土壤的增温和冷却取决于土壤各层的温差、土壤导热率、热容量和导湿率等。土壤表面和深层的温差越大，热量交换就越多，如沙土升温快、散热也快；湿土层温度变化小，增温和冷却较缓；干土则相反。因此在水少的情况下，热容量大的黏土白天增温比沙土慢，夜间冷却也慢；春季黏土比沙土冷，但在温度上升时比沙土的持暖期长。

4.2 土壤通气与园林树木的生长

土壤孔隙中含有空气的多种成分，如氧、氮、二氧化碳等。氧气是土壤空气中最重要的成分，我们常说的土壤通气性好坏主要是指含氧的状况。树木根系一般在土壤空气中含氧量不低于15%时生长正常,不低于12%时才发生新根;土壤空气中二氧化碳增加到37%~55%时,根系停止生长。土壤淹水造成通气不良,尤其是有机物含量过多或温度过高时,氧化还原电位显著下降,使得一些矿质元素成为还原性物质,如 $Fe^{3+} \rightarrow Fe^{2+}$、$SO_4^{2-} \rightarrow H_2S$、$CO_2 \rightarrow CH_4$ 等,抑制根系呼吸,造成根系中毒,影响根系生长。黏重土和下层具有横生板岩或白干土时,也易造成土壤通气不良。

各种树木对土壤通气条件的要求不同,可生长在低洼水沼地的越橘、池杉的忍耐力最强;可生长在水田地埂上的柑橘、柳、桧、槐等对缺氧反应不敏感;桃、李等对缺氧反应最敏感,水涝时最先死亡。

4.3 土壤水分与园林树木的生长

土壤水分是土壤的一个组成部分,是树木的主要水分来源,矿质营养物质只能在有水的情况下才被溶解和利用,所以土壤水分是提高土壤肥力的重要因素,肥水是不可分的。一般树木的根系适应田间持水量60%~80%的土壤水分,通常落叶树在土壤含水量为5%~12%时叶片凋萎(葡萄5%、桃7%、梨9%、柿12%)。干旱时,土壤溶液浓度增高,根系非但不能正常吸水反而产生外渗现象,所以施肥后强调立即灌水以维持正常的土壤溶液浓度。

4.4 土壤化学性状与园林树木的生长

土壤化学性状主要指土壤的酸碱度及土壤有机质和矿质元素等,它们与树木的营养状况有密切关系。

土壤酸碱度以pH表示,有的树种要求在酸性土壤上生长,一般以pH小于6.8为宜,如马尾松、杜鹃等,称为酸性土树种,这类树种在盐碱土或钙质土上则生长不良或不能生长;有的树种在钙质土上生长最佳,常见于石灰岩山地,如侧柏、柏木及青檀等;有的树种则耐pH 7.2以上的盐碱土,如柽柳、紫穗槐、梭梭树及胡杨等;有的树种对土壤酸碱度的适应范围较大,如苦楝、乌桕、黄连木、刺槐及木麻黄等,它们既能较好地生长在酸性土壤上,也能较好地在中性土、钙质土及轻盐碱土上生长。

> **知识拓展**
>
> **土壤的有害盐类**
>
> 土壤的有害盐类以碳酸钠、氯化钠和硫酸钠为主,其中碳酸钠危害最大。妨碍树木生长的极限含量是:硫酸钠0.3%,碳酸盐0.03%,氯化物0.01%。大多数树木根系分布在2.5~3m土层内,树体受害轻者,生长发育受阻,枝叶焦枯,严重时整株死亡。
>
> 抗盐碱的园林树木常见的有以下几种:
>
> 1)黑松:能抗含盐海风和海雾,是唯一能在盐碱地进行园林绿化的松类观赏树种。
>
> 2)北美圆柏:可在含盐量0.3%~0.5%的土壤中生长,为可代替桧柏等在盐碱地栽培的优良柏类树种。

3）新疆杨：在含盐量 0.3%的盐土上生长良好。

4）柽柳：能在含盐量 0.5%的盐碱地上生长，叶可分泌盐分，有降低土壤含盐量的效能，为重盐碱地园林绿化骨干树种。

5）紫穗槐：在含盐量 0.4%～0.6%的土壤中能正常生长，为盐碱地绿化的先锋树种。

6）胡杨：能在含盐量 1%的盐土上茁壮成长，被人们誉为荒漠土上的"劲松"。

7）沙枣：具有根瘤，对风沙、盐碱、低温、干旱、瘠薄等有抗性，被誉为沙荒、盐碱的"宝树"；对硫酸盐的抗性强，在含盐量 1.5%以上时尚能生长；对氯化物的抗性较弱，含盐量 0.6%以下时才适于生长；而在硫酸盐土上，则含盐量超过 0.4%就不适于生长。

8）沙棘：可在 pH 9 的重碱性土以及含盐量达 1.1%的盐碱地上生长。

9）枸杞：特别耐盐碱，为内陆重盐碱地的优良绿化材料。

喜生于河谷沙滩、堤岸及沼泽地边缘等湿地的耐盐碱树种有以下几种：

1）火炬树：果穗鲜红如点燃的火炬，秋叶红艳。

2）白蜡树：在含盐量 0.2%～0.3%的盐碱地能生长良好，秋叶为金黄色。

3）苦楝：一年生苗可忍受含盐量 0.6%，在含盐量 0.4%左右的土壤上造林良好。

4）合欢：在轻盐碱土上生长良好，可作为行道树及庭园观赏树。

5）无花果：为轻盐碱土改造的先锋树种，其果实具有较高的经济开发价值。

6）单叶蔓荆：喜生海滨沙滩地及海水经常冲击的地方，是极优良的沿海沙地固沙树种。

7）白刺：根系发达，能在飞沙地匍匐生长，有改盐防风固沙作用。

我国很多地区均有较大面积的盐碱地，对发展绿化种植有一定困难。实践证明，选择耐盐树种，遵循生态平衡的原理，根据植物形体和特性，依照天然群落的结构特征，从木本盐生植被区、海滩沙生盐被区、盐生植被区和沉水植物群落中进行耐盐渍性树种选择，采用引进与乡土树种相结合的办法，根据树种的高矮、冠形、根系深浅、抗盐程度、喜光耐阴等不同特性重新组合，构成和谐有序、稳定壮观且能长期共存的复层混交的立体人工群落，可以取得较为满意的结果。此外，地形设计是盐碱地园林树木栽植的重要措施，其指导原则是挖池堆山、扩大水面、抬高地形局部，土山堆积需埋设排盐暗沟，其出口注入水池，经过灌溉和雨水淋洗，可大大降低土壤的含盐量。再根据树种的抗盐性能选择安排，将抗盐能力强的树种栽植在较低处，将抗盐力较弱的树种栽植在排盐良好的土山上或地势较高处。水体在盐碱地造园中起着重大作用，能丰富景观、增加灵气，其最大功能是可用于排盐改壤。

项目 2 环境与园林树木生长

任务 5　其他环境因子与园林树木

【知识点】了解地形、风、大气污染以及生物因子对园林树木生长发育的影响。

【能力点】能理解地形、风、大气污染以及生物因子如何通过影响光、温、空气、水分等因素来间接影响园林树木的生长发育。

任务分析

本任务主要介绍了地形、风、大气污染以及生物因子对园林树木生长发育的影响，其中地形包括了海拔、坡度和坡向等；风是气候因子之一，其对园林树木的作用是多方面的；根据不同树种对大气污染的抗耐性不同，为工厂矿区选择合适的树种。通过学习，理解各因子对园林树木的作用是相互联系又相互影响的。

任务实施的相关专业知识

5.1 地形与园林树木的生长

地形因素包括海拔、坡向、坡位、坡度、山脉河流走向及地势起伏等。地形因素对树木的分布与生长发育有一定影响。地形的变化直接影响气候、土壤及生物等因素的变化，从而间接地影响树木生长，这种情况在地形复杂的山区尤为明显。

1. 海拔

随着海拔的增加，温度渐低，相对湿度渐高，光照渐强，紫外线含量增加，这些现象以山地地区更为明显，因而会影响植物的生长与分布。以安徽省黄山为例，海拔 700m 以下分布马尾松，700m 以上为黄山松。山地的土壤随着海拔的增高而温度降低，相对湿度增加，有机质分解渐缓，淋溶和灰化作用加强，pH 降低。一般海拔每升高 100m，气温降低 0.4～0.6℃。在一定范围内，降雨量也随海拔的增高而增加，例如，山东泰安在海拔 160.5m 处，年降雨量为 859.1mm；海拔至 1541m 处，则年降雨量增至 1040mm。另外，海拔升高，日照增强，紫外线含量增加，故高山植物生长期短，植株矮小，但花色艳丽。

2. 坡向方位

坡度和坡向能造成大气候条件下的热量和水分的再分配，形成各类不同的小气候环境。

坡向影响日照的时间和强度,北坡(阴坡)日照时间短,温度低,相对湿度较大,一般多生长耐阴湿的树种。在北方,由于降雨量小,土壤水分状况对植物的生长影响极大,因而阴坡可生长乔木,植被繁茂甚至一些阳性树也生于阴坡或半阴坡。南坡(阳坡)日照时间长,土壤温度高,相对湿度较小,多生长阳性旱生的树种,如华北低山地区油松多分布在阴坡或半阴坡,而阳坡仅生长一些耐干旱的灌木。

在南方,雨量充足,阳坡植被非常繁茂,通常日照长,故气温和土壤温度较高,但因蒸发量大,故大气和土壤干燥。阴坡日照短,接受的辐射热少,气温和土壤温度较低,但较湿润。因此在不同的地形地势条件下,配置植物时应充分考虑地形和地势造成的温、湿度上的差异,结合植物的生态特性,合理配置植物。

3. 地势

地势陡峭起伏,坡度缓急,不但会形成小气候变化,而且对水土的流失和积聚都有影响,因此可直接或间接影响树木的生长分布。陡峭地势土层薄,植物少;平缓地势土层厚,植物多。

5.2 风与园林树木的生长

1. 风对树木的有利方面

对于风媒花树木,轻微的风帮助植物传播花粉,如银杏雄株的花粉可借风传十里之外;风对树木的果实、种子传播有利,尤其是翅果类和带毛的种子;风可加强蒸腾作用,提高根系的吸水能力;风摇树枝可使树冠内膛接受较多的阳光,促进光合作用的进行。

2. 风对树木的不利方面

大风对植物也有伤害作用:冬季易引起植物生理干旱;花、果期风大,造成大量的落花落果;强风能折断枝条和树干,尤其在风雨交加的台风天气,土壤含水量很高,极易使树木倒伏。例如,1988年强台风袭击杭州,使整条街道上的行道树倒伏,损失严重。因此在大风季节应及早做好防风工作。

风:可加速树木的蒸腾作用,特别是春季的旱风,会引起树木抽条。
焚风:气流沿山坡下降而形成的热风。一般在沟谷等多焚风地区,易发生森林火灾。
强风:使树木生长量减少一半,若为定向风,则易使树木发生畸形。
台风:对树木摧残致死,常连根拔起。
海潮风:风携带许多盐分,影响树木生长,使树木叶及嫩梢枯萎甚至全株死亡。
风对距污染远的树木有影响,使树木受害。

5.3 大气污染与园林树木的生长

离地面12km的范围称为对流层,空气下边热、上边冷,形成对流。风、雨、霜、雪、雷电、冰雹、大气污染等都发生在这一层。对流层的成分很复杂,其中主要气体的含量为：N_2 占 78%，O_2 占 21%，CO_2 占 0.03%，Ar 占 1%。同时还有一些不固定的成分，如 SO_2、NH_4、氯化物、粉尘等微量成分。

工矿区大气中含有多种污染物质，主要有硫化物、氮氧化物、粉尘及带有各种金属元素的气体。大气污染影响树木的生长和发育。大气污染指大气中含粉尘类、有毒气体（SO_2、HF、Cl_2、CO、NO_2 等）。

1) SO_2：以煤为原料的厂矿、硫酸厂、化肥厂产生的含硫气体进入细胞内可以使内容物酸化，破坏新陈代谢作用，引起原生质凝固、叶绿素破坏。叶子呈现褐色斑点。

2) HF、含铅化合物：水泥厂、钢厂排放 HF、含铅化合物，HF、含铅化合物对树木的杀伤力较大，使叶尖、叶缘出现水渍斑，干枯，叶子呈棕色。

3) Cl_2：由化工厂、制药厂、木材加工厂排放，植物受害后白化。

4) 粉尘：石灰厂、煤厂粉尘多。粉尘落在叶子上，布满全叶，堵塞气孔，妨碍蒸腾作用、光合作用、呼吸作用，严重影响树木的生长发育。

5.4 生物因子与园林树木的生长

树木和其他动植物、微生物生长在一起，相互间有着密切的关系，不同种类的动植物、微生物对树木的分布、生长、繁殖有有益或有害的影响。

不同树种之间常因对生活条件的要求与适应能力不同而发生相互抑制或促进的作用，即使同一树种组成的单纯林中，不同个体之间及其与杂草、灌木间也发生着抑制或促进的作用。林业生产中树种混交类型、造林密度、抚育采伐、育苗措施的确定都以树种之间相互作用的理论为基础。

知识拓展

城市环境对园林植物生长发育的影响

园林植物主要栽植在城市、乡镇及风景区，人为活动频繁，各种建筑物、道路代替了原来的植物层，与周围的自然环境极不相同，园林植物栽培时必须加以注意。

1. 城市生态环境的特点

（1）温度

城市温度的特点是所谓的"热岛效应"，温度较高且昼夜温差小。这是由于城市的下垫面多数为水泥或沥青铺装的道路广场或建筑群形成的屋顶和墙面，热容量大，吸热较多，再加上人口高度密集，释放大量的热量，使气温大幅升高；夜晚由于空气中产生的微尘、煤烟微粒及各种有害气体笼罩在城市上空，阻碍热量的散发，再加上高层建筑多，空气流通不畅，热量也不易散发出去，使城市内夜晚温度也明显高于城郊和空旷地区。而且昼夜温差相对减小，不利于植物的生长。

（2）相对湿度

由于城市雾障的作用，城市云量增加，阴天数量增多，微尘颗粒较多，降大雨的机会多；但城市中的降水大多被排走，下垫面吸收水分少，蒸发量大，空气的相对湿度较低。

（3）日照

由于城市雾障，阴天数量多，太阳辐射减弱，日照时间减少。

（4）土壤

由于铺装路面、行人踩踏、碾压、夯实等原因造成土壤的透气性较差，影响根系生长，使土壤营养变劣；坚实度高，影响树木的根系向穴外穿透与生长，造成树木早衰，甚至死亡；市政工程的挖方与填方使土壤养分不均衡，挖方为未熟化土壤，影响树木生长；建筑垃圾的残留也会给绿化造成困难；土壤的含盐碱量高，在海滨城市较为突出，或者由于撒盐除雪或厕所渗漏，也有可能引起土壤的含盐量高，影响植物的生长。

（5）建筑方位

城市中由于大量存在建筑，形成特有的小环境。建筑物的大小、高矮及建筑不同的方位对各种环境因子均有影响，尤以光照因子最为明显。其中建筑方位的影响比较突出。

东面：光照强度较柔和，光照时间也可以满足一般树木的生长，每天大约在15时成庇荫地。

南面：背风向阳，温度较高，光照充足，适合栽植喜光喜温的边缘树种。

西面：下午形成日晒，且强度比较大，变化较剧烈，应选耐燥热、不怕日灼的品种栽植。

北面：背阴，温度较低，宜选用耐阴、耐寒的品种栽植。

2. 城市环境污染

（1）水体污染

工矿废水、农药和生活污水排放到水中，其含量超过水的自净能力时，引起水质变化，即水体污染。污染水可直接影响植物的生长，也可能流入土壤，改变土壤结构，影响植物生长。

（2）土壤污染

空气污染物随雨水及水污染进入土壤，其含量超过土壤的自净能力时，引起土壤污染。土壤中的某些污染物质，如砷、镉可直接影响植物的生长发育，二氧化硫可引起土壤酸碱度的变化；或破坏土壤中微生物系统的平衡，使植株染病；或破坏土壤的结构，改变土壤的性质，降低土壤的肥力，影响植株的正常生长发育。

（3）空气污染

城市中的空气或多或少都有污染，但对植株生长影响严重的是在空气污染源附近。不同的污染，性质不同，要根据具体情况，调查清楚，选择合适的植物类型栽植。

综上所述，影响植物生长的因素既有植物自身的遗传基础又有外界环境条件，它们之间相互依存。在进行园林植物栽培养护时，一定要选择合适的环境条件，提供合适的栽培措施，最大限度地达到绿化、美化、净化的效果。

归纳总结

本项目主要介绍各种生态因子对园林树木生长发育的影响，包括气候因子、土壤因子、地形因子、生物因子、人为因子。树木和环境是相互作用的统一体。在研究树木与环境关系时，不仅要了解树木本身各方面的特性，还应了解它们生活的环境及它们之间的相互关系。在研究树木与生态因子关系时，必须具有以下几个基本观念。

1）综合作用：环境中各生态因子相互紧密联系着，综合起作用。生态因子中任何一个因子的变化，都会引起其他因子不同程度的变化。例如，光照强度的变化可引起温度、相对湿度的变化。

2）主导因子：所有生态因子都是树木生活所必需的，但在一定条件下，其中必有1～2个是起主导作用的，这就是主导因子。在树木一生的生长发育过程中，主导因子不是不变的。

3）生态因子不可代替性和可调剂性：生态因子对树木的生长发育是同等重要的，缺少任何一个都会引起树木正常生活失调，生长受到阻碍或死亡。任何一个生态因子都不能由另一个生态因子来代替。但是在一定情况下，某一因子在量上有所不足时，可以由其他因子的增加或加强而得到调剂，并仍能获得相似的生态效应。

4）生态因子作用的阶段性：生态因子对树木的不同发育阶段所起的作用是不同的。例如，短日照是导致落叶树木秋季落叶的主导因子。

5）生态幅：各种树木对生存条件及生态因子变化强度有一定的适应范围，超过这个限度就会引起树木生长不适或死亡。

 思考题

简答题
1）简述园林树木各阶段的生长发育与光照的关系。
2）极端高温与极端低温对树木的伤害有哪些？如何有效防止它们对树木产生伤害？
3）举例说明耐旱树种对干旱的适应和湿生树种对水分的适应。

项目 3　园林树木识别与应用

学习目标

本项目主要介绍常见园林树木的识别与应用，将树木按照观赏价值及园林用途分为花木类、叶木类、果木类、荫木类、林木类、蔓木类、篱木类、竹木类七大类，通过学习，掌握各类园林树木的种名、产地分布、形态特征、生长习性与园林用途等方面内容，为园林绿化树种选择打下理论基础。

能够：
- ◆ 根据各类园林树种的形态特征，分别识别各类树种 20 种以上；
- ◆ 掌握各类园林树种的生态学习性以及园林用途，熟练地根据不同园林绿地的特点进行树种的选择与应用。

项目导入

本项目主要介绍了园林应用中常见花木类、叶木类、果木类、荫木类、林木类、蔓木类、篱木类以及竹木类等园林树木的基本知识，包括园林树种的形态特征、识别要点、产地与分布、习性、繁殖方式、观赏与园林应用特性。

任务 1　花木类树种的识别与应用

【知识点】掌握常见花木类树种的形态特征、产地分布以及生长习性。

【能力点】能识别常见花木类树种，能掌握各花木类树种的园林特征并加以合理应用。

任务分析

通过对常见花木类园林树种的形态特征、分布、习性以及园林应用的学习，结合对当地花木类园林树种的调查，进一步识别树种，应用所学知识对当地园林树种的选择与配置进行分析，并提出合理化建议。

任务实施的相关专业知识

花木类即观花树木类，在花形、花色、花量、芳香等方面具有特色。在园林应用上，灌木和小乔木所占的比例大，寿命较长，可以年年开花，栽培管理较简易。花木类树种在园林配置上主要起装饰和点缀作用，丰富园景色彩，可配置成花丛、花坛、花境及花圃。此外，也可单种花木，配置形成专类园，如牡丹园、月季园、梅园、海棠园、樱花园等。

按照花期，花木类树种又可分为春花类、夏花类、秋花类、冬花类，如迎春、迎夏、桂花、寒梅等；对于花期较长或在自然条件下可以多次开花的，又可分为跨季花木类和多次开花类，如蔷薇、月月红、紫薇等。

1.1 白玉兰

[学名] *Magnolia denudata*

[别名] 玉兰。

[科属] 木兰科，木兰属。

[识别要点] 落叶乔木，高达15m。树冠广卵形。幼枝及芽均有毛。单叶互生，全缘，倒卵状椭圆形，长10～15cm，先端突尖而短钝，基部广楔形或近圆形，幼时背面有毛。花大，径12～15cm，纯白色，芳香，花萼、花瓣相似，共9片。花3～4月开，叶前开放，花期8～10天；果9～10月成熟。

变种有紫花玉兰var. *purourescens*，又名应春花，花被片背面紫红色，里面淡红色，4月开花，香艳可观；易与木兰相混淆，但树体高大，花被片9片，均为紫色。

[产地与分布] 原产中国中部山野中，现国内外庭园常见栽培。

[习性] 喜光，稍耐阴，颇耐寒，北京地区于背风向阳处能露地越冬；喜肥沃、适当湿润而排水良好的弱酸性土壤（pH 5～6），但亦能生长于碱性土（pH 7～8）中。

[繁殖] 播种、嫁接或压条繁殖。

[园林应用] 丛植于草坪、路边、亭台前后；最宜列植堂前、点缀中庭；孤植、丛植，以常绿树作背景；亦可用于室内瓶插观赏，为名贵早春花木。

1.2 紫玉兰

[学名] *Magnolia liliflora*

[别名] 木兰。

[科属] 木兰科，木兰属。

[识别要点] 落叶灌木，叶椭圆形或倒卵状椭圆形，先端急尖。花大而白色，单生枝顶，花被片9片，外轮花被片3片，黄绿色，长为内轮花被片的1/3，早落；内轮花被片6片，较长。外紫内白，花先于叶开放。

[产地与分布] 我国中部地区。

[习性] 喜光，耐严寒，喜肥沃湿润的土壤，忌积水。

[繁殖] 分株或压条。

[园林应用] 庭院珍贵的早花树种，常栽于窗前，背景常为白墙、蓝天；花蕾形大如笔头，故有"木笔"之称，为我国人民所喜爱的传统花木；在古代已传入朝鲜及日本，1790年传入欧洲，现被上海人民选作市花；宜配植于庭院室前，或丛植于草地边缘。

1.3 二乔木兰

[学名] *Magnolia soulangeana*

[科属] 木兰科，木兰属。

[识别要点] 白玉兰与紫玉兰的杂交种，花萼似花瓣，但长仅达其一半，展叶前开花，花内白色，花外紫色，适应性强。

本种萼片3片，花瓣状；花瓣6片，外面淡紫红色，里面白色；花期与白玉兰相近。

本种有较多的变种与品种，国外庭园普遍栽培，我国南京、杭州等地有栽培。花被片大小、形状、颜色变化较大，耐寒性、耐旱性比父母本强。

[园林应用] 同白玉兰。

1.4 乐昌含笑

[学名] *Michelia chapensis*

[别名] 南方白兰花、广东含笑、景烈白兰。

[科属] 木兰科，木兰属。

[识别要点] 常绿乔木，高达30m。树皮灰色至深褐色。小枝无毛或幼时节上被灰色微柔毛。叶薄革质，倒卵形、窄倒卵形或长圆状倒卵形，先端短尾尖或短渐钝尖，基部楔形或宽楔形，上深绿色；有光泽，无托叶痕，叶柄上面有沟。花单生于叶腋，芳香，淡黄色；花梗被灰色平伏微柔毛；2～5苞片痕；花被片6片，2轮。聚合蓇葖果穗状，卵圆形，顶端具短细弯尖头。基部宽。种子红色。花期3～4月，果期8～9月。

[产地与分布] 原产于中国江西、湖南、广东、广西、贵州等地。

[习性] 喜温暖湿润的气候，以土壤深厚、肥沃疏松、微酸性的沙质土生长最好，耐寒性一般；在−7℃低温下有轻微冻害，生长迅速。

[繁殖] 种子繁殖，待果壳开裂后取出种子，或把果实置室外摊晒数天再放室内，开裂后取出种子，除去假种皮，随采随播。

[园林应用] 树冠宽广，枝叶紧凑，叶色深绿，树荫浓郁，花美色香；可孤植或丛植于草坪绿边，亦可做行道树。

1.5 深山含笑

[学名] *Michelia maudiae*

[别名] 光叶白兰花、莫夫人含笑花。

[科属] 木兰科，含笑属。

[识别要点] 常绿乔木，高达20m，各部均无毛。树皮薄，浅灰色或灰褐色平滑不裂。芽、嫩枝、叶下面、苞片均被白粉。叶革质，互生，长圆状椭圆形，叶表深绿色，中脉隆起，网脉致密，叶柄上无托叶痕。花大，白色，芳香，单生叶腋，花被片9片，纯白色，基部稍带淡红色。聚合果穗状，蓇葖椭圆体形、倒卵球形或卵球形，顶端钝圆或具短突尖头。花期2～3月，果期10～11月。

[产地与分布] 中国特有物种，主要分布在浙江、福建、湖南、广东、广西、贵州等地。

[习性] 生长快、适应强，喜温暖湿润的气候，生长适宜温度为15～32℃，能抗41℃的高温，也能耐寒；对土壤要求不严，酸性、中微碱性的土壤都能生长，浅根系，侧根发达。

[繁殖] 种子繁殖，种子可随采随播，也可用湿沙储藏到早春2月下旬至3月上旬播种。

[园林应用] 树干挺拔，树荫浓郁，早春白花满树，花大，有清香；可孤植或丛植于园林中，亦可做行道树。

1.6 广玉兰

[学名] *Magnolia grandiflora*

[别名] 荷花玉兰、洋玉兰。

[科属] 木兰科，木兰属。

[识别要点] 常绿乔木，叶大革质，叶表面绿色有光泽，叶背面有锈色短绒毛，叶缘仅卷，花大，白色，花期5～8月，果10月成熟。

[产地与分布] 原产美国东南部，我国各地都有栽培。

[习性] 生长中至慢，喜光，也耐阴，喜温湿气候；抗烟尘，对氯气、二氧化硫、氯化氢有较强的抗性。

[繁殖] 嫁接、播种或空中压条。

[园林应用] 园景树、绿荫树或行道树，孤植或列植，可做衬景树；很适合我国生长，树皮薄，怕晒，配植时注意，喜酸性土壤，对有毒气体抗性强，根系深广，不耐移植，小枝条脆，不抗风，背风向阳处种植；树体高大，树形端正；常绿树开白花，故纪念性公园可以种植，工矿区也适合。

1.7 含笑

[学名] *Michelia figo*

[别名] 香蕉花、含笑花。

[科属] 木兰科，含笑属。

[识别要点] 常绿灌木或小乔木，高2～3m，分枝紧密，树冠浑圆。小枝、芽、叶柄和花梗都密生黄褐色绒毛。叶椭圆状倒卵形，革质，上面有光泽，无毛，背面中脉常有黄褐色的平伏毛，全缘，托叶痕长达叶柄顶端。花小，很香。花开不张口，含笑不露。花单生叶腋，半开，花被片淡乳黄色，边缘带紫晕，具香蕉味。蓇葖果卵圆形，先端呈鸟咀状，外有疣点。花期3～5月，果期7～8月。

[产地与分布] 产于华南地区山坡杂木林中。

[习性] 耐阴，不耐曝晒和干燥；喜暖热多湿气候及酸性土壤；对氯气有较强抗性，有一定耐寒力。

[繁殖] 播种、扦插及高空压条繁殖。

[园林应用] 本种为著名芳香花木，除供观赏外，花亦可熏茶用；我国庭园绿化骨干树种，多用于庭院、草坪、街道绿地、树丛林缘配植，可配植于草坪边缘或稀疏林丛之下，也可盆栽。

1.8 白兰花

[学名] *Michelia alba*

[别名] 白缅花、缅桂。

[科属] 木兰科，含笑属。

[识别要点] 常绿乔木，高可达17m，胸径达80cm。树皮灰色，新枝及芽有白色绢毛。叶薄革质，长圆状椭圆形或披针状椭圆形，叶缘平展或呈微波状，托叶痕不及叶柄长的1/2。花白色，极芳香，花瓣披针形。花期4月下旬至9月下旬，开放不绝。

[产地与分布] 原产于印度尼西亚、爪哇，我国华南各城市有栽培，长江流域为盆栽。

[习性] 喜阳光充分、暖热多湿气候及肥沃、富含腐殖质而排水良好的微酸性沙质壤土；不耐寒，根肉质，怕积水；对二氧化硫、氯气等有毒气体的抗性差，生长快，寿命长。

[繁殖] 常用压条和嫁接等方法，压条以高空压条居多。

[园林应用] 著名芳香花木，在华南多做庭荫树及行道树用，是芳香类花园的良好树种；花朵常做襟花佩戴，极受欢迎，是厄瓜多尔的国花；可用于芳香植物园，上层用白兰，中层米兰，下层茉莉，生态功能很合适，都很香；白兰花株形直立有分枝，落落大方，在南方可露地庭院栽培，北方多盆栽，可布置庭院、厅堂、会议室，中小型植株可陈设于客厅、书房。

1.9 笑靥花

[学名] *Spiraea prunifolia*

[别名] 李叶绣线菊。

[科属] 蔷薇科，绣线菊属。

[识别要点] 落叶灌木，高3m。叶小，椭圆形至卵形，长2.5~5cm，叶缘中部以上有锐锯齿，叶背有细短柔毛或光滑，叶柄短。花3~10朵成伞形花序，侧生于前年枝上，基部有少数叶状苞片，萼杯状，先端5裂；花瓣5片，广倒卵形，白色；雄蕊多数，短于花瓣；雌蕊花柱5个，分离，子房上位。蓇葖果，顶端有宿存花柱，无毛。

同属植物原产我国的有50多种，不少种类已作为庭园植物栽培，常见的有以下几种。

1）麻叶绣线菊（*S. cantoniensis*）：又称麻叶绣球，以花繁为特点，落叶小灌木，丛生，枝开展；小枝暗红色，枝皮有时剥落状；叶菱状披针形至菱状椭圆形，顶端急尖，近中部以上有缺刻状锯齿；花白色，10~30朵集成半球状伞形花序，4~5月花叶同放，蓇葖果直立；适应性强，栽培容易，城市园林中广泛应用。

2）珍珠绣线菊（*S. thunbergii*）：又称珍珠花，叶条状披针形，自中部以上具尖锯齿，伞形花序，无总梗，花3~7朵，花白色；光滑无毛。

3）粉花绣线菊（*S. japonica*）：又称日本绣线菊，叶椭圆状披针形至宽披针形；花粉红至红色，伞形花序；着生在当年新梢顶端，5月下旬开花后连续延至9月上旬。

[产地与分布] 产于我国长江流域，日本、朝鲜亦有；分布于山东、江苏、浙江、江西、湖南、福建、广东、台湾等地。

[习性] 喜光，稍耐阴，耐寒，耐旱，耐瘠薄，亦耐湿，对土壤要求不严，在肥沃湿润土壤中生长最为茂盛；萌蘖性、萌芽力强，耐修剪。

[繁殖] 扦插或分株繁殖。

[园林应用] 春天展花，色洁白，繁密似雪，如笑靥；多植于池畔、山坡、路旁或树丛的边缘，亦可成片群植于草坪及建筑物角隅。

1.10 珍珠梅

[学名] *Sorbaria kirilowii*（Regel）

[别名] 华北珍珠梅。

[科属] 蔷薇科，珍珠梅属。

[识别要点] 落叶灌木，奇数羽状复叶，小叶13～21片，披针形至卵状披针形，缘有重锯齿。花白色、小，花蕾时似珍珠。果矩圆形，果梗直立。花期6～8月，果熟期9～10月。

[产地与分布] 主产于我国北部。

[习性] 喜光，较耐阴，耐寒；生长快，萌蘖强，耐修剪。

[繁殖] 以分株、扦插为主。

[园林应用] 花叶秀丽，花期长，是夏季少花季节很好的花灌木，也是北方庭院夏季主要的观花树种之一；宜丛植于草地边缘、林缘、墙边、路边或水畔，也可于背阴处栽植成自然式绿篱。

1.11 蔷薇

[学名] *Rosa multiflora*

[别名] 野蔷薇。

[科属] 蔷薇科，蔷薇属。

[识别要点] 落叶蔓性灌木，枝细长，多皮刺，无毛。小叶5～7（9）片，倒卵形、椭圆形，锯齿锐尖，两面有短柔毛，叶轴与柄都有短柔毛或腺毛；托叶与叶轴基部合生，有腺毛。圆锥状伞房花序，花白色或微有红晕，单瓣，芳香。果球形，暗红色，多数瘦果集于肉质的花筒内，组成的聚合果称"蔷薇果"。

[产地与分布] 产于我国黄河流域及以南地区的低山丘陵、溪边、林缘及灌木丛中；我国南北方均有分布，朝鲜、日本也有。

[习性] 习性强健，喜光，耐半阴，耐寒；对土壤要求不严，喜肥，耐瘠薄，耐旱，耐湿；萌蘖性强，耐修剪，抗污染。

[繁殖] 扦插、分株，压条或播种繁殖，均容易成活，养、管简单。

[园林应用] 可用于垂直绿化，布置花墙、花门花廊、花架、花柱，点缀斜坡、水池坡岸，装饰建筑物墙面或植花篱；用铁丝在空地上种也可，是嫁接月季的砧木；花可提取芳香油。

1.12 玫瑰

[学名] *Rose rugosa*

[别名] 徘徊花。

[科属] 蔷薇科，蔷薇属。

[识别要点] 落叶直立灌木，枝粗壮，密生皮刺及刚毛。小叶5～9片，椭圆形、倒卵

状椭圆形，锯齿钝，叶质厚，叶面皱褶，表面网状叶脉明显凹下，背面有柔毛及刺毛。托叶与叶轴基部合生有细齿，两面有绒毛。花单生或3～6朵集生，常为紫红色，径6～8cm，芳香。果扁球形，红色。

［产地与分布］原产于我国华北、西北、西南等地，各地都有栽培，以山东、北京、河北、河南、陕西、新疆、江苏、四川、广东等地居多。

［习性］喜光照充足，耐寒，耐旱，喜凉爽通风的环境，喜排水良好、肥沃的中性或微酸性的土壤；不耐积水，喜肥沃；萌蘖性强，生长迅速。

［繁殖］分株、扦插、嫁接、压条繁殖。

［园林应用］著名的观花、闻香花木，可植花篱、花境、花坛，也可以栽植于草坪，点缀坡地；花做香料、食品工业原料，可提炼香精，也可入药；国外常与月季、蔷薇一起种植，构成玫瑰园。

1.13 结香

［学名］*Edgeworthia chrysantha*

［别名］黄瑞香、打结花。

［识别要点］落叶灌木，高1～2m。通常三叉分枝，棕红色。叶互生，长椭圆形至倒披针形，长6～15cm，先端急尖，表面疏生柔毛，背面被长硬毛，有短柄，常簇生枝顶，全缘。花黄色，有浓香，花被筒状，40～50朵聚成下垂的假头状花序。核果卵形，状如蜂窝。花期2～3月，先于叶开放；果熟期5～6月，通常包于花被基部，状如蜂窝。

［产地与分布］原产我国，分布于长江流域及其以南各地及西南和河南、陕西等地区。

［习性］暖温带树种；性喜半阴，喜温暖湿润气候及肥沃而排水良好的沙质土壤，颇耐寒，过干和积水处不宜生长；萌蘖力强，不耐修剪。

［繁殖］分株或扦插繁殖。

［园林应用］枝条柔软，弯之可打结而不断，故可整理成各种形状；花多成簇，芳香浓郁；可孤植于庭前、路边、墙隅或做疏林下木，或点缀于假山岩石之间、街头绿地小游园内，亦可做盆景。

1.14 瑞香

［学名］*Daphne odora*

［别名］睡香、风流树。

［科属］瑞香科，瑞香属。

［识别要点］常绿灌木，高1.5～2m。枝细长，光滑无毛。叶互生，长椭圆形至倒披针形，长5～8cm，先端钝或短尖，基部窄楔形，全缘，无毛，质较厚，表面有深绿色的光泽，叶柄短。头状花序顶生，筒状花白色或淡紫红色，花开时四裂，芳香，花瓣肥厚，正面乳白色，背面紫红色，花蕊金黄色，十分惹人喜爱。核果肉质，圆球形，红色。花期3～4月，果期7～8月。

常见栽培变种和品种有以下几种。

1）白花瑞香（cv. *leeucantha*）：花纯白色。

2）金边瑞香（cv. *marginata*）：叶缘金黄色，花极香，淡紫色，花瓣先端5裂，基部紫红，香味浓烈，为瑞香中的极品。

3）水香（var. *rosacea* Mak.）：花被裂片里面白色，背面略带粉红色。

4）毛瑞香（var. *atrocaulis* Rehd.）：高0.5～1m，枝深红色，花白色，花被外侧被灰黄色绢状毛。

5）蔷薇瑞香（var. *rosacea*）：花呈白色，花瓣里白外红。

［产地与分布］原产长江流域，江西、湖北、浙江、湖南、四川等省均有分布。

［习性］性喜阴，忌日光曝晒，不耐高温、高湿；耐寒性差，北方盆栽，冬季需在室内越冬；喜排水良好的酸性土壤，不耐积水；萌芽力强，耐修剪，易造型。

［繁殖］以扦插繁殖为主，也可压条、嫁接或播种。

［园林应用］最适合种于林间空地、林缘道旁、山坡台地及假山阴面，若散植于岩石间则风趣益增；日本的庭院中也十分喜爱使用瑞香，多将它修剪为球形，种于松柏之前做点缀之用。

1.15 梅花

［学名］*Prunus mume*

［别名］木九、木丹、春梅、干枝梅。

［科属］蔷薇科，李属。

［识别要点］落叶小乔木，树高4～10m，树干褐紫色，有纵驳纹；小枝细而无毛，多为绿色。顶端常尖锐成刺，叶广卵形至卵形，先端渐长尖或尾尖。花1～2朵，有短梗，淡粉或白色，有芳香，在冬季或早春展叶前开放。核果球形，6月成熟，黄色，味酸。果肉黏结，核有蜂窝状点穴。

变种、变型和品种：

1）真梅系：直枝梅类（枝条直上斜伸，9型）、垂枝梅类（4型）、龙游梅类（枝条自然扭曲）。

2）杏梅系：杏梅类（枝叶似杏，山杏梅与杏杂交而来的3个品种）。

3）樱李梅系：美人梅类。

［产地与分布］野生于我国西南山区，现全国各地均有栽培，但仅在黄河以南可以露地安全越冬；近年通过引种和驯化工作，将江南的梅花北移至北京露地栽培获得初步成功。

［习性］性喜温暖稍潮湿的气候，宜在阳光充足、通风良好处生长；此树最畏涝，且忌在风口栽培。

［繁殖］嫁接、扦插、压条和播种。

［园林应用］苍劲古雅，疏枝横斜，花先于叶开放；傲霜斗雪，树姿、花色、花态俱美，花期长，品种多，是我国著名的传统花木，有关梅花的诗句不少，以梅花造景的也很多；多于庭院、草坪、低山、"四旁"及风景区栽植，也可孤植、丛植、群植。

1.16 桂花

［学名］*Osmanthus fragrans*

[别名] 木犀。

[科属] 木犀科，木犀属。

[识别要点] 常绿灌木及小乔木，高可达12m。芽叠生，叶长椭圆形，全缘或上部有细齿。花簇生叶腋或聚伞状，花小，黄白色，浓香。核果椭圆形，紫黑色。花期9～12月。

常见变种有如下几种。

1）金桂：花黄色至深黄色，香味浓郁。

2）银桂：花近白色或淡黄色，香味略淡。

3）丹桂：花橘红色或橙黄色，香气较淡，叶较小。

4）四季桂：花白色或黄色，一年四季开花，可连续开花数次，但以秋季最多，香味淡。

[产地与分布] 我国西南，广泛栽于长江流域以南、历史上"五大桂花产区"。

[习性] 喜光，较耐阴，喜温暖湿润，能耐高温，耐寒性不强，较耐旱，忌积水，对土壤要求不严；耐修剪，耐移植，根系深，生命力强；抗烟尘，抗污染，寿命长。

[繁殖] 嫁接、扦插、压条。

[园林应用] 树干端直，树冠圆整，四季常青，花期正值中秋，香飘数里，是我国传统名花；在庭院前对植两株（"两桂当庭"）是传统的配植手法，还可将桂花在道路两边、假山、草坪院落地栽培，还可在花坛中心孤植一株，也有大面积种植，形成桂花山、桂花岭，秋末浓香四溢，香飘十里；同时结合生产，与秋色、野树配植，是点缀秋色的好材料。

1.17 杜鹃花

[学名] *Rhododendron* spp

[别名] 映山红、照山红。

[科属] 杜鹃花科，杜鹃花属。

[识别要点] 落叶灌木，枝条、苞片、花柄及花萼均有棕褐色扁平的糙伏毛；枝条假轮生，分枝多，枝条细而直。单叶互生，叶常簇生在枝条顶端，叶纸质，两面均有糙伏毛，背面较密。花2～6朵，簇生枝顶，花冠鲜红或深红色；蒴果，果卵圆形，被糙伏毛。种子细小。

品种分类：根据花开的时间分为春鹃、夏鹃、春夏鹃；根据原产地分为中国杜鹃、日本杜鹃和西洋鹃。

变种与品种：

1）白花杜鹃：花白色或粉红色。

2）紫斑杜鹃：花较小，白色，有紫色斑点。

3）彩纹杜鹃：花上有白色或紫色条纹。

[产地与分布] 我国是世界杜鹃花的分布中心，云南、西藏、四川均有分布，海拔从0～5000m，以3000m处最集中。

[习性] 稍喜光，喜温暖、湿润环境，不耐烈日酷晒；喜酸性土（pH 5.5～6.5），不耐碱性，不耐浓肥和水淹。

[繁殖] 可播种、扦插、压条、嫁接及分株繁殖。

[园林应用] 艳丽的观花树种，姿态优美，花色艳丽，花期长，是中国十大名花之一，

宜配植于路边、池畔、林缘、水边、花坛、草坪上，可大面积栽植，形成山花浪漫的自然景观；做专类园，如无锡锡惠公园的杜鹃园；根、叶、花可入药。

1.18 金丝桃

［学名］*Hypericum chinense*

［别名］金丝海棠、土连翘。

［科属］金丝桃科，金丝桃属。

［识别要点］半常绿或常绿小灌木，高0.6～1m，分枝极稠密，小枝对生，红褐色。枝条披散，丛生而呈球形，全株光滑无毛，分枝多，小枝对生，圆筒状，红褐色。叶无柄，对生，长椭圆形，长4～8cm，先端尖，基部渐狭而稍抱茎，叶表面绿色，背面粉绿色，有透明腺点，全缘。花单生枝端或3～7朵集合成聚伞花序，花径3～5cm，金黄色；雄蕊多数，连合成5束，金黄色。蒴果卵圆形。花期6～7月，果熟8月以后。

［产地与分布］原产我国，主要分布河北、河南、湖北、湖南、江苏、江西、四川、广东等地。

［习性］暖温带树种，久经栽培，喜光又耐阴；适宜性强，随处可以栽植，而以肥沃的中性壤土生长最好；稍耐寒，北方应选小气候条件较好的环境种植。

［繁殖］以播种为主，也可分株、扦插繁殖。

［园林应用］植株低矮、开展，发枝能力极强，覆盖效果好，花叶秀丽，姿态潇洒，是理想的地被树种；雄蕊尤长，散露在外，灿若金丝，而且枝柔披散，叶缘清秀，为南方庭园中常见观花树种；在庭园中常大片栽植用做绿篱，也可丛植、群植于草地边缘、树坛边缘、假山旁、墙角一隅、道路的转角处、路口，也可用做花境；入冬后对地上部分进行更新修剪，第二年生长更加茂盛。

1.19 金丝梅

［学名］*Hypericum patulum*

［别名］芒种花、云南连翘。

［科属］金丝桃科，金丝桃属。

［识别要点］半常绿或常绿小灌木。小枝红色或暗褐色，枝直立，不披散。叶对生，卵形、长卵形或卵状披针形，长2.5～5cm，宽1.5～3cm，上面绿色，下面淡粉绿色，散布稀疏油点，叶柄极短。花单生枝端或成聚伞花序，花直径4～5cm，金黄色；雄蕊多数，短而不露，连合成5束，金黄色。蒴果卵形。花期4～7月，果期7～10月。

［产地与分布］产于陕西、四川、云南、贵州、江西、湖南、湖北、安徽、江苏、浙江、福建等省。

［习性］温带、亚热带树种，稍耐寒；喜光，略耐阴；性强健，忌积水；喜排水良好、湿润肥沃的砂质壤土；根系发达，萌芽力强，耐修剪。

［繁殖］多用分株法繁殖，播种、扦插也可。

［园林应用］绿叶黄花，十分美丽，适于庭院绿化和盆栽观赏；可丛植、群植于草地、花坛边缘、墙隅及道路转角处，也可用做花境；根供药用。

1.20 紫薇

[学名] *Lagerstroemia indica*

[别名] 百日红、满堂红、痒痒树。

[科属] 千屈菜科,紫薇属。

[识别要点] 落叶灌木或小乔木,树高可达7m。树冠不整齐,枝干多扭曲。树皮淡褐色,薄片状剥落,树干特别光滑。小枝四棱,无毛。叶对生或近对生,椭圆形至倒卵状,有短柄。花鲜淡红色,花瓣6片,花期6～9月。

常见变种有以下几种。

1) 银薇(var. *alba*):花白色或微带淡堇色,叶色淡绿。
2) 翠薇(var. *rubra*):花紫堇色,叶色暗绿。

同属中有大花紫薇(*L. speciosa*)、浙江紫薇(*L. chekiangensis*)、南紫薇(*L. subcostata*)等,均有较高的观赏价值。

[产地与分布] 产于亚洲南部及澳洲北部,我国华东、华中、华南及西南均有分布,大部地区普遍栽培。

[习性] 喜光,稍耐阴;喜温暖气候,耐寒性不强;喜肥沃、湿润而排水良好的石灰性土壤;耐旱、怕涝,萌蘖性强,寿命长。

[繁殖] 常用扦插、分株和播种繁殖。

[园林应用] 树姿优美,树皮光滑洁净,于夏秋少花季节绽放,花期长久,花色艳丽,有"盛夏绿遮眼,此花红满堂"之赞;最适植于院侧、亭旁、山边,三五成丛,景观绝佳;亦可做行道树栽植,饶有情趣,别具风格。此外,紫薇也是制作盆景的好材料。

1.21 木槿

[学名] *Hibiscus syriacus*

[别名] 朝开幕落花、篱障花。

[科属] 锦葵科,木槿属。

[识别要点] 落叶灌木或小乔木,高2～6m,多分枝。小枝密被绒毛,后渐脱落。冬芽小,为叶基所包被。叶菱状卵形,互生,端部常3裂,边缘有不整齐齿缺,三出脉。花单生于枝端、叶腋,径5～8cm,花冠钟状,有紫、粉红、白色,花朝开幕落。蒴果矩圆形,密被黄色状绒毛。花自6月起陆续开放直至9月,果期10月。

常见栽培观赏的变种有以下两种。

1) 重瓣白木槿(var. *alba-plena*):花重瓣,白色。
2) 重瓣紫木槿(var. *amplissimus*):花重瓣,紫色。

[产地与分布] 原产东亚,我国各地均有栽培,尤以长江流域为多。

[习性] 亚热带及温带树种,有一定的抗寒能力;喜光,稍耐阴;喜温暖、湿润气候,耐干旱及瘠薄土壤,萌芽力强,耐修剪,易整形;抗污染能力强,为多功能绿化树种。

[繁殖] 可用播种、扦插、压条等法繁殖,以扦插为主。本种栽培容易,可粗放管理。

[园林应用] 木槿枝叶繁茂,夏、秋炎热时开花,花期长达4个月;园林中常植为绿

篱及基础种植，也可丛植于草坪、路边、林缘；可做围篱进行编织，对SO_2、HF等有害气体的抗性很强，又有滞尘功能，适宜工厂街道绿化；全株可入药。

1.22 木芙蓉

[学名] *Hibiscus mutabilis*

[别名] 芙蓉花、拒霜花、醉芙蓉、芙蓉。

[科属] 锦葵科，木槿属。

[识别要点] 落叶灌木或小乔木，高2～5m，枝被星状毛及短柔毛。叶大，卵状心形，掌状3～5（7）裂，基部心形，边缘有浅钝齿，密被星状毛和短柔毛。花大，单生枝端叶腋，清晨初开时白色，或浅粉红色，傍晚变成深红色，单瓣或重瓣，副萼线形，9～11月开花。蒴果扁球形，径约2.5cm，有黄色刚毛及绵毛，果5瓣。种子肾形，有长毛，易于飞散。

木芙蓉为我国传统名花，栽培史千年以上，故品种较多，依花型主要有：花粉红，单瓣或半重瓣的红芙蓉和重瓣红芙蓉；花黄色的黄芙蓉；花色红白相间的鸳鸯芙蓉；白芙蓉和重瓣白芙蓉；花重瓣，多心组成的七星芙蓉；花重瓣，初开白色，后变淡红至深红的醉芙蓉等。

[产地与分布] 原产我国中、西南部，黄河流域至华南各省均有栽培，历史上曾以四川成都栽培为盛，有"蓉城"之称，现为该市市花。

[习性] 喜温暖湿润气候；喜光略耐阴，不甚耐寒；忌干旱，耐水湿，在肥沃临水地段生长最盛；在江、浙一带，冬季植株地上部分枯萎，呈宿根状，翌春从根部萌发新枝，秋季能正常开花；华北地区常温室栽培；耐修剪，对二氧化硫、氯气等有毒气体有一定抗性。

[繁殖] 扦插、分株、压条繁殖，南方亦可用播种繁殖；栽培养护简易，移植栽种成活率高；在长江流域及其以北地区应选择背风向阳处栽植，每年入冬前将地上部全部剪去，并适当壅土防寒，春暖后扒开壅土，即会从根部抽发新枝，这样使秋季开花整齐；在华南暖地则可做小乔木栽培。

[园林应用] 秋季开花，花大而美，其花色、花型随品种的不同有丰富变化；由于性喜近水，故常植于水边，还引种在庭院、坡地、路边、林缘、建筑前或栽作花篱；茎皮纤维洁白柔韧，可供纺织、制绳、造纸等用；花、叶及根皮可入药。

1.23 扶桑

[学名] *Hibiscus rosa-sinensi*

[别名] 朱槿、佛槿。

[科属] 锦葵科，木槿属。

[识别要点] 落叶灌木，高可达6m。叶先端尖，缘有粗齿，基部近圆形且全缘，两面无毛或背面沿脉有疏毛，表面有光泽，三出脉。花单生于上部叶腋间，花冠通常鲜红色，径6～10m；雄蕊柱和花柱长，伸出花冠外；花梗长3～5cm，近顶端有关节。蒴果卵球形，无毛。几乎全年开花，夏、秋最盛。

[产地与分布] 原产于中国南部，福建、台湾、广东、广西、云南、四川等省均有分

布；现温带至热带地区均有栽培。

[习性] 喜光，喜温暖、湿润气候，不耐寒、旱；华南地区多露地栽培，长江流域及以北地区温室保持12～15℃越冬；喜肥沃湿润而排水良好的土壤，pH宜为6.5～7。

[繁殖] 常用扦插繁殖。

[园林应用] 著名观赏花木，花大色艳，花期长，除红色外，还有粉红、橙黄、黄、粉边红心及白色等不同品种；盆栽扶桑是布置节日公园、花坛、宾馆、会场及家庭养花的花木之一；在南方地区多散植于池畔、亭前、道旁、墙边，是花篱的好材料，在长江流域及以北地区多温室栽培，适用于客厅、入口门厅、宴会厅摆设；根、叶、花均可入药；是马来西亚的国花。

1.24 山茶

[学名] *Camellia japonica*

[别名] 山茶花、茶花、耐冬、海石榴。

[科属] 山茶科，山茶属。

[识别要点] 常绿灌木或小乔木，小枝淡绿色或紫绿色。树形和树势因品种不同而有所差异。叶卵形至椭圆形，长5～11cm，叶端短钝渐尖，叶表有光泽。花单生或2～3朵多生于枝顶或叶腋；花瓣5～7片或重瓣，大红色，近圆形顶端微凹或缺口；子房无毛。果近球形，径2～3cm。花期2～4月，果秋季成熟。

常见变种：

1）白山茶（var. *alba*）：花白色。

2）白洋茶（var. *alba-plena*）：花白色，重瓣，6～10轮，外瓣大，内瓣小，呈规则的覆瓦状排列。

3）红山茶（var. *anemoniflora*）：亦称杨贵妃，花粉红色，花形似秋牡丹，有5枚大花瓣，外轮宽平，内轮细碎，雄蕊有变成狭小花瓣者。

4）紫山茶（var. *lilifolia*）：花紫色，叶呈狭披针形，有似百合的叶形。

5）玫瑰山茶（var. *magnoliaeflora*）：花玫瑰色，近于重瓣。

6）重瓣山茶（var. *polypetala*）：花白色而有花纹，重瓣，枝密生，叶圆形。

7）金鱼茶（var. *trifide*）：花红色，单瓣或重瓣，叶端三裂，如鱼尾状。

8）朱顶红（var. *chutinghung*）：花形似红山茶，但呈朱红色，雄蕊2～3枚。

山茶的园艺品种很多，我国目前常见栽培的约有300多个，一般分为单瓣类、半重瓣类、重瓣类3大类和12个花形，即单瓣形、半重瓣形、五星形、荷花形、松球形、托桂形、菊花形、芙蓉形、皇冠形、绣球形、放射形、蔷薇形。

[产地与分布] 原产中国中部及日本、朝鲜，露地栽培主要在长江流域及以南各省，北至青岛崂山。

[习性] 喜侧方遮阴，尤其幼年期；忌烈日，喜温暖湿润气候，适合温度18～25℃，要求土壤水分充足，不宜积水；喜酸性土壤，耐中性到微碱性；抗海潮风，对空气污染有一定抗性。

[繁殖] 以扦插为主，亦可播种、嫁接或压条繁殖。

[园林应用]中国传统花卉，十大名花之一；叶色翠绿而有光泽，四季常青，花朵大，花色美，品种繁多，"雪里开花到春晚，世间耐久孰如君"；从11月即可开始赏早品种花，而晚花品种至次年3月开始盛开，故观赏期达5个多月，而这时正是花开少的季节；常做庭院及室内装饰，可做栽培群落的第二层，与假山、建筑配置，雅致；品种丰富，可建专类园（早花—中花—晚花）；是制作盆景的好材料，可做切花。

1.25 云南山茶

[学名]*Camellia reticulata*

[别名]滇山茶。

[科属]山茶科，山茶属。

[识别要点]常绿大灌木或小乔木，高可达15m，树皮灰褐色，小枝无毛，棕褐色。叶椭圆状卵形至卵状披针形，长7~12cm，宽2~5cm，锯齿细尖，表面深绿色，但无光泽，网状脉显著，背面淡绿色。花2~3朵，生于叶腋，无花柄，形大，径8~9cm，花色自淡红至深紫，花瓣15~20片，内瓣倒卵形，外瓣阔卵形或圆形，缘常波状；萼片形大，内数枚呈花瓣状；子房密生柔毛。蒴果扁球形，萼片脱落，木质，茶褐色，内含种子1~3粒。花期长，原产地自12月开花，晚者开到4月。

云南山茶花品种甚多，目前已发展到100多个。

[产地与分布]原产我国云南，江苏、浙江、广东等省栽培亦较多，北方各地少量盆栽观赏。

[习性]喜侧方遮阴，耐寒性比山茶花弱，喜温暖湿润气候，畏严寒酷暑；空气相对湿度以60%~80%为佳，对土壤酸性反应敏感，以pH为5左右为宜，可在pH为3~6的范围内正常生长，忌碱土，以富含腐殖质的沙质壤土为好。

[繁殖]同山茶。

[园林应用]全世界享有盛名的观花树种之一；叶常绿，花极美艳，大者胜过牡丹，且花朵繁密似锦，可谓一树万苞，每年开花时如火烧云霞，形成一片花海；常植于屋侧堂前列，在庭园中与庭荫树互相配置，如植于茶室及凉棚以及花架与亭旁，可成佳景。

1.26 茶梅

[学名]*Camellia sasanqua*

[别名]小茶梅。

[科属]山茶科，山茶属。

[识别要点]常绿灌木。花有单瓣和重瓣，杯状，有白色和红色。单叶互生，革质，卵状椭圆形，叶缘有锯齿，表面深绿色，背面稍浅，长8cm。花期秋冬季。

茶梅与山茶的区别：嫩枝有粗毛，芽鳞表面有倒生柔毛。

[产地与分布]原产日本，适合我国长江流域以南地区栽培，北方多盆栽。

[习性]喜温暖、湿润和阳光充足环境；较耐寒，怕强光，怕阴和干旱；喜肥沃、疏松和排水良好的酸性沙壤土。

[繁殖]春季半成熟枝扦插，梅雨季节用嫩枝嫁接或高空压条。

[园林应用] 树形优美，姿态丰满，与雪花相衬，红白辉映，在江南庭园中宜与鸡爪槭、毛鹃、结香、棣棠、厚皮香等配植或盆栽摆放居室，给人以和谐、温馨的意境，亦可作为绿篱栽植。

1.27 栀子

[学名] *Gardenia jasminoides* Ellis。

[别名] 黄栀子、白蟾花。

[科属] 茜草科，栀子花属。

[识别要点] 常绿灌木，株高 1～3m。单叶对生或三叶轮生，长椭圆形，长 5～14cm，叶亮绿薄革质，全缘。花单生于小枝顶端，白色，浓香，花期 6～10 月（盛花 6～7 月）。浆果卵形，具 5～6 条纵棱和宿存萼片，11 月成熟时黄色，天然染料。

栽培品种、变型：

1）大栀子花：叶大，花大，芳香。

2）卵叶栀子花：叶倒卵形，先端圆。

3）狭叶栀子花：叶较窄，披针形。

同属观赏植物有雀舌花（水栀子），为匍匐状小灌木，枝平卧伸展，叶小而狭长，花重瓣。

[产地与分布] 产于长江流域及以南各省。

[习性] 喜温暖、湿润、遮阴环境，空气湿度70%以上；不耐寒；酸性土植物，不耐干旱、瘠薄，不耐积水；对烟尘和二氧化硫的抗性强，耐修剪。

[繁殖] 扦插、压条，扦插极易生根。

[园林用途] 四季常青，叶色亮绿，花开盛夏，洁白芳香，给人以凉爽的感觉，是理想的观花、观叶、闻香的花木；耐阴，林下栽，做地被；花篱与假山相配，十分雅致；可用于提炼香精油。

1.28 蜡梅

[学名] *Chimonanthus praecox*

[别名] 黄梅、香梅、黄蜡梅。

[科属] 蜡梅科，蜡梅属。

[识别要点] 落叶丛生乔木。暖地叶常半绿，高达 4m。小枝近方形，单叶对生。叶卵状披针形或卵形椭圆形，长 7～15cm，先端渐尖，基部圆形或广楔形，表面粗糙，背面光滑无毛，半革质。花单生，径约 2cm，花被片处轮蜡质黄色，中轮带紫色条纹，具浓香；远在展叶前开放（自初冬到早春），萼片多数超过 5 片，雄蕊 5～6 个，短小。瘦果种子状，为坑状果托所包，8 月成熟。

蜡梅在我国久经栽培，常见栽培的有以下几种。

1）馨口蜡梅（var. *grandiflora* Mak）：叶大可达 20cm，花亦大，径 3～3.5cm，外轮花被片淡黄色，内轮花被片浓红紫色，边缘有条纹。

2）素心蜡梅（var. *concolor* Mak）：花被片纯黄，内部不染紫色条纹。

3）小花蜡梅（var. *parviflorus* Turrill）：花特小，径约 0.9mm，外轮花被片黄白色，内轮有浓紫色条纹。

蜡梅的品种也比较多，它们在花色、花期、大小及香味、生长习性等方面各有特点，但至今尚缺系统整理分类。

[产地与分布] 原产我国中部的湖北、陕西等省，在北京以南各地庭院中广泛栽培，河南鄢陵为蜡梅苗木的传统生产中心。

[习性] 喜光，但也略耐阴，较耐寒；抗旱性很强，故有"旱不死的蜡梅"之称，对土壤要求不严，但以排水良好的沙质壤土为好，黏重土则生长不良；耐修剪，发枝力强，寿命可达到百年以上。近年来发现蜡梅能抗多种有害气体，已成为工矿区绿化的树种。

[繁殖] 常用播种、分株、压条、嫁接等方法，其中嫁接是蜡梅的主要繁殖方法。

[园林应用] 花开于寒月早春，花黄如腊，清香四溢，为冬季观赏佳品；配植于窗前、墙隅均适宜，作为盆花桩景和瓶花亦具特色；我国传统上喜欢配植南天竹，可谓色、香、形三者相得益彰。

1.29 银芽柳

[学名] *Salix leucopithecia*

[别名] 银柳、棉花柳。

[科属] 杨柳科，柳属。

[识别要点] 落叶灌木，基部抽枝，新枝有绒毛。叶互生，披针形，边缘有细锯齿，背面有毛。雌雄异株，花芽肥大，每芽有一个紫红色的苞片，冬季先花后叶，柔荑花序，苞片脱落后，即露出银白色的花芽，形似毛笔，花期12月至翌年2月。

[产地与分布] 原产于我国江南各省。

[习性] 喜阳光，不甚耐寒；喜潮湿，不耐干旱，在溪边、湖畔和河岸等临水处生长良好，要求常年湿润而肥沃的土壤。

[繁殖] 扦插繁殖。

[园林应用] 银色花序，十分美观，系观芽植物，水养时间耐久，适于瓶插观赏，是春节主要的切花品种；多与一品红、水仙、黄花、山茶花、蓬莱松叶等配植，表现出朴素、豪放的风格，极富东方艺术的韵味；市场需求量很大；在园林中常配植于池畔、河岸、湖滨、堤防绿化，冬季还可剪取枝条观赏。

技能训练 4　花木类园林树木的识别

一、训练目的

通过实地识别与调查，了解当地花木类树种的种类及园林应用，为园林树种的合理配置提供实践依据。

二、材料用具

植物检索表、树木识别手册、记录本、记录笔、望远镜、放大镜等。

三、方法步骤

1）初步调查园林树木的种类。
2）根据植物检索表或树木识别手册进行树种识别。
3）分组讨论后教师核对并讲解树种识别要点。
4）总结花木类树种的种类及园林应用的效果。

四、分析与讨论

1）了解花木类树种的物候期变化，掌握其最佳观花观果期。
2）了解花木类树种的生长习性、观赏效果与园林应用的协调效果。

五、训练作业

1）根据调查统计的花木类树种填写表3-1。
2）总结花木类树种园林应用现状，并提出合理化建议。
3）完成花木类园林树木的识别技能训练评价表（表3-2）。

表3-1 花木类树种调查记录表

观察时间： 观察人：

序号	树木名称	科属	形态特征	最佳观花观果期	园林用途	备注

表3-2 花木类园林树木的识别技能训练评价表

学生姓名					
测评日期			测评地点		
测评内容	花木类园林树木识别				
考评标准	内容	分值	自评	互评	师评
	正确识别花木类园林绿化树种20种	30			
	能用形态学术语描述花木类树种	20			
	会使用工具书确定树种名称	30			
	能独立完成技能训练报告	20			
	合计	100			
最终得分（自评30%＋互评30%＋师评40%）					

说明：测评满分为100分，60～74分为及格，75～84分为良好，85分以上为优秀。60分以下的学生，需重新进行知识学习、任务训练，直到任务完成达到合格为止

任务 2　叶木类树种的识别与应用

【知识点】掌握常见叶木类树种的形态特征、产地分布以及生长习性。
【能力点】识别常见叶木类树种，能掌握各叶木类树种的园林特征并加以合理应用。

任务分析

通过对常见叶木类园林树种的形态特征、分布、习性以及园林应用的学习，结合对当地叶木类园林树种的调查，进一步识别树种，应用所学知识对当地园林树种的选择与配置进行分析，并提出合理化建议。

任务实施的相关专业知识

叶木类即观叶树木类，专指叶形、叶色或叶幕具有良好观赏价值的树种。有些可以终年观赏、彩叶缤纷，用以美化环境、布置厅堂，管理上比花木类更为容易。叶木类树种按照叶色、叶形可分为亮绿叶类、异色叶类、异形叶类。

亮绿叶类树种为常绿树种，枝叶繁茂，叶幕厚密，叶色浓绿而富有光泽，是各类庭园中最为常见的树种，如女贞、海桐、蚊母树、石楠、珊瑚树、大叶黄杨等。异色叶类树种极多，叶色均异于常规，分为终年色叶树种和季节性变色树种。终年色叶树种均为常绿树种，四季彩色始终存在，可全年丰富园林景色，分嵌色、洒金、镶边、复色、全年红、全年紫。季节性变色树种的转色期为落叶前3～5周，有秋红型和秋黄型两种。异形叶类树种的叶为绿色，叶形奇特，与其他树种迥异，如鹅掌楸、苏铁、柽柳、七叶树、八角金盘、蒲葵、棕榈、棕竹、丝兰、凤尾兰等。

2.1　女贞

[学名] *Ligustrum lucidum*
[别名] 桢木、蜡树、将军树、大叶女贞。
[科属] 木犀科，女贞属。
[识别要点] 常绿乔木，属于亮绿叶类，高可达10m。树冠倒卵形，枝开展，小枝无毛。叶革质，宽卵形至卵披针形，全缘。圆锥花序顶生，长12～20cm，花白色，花期6月。基无柄。浆果状核果，椭圆形，熟时蓝黑色。
[产地与分布] 原产我国，广布于长江流域及以南各省。

[习性]暖地阳性树种,适应性强,在湿润、肥沃的微酸性土壤中生长最为适宜,也能适应中性、微碱性土壤;不耐干旱和瘠薄;生长强健,适应性广,根系发达,萌蘖性、萌芽力强,耐修剪、整形;抗污染(对SO_2抗性特强,且能吸收之,对HCl亦有抗性),并具抗烟能力。

[繁殖]播种、扦插或压条繁殖。

[园林应用]四季常青,苍翠可爱,是城市绿化中常用的观赏树种;果称"女贞子",补肾养肝,明目;枝叶亦可放养白蜡虫;在草坪边缘、建筑物周围、街坊绿地、庭园角隅孤植或于园路两旁列植,或做隐蔽树栽植;宜做绿篱、绿墙(生长快速,耐修剪)、厂矿的绿化树种。

2.2 海桐

[学名]*Pittosporum tobira*

[别名]山矾、臭海桐。

[科属]海桐科,海桐属。

[识别要点]常绿灌木,树冠圆球形。分枝低。叶革质,倒卵形,全缘,叶面有光泽。伞房花序,顶生,花白色后变黄色,芳香。蒴果熟时三瓣裂,种子鲜红色。花期4～5月,果熟期10月。

[产地与分布]原产我国江苏、浙江、福建、广东、台湾等地,长江流域及以南各地均有栽培,朝鲜及日本均有分布。

[习性]暖地树种,性喜光,略耐阴,喜温暖、湿润气候,不耐寒,华北地区不能露地越冬;抗海潮风,耐盐碱;萌芽力强,耐修剪;缺点是开花时招苍蝇。

[繁殖]播种、扦插繁殖。

[园林应用]观花、观叶、闻香树种;基础种植,可做绿篱、盆栽;枝叶繁茂,圆球形,蒴果开裂露出红色;还可做房屋基础种植及绿篱材料,适合孤植,丛植于草坪、道边、林缘,对植于门旁,列植路边。

2.3 蚊母树

[学名]*Distylium racemosum*

[别名]蚊子树、门子树、米心树、中华蚊母。

[科属]金缕梅科,蚊母树属。

[识别要点]常绿乔木,高达22m,栽培者常为灌木状。小枝略呈"之"字形曲折,嫩枝端部有星状鳞毛,顶芽呈桃形,暗褐色。单叶互生,倒卵状长椭圆形,长3～7cm,先端钝,全缘,厚革质,光滑无毛,侧脉5～6对,叶上常有囊状虫瘿。总状花序,长约2cm,花药红色。蒴果卵形,密生星状毛,顶端有2宿存的花柱。花期4月,果期9月。

栽培变种有彩色蚊母树,同属品种有杨梅叶蚊母树(叶质较薄,叶长,端尖,近似杨梅叶)。

[产地与分布]产于我国广东、福建、台湾及浙江等省,长江流域各城市园林中常见

栽培，日本也有分布。

［习性］暖地树种，性喜光；稍耐阴，喜温暖湿润气候；对土壤要求不严，但以排水良好而肥沃湿润的酸性、中性土壤为宜；发枝力强，耐修剪，能耐烟尘污染。

［繁殖］以播种为主，也可扦插。

［园林应用］适于路旁庭前、草坪内外以及大乔木下种植，如作为落叶花木的背景树，亦很相宜；也可修剪成球形，作为基础种植及绿篱材料；对多种有毒气体（如 SO_2、NO_2）有很强抗性；防尘、隔声能力较强，可做街坊、厂矿绿化之用。

2.4 石楠

［学名］*Photinia serulata*

［别名］千年红、扇骨木。

［科属］蔷薇科，石楠属。

［识别要点］常绿小乔木，高达12m，树冠圆球形，枝叶无毛。单叶互生，有短柄，叶椭圆形至倒卵状长椭圆形，边缘有带腺的细锯齿，革质光亮，幼叶带红色。复伞房花序多而密生，花白色。果球形，红色。花期5～7月，果熟期10月。

［产地与分布］江淮流域以南，西至四川、云南、陕西西南部等地均有分布。

［习性］喜光，耐寒；喜温暖气候及排水良好的肥沃土壤；不耐水湿；生长慢，耐修剪。

［繁殖］播种、扦插或压条。

［园林应用］观赏树种，在公园绿地、庭园、路边、花坛中心及建筑物门庭两侧均可孤植、丛植、列植或做绿篱用。

2.5 珊瑚树

［学名］*Vodoratissimum*

［别名］日本珊瑚树、法国冬青。

［科属］忍冬科，荚蒾属。

［识别要点］常绿灌木或小乔木，高达10m，全体无毛。枝有小瘤状凸起的皮孔。单叶对生，叶厚革质，长椭圆形，全缘或近先端有不规则波状钝齿，侧脉4～5对，叶柄带褐色。圆锥花序长5～10cm，花小，白色芳香。核果椭圆形，红色。花期5～6月，果期10月。

［产地与分布］分布于云南、贵州、广西、广东、湖南、江西、福建。

［习性］较耐阴，对多种有毒气体的抗性强，抗火；耐修剪，易整形。

［繁殖］扦插、播种。

［园林应用］可做绿篱（高篱）、工厂绿化用。

2.6 大叶黄杨

［学名］*Euonymus japonicus*

［别名］冬青卫矛、正木。

［科属］卫矛科，卫矛属。

[识别要点]常绿灌木或小乔木,高达8m,栽培变种一般不超过2m,小枝绿色,略为四棱形。叶革质,有光泽,椭圆形至倒卵形,长3～6m,锯齿细钝,两面无毛。花绿白色,5～12朵成聚伞花序,腋生。果扁球状,淡红色或带黄色,熟时4瓣裂。花期5～6月,果期9～10月。

常见花叶变种:

1)银边大叶黄杨(var. *albo-marginatus*):叶边缘白色。

2)金边大叶黄杨(var. *aureo-marginatus*):叶边缘绿黄色。

3)金心大叶黄杨(var. *viridi-variegatus*):叶中脉附近金黄色,有时叶柄及小枝也变为黄色。

4)银斑大叶黄杨(var. *agenteo-variegatus*):叶有白斑和白边。

5)金斑大叶黄杨(var. *aureo-variegatus*):叶较大,鲜绿色,中部有深绿色及黄色斑。

[产地与分布]原产日本,我国南北各地均有栽培,尤以长江流域各地为多。

[习性]喜光,亦耐阴;喜温暖湿润气候,较耐寒;对土壤要求不严,但以中型、肥沃土壤生长最佳;适应性强,耐干旱、瘠薄;生长慢,寿命长,极耐整形、修剪。

[繁殖]以扦插为主,可长年进行,亦可播种、嫁接。

[园林应用]变种多,栽培最广,适用范围最广,以绿篱为主,耐修剪,抗有毒气体;也可自然式配植于草坪、假山、石畔等处,规则式配植于花坛、树坛、建筑物、草坪四周。

2.7 鸡爪槭

[学名]*Acer. Palmatum*

[别名]青枫、雅枫。

[科属]槭树科,槭属。

[识别要点]落叶小乔木,高可达8m,树冠伞形,姿态雅丽;枝条细长横展、光滑。幼枝青绿色,细弱。叶交互对生,嫩叶青绿色,秋日红叶,叶掌状5～9深裂,基部心形,裂片卵状长椭圆形至披针形,顶端锐尖或尾尖,裂片边缘有细重锯齿,背面脉腋有白色簇毛。花紫色,伞房花序顶生,发叶以后开花。翅果初为紫红色,成熟后棕黄色,双翅果两翅成直角至钝角,甚至一条直线。花期5月,果期10月。

鸡爪槭园林变种多,用得最多的为紫红鸡爪槭(红枫,cv. *purpurea*),叶终年紫红色,枝条也为紫红色。另外,还有深裂鸡爪槭(蓑衣槭)、细叶鸡爪槭(羽毛枫,掌状深裂至基部,裂片狭长又羽裂状,秋叶深黄至橙红色,树冠开展,枝略下垂)、深红细叶鸡爪槭(红羽枫,外形同细叶鸡爪槭,叶常年呈紫红色)、条裂鸡爪槭、金叶鸡爪槭(黄枫)、花叶鸡爪槭(叶黄色,边缘绿色,叶脉为暗绿色)、白斑鸡爪槭(绿叶上有白色斑点)。

[产地与分布]原产华东、华中各地,现各国各地均有栽培。

[习性]喜温暖、湿润环境;喜光,稍耐阴;对土壤要求不严,但以疏松、肥沃、湿润的土壤生长良好;不耐水涝,较耐干旱。

[繁殖]播种繁殖,园艺栽培品种则嫁接繁殖。

［园林应用］树形美观，树冠宽广，绿荫浓郁，是城乡绿化的重要树种；秋季叶色变为红色，很是美观；枝、叶可入药。

2.8 三角枫

［学名］*Acer buergerianum*

［别名］三角槭。

［科属］槭树科，槭属。

［识别要点］落叶乔木，高可达5～10m，最高可达20m，树皮薄条片剥落，小枝细，幼时有短柔毛，后变无毛，稍被蜡粉。叶常3浅裂，有时不裂，基部圆形或广楔形，3主脉，裂片全缘，或上部疏生小齿，裂片前伸，背面有白粉，幼时宿存。花黄绿色，伞房花序顶生，有短柔毛。果翅张开成锐角或近于平行，果核部分两面凸出。花期4月，果期9月。

［产地与分布］分布于长江流域各省，北达山东，南至广东、台湾，日本亦有分布。

［习性］暖温带树种，性喜弱阳光，稍耐阴，喜温凉湿润气候及偏酸性、中性土壤，较耐水湿；有一定的耐寒力，在北京地区可露地越冬；萌芽力强，耐修剪、扎形。

［繁殖栽培］播种繁殖。

［园林用途］可做庭荫树及园路行道树；湖畔溪边配置；孤植；可将三角枫幼时干枝交错盘结，年久定形；盆景。

2.9 枫香

［学名］*Liguidambar formosana*

［别名］枫树。

［科属］金缕梅科，枫香属。

［识别要点］落叶大乔木，高达40cm，胸径1.5m，树冠卵形或略扁平，树液芳香，小枝有柔毛。单叶互生，掌状3裂，基部心形或截形，裂片先端尖，缘有锯齿，幼叶有毛，后渐脱落。花单性，雌雄同株，无花瓣，雄花无花被，头状花序。果球形，下垂。花期3～4月，果期10月。

［产地与分布］分布于我国秦岭及淮河以南各省，北起河南、山东，东至台湾，西至四川、贵州、云南及西藏，南至广东；亦见于越南北部、老挝及朝鲜南部，日本也有分布。

［习性］热带及亚热带树种，性喜光，幼年稍耐阴，耐干旱瘠薄，以湿润肥沃、深厚的红黄土壤为佳；不耐水湿；主根粗长，抗风而耐干旱；对有毒气体的抗性强；深根性，不耐移植，萌芽力强；寿命长。

［繁殖］播种繁殖。

［园林应用］树体高大，秋叶艳红，是我国南方著名的观红叶树种，"霜叶红于二月花"；多做风景林，配合秋色叶黄色（如银杏、无患子等）的树种；园景树，后配以绿色背景；树脂、根、叶、果入药；在园林中作为庭荫树，或草坪孤植、丛植、群植，或于山坡、池畔与其他树种混植。

2.10 变叶木

[学名] *Codiaeum variegatum*

[别名] 洒金榕。

[科属] 大戟科，变叶木属。

[识别要点] 常绿灌木，高达1m余，枝自基部分出，叶密枝繁。叶形宽窄、大小变化幅度大，有卵形、线性，有的全缘，有的分裂，颜色有红、黄、紫各色，均厚革质，有时微皱扭曲，有乳汁。花单性，组成总状花序，单生或两个合生在上部腋间。蒴果球形，白色。花期5～6月。

常见变种及变型：

1）彩色变叶木：叶呈淡黄、金黄、粉红至猩红色，单色或复色，叶面金斑点点，甚为美丽。

2）细叶变叶木：叶片带状绿色上有黄金色星状细斑，老时转为红色。

3）宽叶变叶木：叶片卵形或倒卵形，绿色，有黄、紫、红各色斑点。

4）裂叶变叶木：叶片宽大，常为3裂，似戟形，深绿色，有黄色斑点。

5）皱叶变叶木（螺旋变叶木）：叶全缘，做波浪状起伏或全叶呈不规则扭曲状。

[产地与分布] 原产于马来半岛；我国早年引种，现广泛露地栽培于广东、福建及台湾等地庭园中，华中及华北各地则多盆栽于温室越冬。

[习性] 热带树种，不耐霜冻，夏季适30℃以上高温，越冬温度不低于15℃，否则易遭冻害落叶；喜光，喜温暖气候；以黏重、肥沃、排水良好的土壤为宜；喜高温、多湿和强光照射。

[繁殖] 多用扦插繁殖。

[园林应用] 叶形多变，色彩斑斓，五色缤纷，为著名的观叶树木；华南地区适于路旁、花坛入口两旁配置，其他地区用于盆栽，点缀及布置会场厅堂、走廊等处，尤具特色；叶形千变万化，叶色丰富多彩，栽培品种繁多，是观叶植物中叶形和叶色、叶斑变化最诱人的种类，有"观叶胜观花"之效，是室内环境中十分理想的盆栽绿饰树种；切叶是极好的花环、花篮和插花的陪衬材料。

2.11 银杏

[学名] *Ginkgo biloba*

[别名] 白果、公孙树。

[科属] 银杏科，银杏属。

[识别要点] 落叶乔木，叶在长枝上互生，在短枝上簇生，叶折扇形，两面淡绿色，无毛，有叉状细脉，秋季落叶前变为黄色。球花雌雄异株，单性，生于短枝顶端的鳞片状叶的腋内，呈簇生状；雄球花柔荑花序状，下垂，4月开花，10月成熟。种子有长梗，下垂，常为椭圆形、长倒卵形、卵圆形或近圆球形，假种皮骨质，白色，种皮肉质，被白粉，熟时黄色或橙黄色，9月下旬至10月上旬种子成熟。

变种及品种有黄叶银杏、塔状银杏、裂银杏、垂枝银杏、斑叶银杏等26种。

[产地与分布] 中国不仅是银杏的故乡，而且是栽培、利用和研究银杏较早的国家之一。银杏主要分布于温带和亚热带气候区内，现我国各地多有栽培。

[习性] 阳性树，喜适当湿润而排水良好的深厚壤土，中性或微酸土最适宜，深根性，不耐积水；初期生长较慢，寿命长。

[繁殖] 扦插、分株、嫁接及播种繁殖。

[园林应用] 第四纪冰川运动后遗留下来的裸子植物中最古老的孑遗植物，所以有活化石的美称；银杏树高大挺拔，树干通直，姿态优美，叶似扇形；叶形古雅，寿命长；适应性强，对气候、土壤要求都很宽范；抗烟尘，抗火灾，抗有毒气体；银杏叶深秋金黄，是理想的园林绿化、行道树种。

2.12 榉树

[学名] *Zelcova schneideriana*

[别名] 大叶榉。

[科属] 榆科，榉属。

[识别要点] 落叶乔木，高达25m，树冠倒卵状伞形。树皮深灰色不裂，老干薄鳞片状剥落后仍较光滑，小枝纤细无毛。单叶互生，叶卵状长椭圆形，长2～8cm，先端尖，基部广楔形，锯齿近桃形，羽状脉，表面粗糙，背面密生淡灰色柔毛。坚果小，无翅，歪斜且有皱纹。花期3～4月，果期10～11月。

与榆树的区别：树皮粗糙不开裂，叶缘锯齿肥大，桃尖形，坚果，秋叶变红。榉树是榆科中观赏价值最高的树种。

[产地与分布] 产于秦岭、淮河流域以南。

[习性] 喜光，喜温暖湿润气候和肥沃深厚的土壤；不耐干旱，不耐水湿，抗风，耐烟尘，深根性；寿命较长。

[繁殖] 播种繁殖。

[园林应用] 可孤植、群植、列植等；可做行道树、庭荫树、风景林树种，也可用做桩景材料。

2.13 七叶树

[学名] *Aesculus chinensis*

[别名] 梭椤树、天帅栗、七叶枫树。

[科属] 七叶树科，七叶树属。

[识别要点] 落叶乔木，树高达25m，树冠庞大，圆球形。树皮灰褐色、平滑。小枝光滑粗壮，顶芽发达。掌状复叶对生，小叶7片，倒卵状长椭圆形，缘有细锯齿，背面脉上疏生柔毛，叶柄长。花期5月，顶生直立而密集的圆锥花序，花白色，略带红紫。蒴果近球形，种子形如板栗，深褐色，光滑。果熟期9～10月。

变种有浙江七叶树，小叶较薄，叶柄无毛，圆锥花序较长而狭。

同属中还有云南七叶树、欧洲七叶树（*A. hippocastanum*，小叶5～7片，无柄；蒴果褐色，近球形，果皮有刺；原产希腊北部和阿尔巴尼亚山区，我国上海、青岛、北京有栽培）、日本七叶树（*A. turbinate*，小叶5~7片，无柄，蒴果近洋梨形，果深棕色，有疣状突起，原产日本）。

［产地与分布］产于我国黄河流域及东部，包括陕西、甘肃、河南、山西、江苏、浙江等省及北京市，自然分布于海拔700m以下山地；仅秦岭有野生，黄河流域及东部各省均有栽培，北京也有栽培。

［习性］性喜光，稍耐半阴，幼时喜阴；喜温暖湿润气候，较耐寒，畏干热，深根性，寿命长；适生于土壤肥沃、排水良好的环境；大苗不耐移植，需多加养护。

［繁殖］播种繁殖。

［园林应用］世界著名观赏树种，与悬铃木、椴树、榆树合称四大行道树；树干端直，冠如华盖，叶大而奇美，开花时，硕大花序如大烛台；以观形与观叶为主，宜做庭荫树和行道树，在庭园中宜孤植或丛植于建筑物东北侧和林丛之间，并与其他树种搭配，效果尤佳。

2.14 八角金盘

［学名］*Fatsia japonica*

［别名］八金盘、八手、手树。

［科属］五加科，八角金盘属。

［识别要点］常绿灌木，茎高达4~5m，常数干丛生。叶掌状7~9裂，径20~40cm，基部心形或截形，裂片长椭圆形，缘有齿，表面有光泽，叶基部膨大，无托叶，叶柄长10~30cm。花两性或杂性，多个伞形花序成顶生圆锥花序，花朵小，白色。果实近球形，黑色，肉质，径约0.8cm。花期10~11月，果期翌年5月。

常见栽培变种有白边八角金盘、黄斑八角金盘、白斑八角金盘、波缘八角金盘。

［产地与分布］原产日本，我国早年引种，我国台湾尤多，现广泛栽培于长江以南园林中。

［习性］亚热带树种，喜阴湿温暖气候，有"下木之王"之称；不耐干旱，不耐严寒；宁沪一带宜选小气候良好处种植，以在荫蔽的环境和排水良好而肥沃的微酸性土壤中生长最好，中性土壤亦能适应；萌蘖力尚强。

［繁殖］播种、扦插或分株繁殖。

［园林应用］叶大，光亮而常绿，托以长柄，形状似金盘，常有8裂片，故名八角金盘，是很好的观叶树种；适于配置在栏下、窗边、庭前、门旁墙隅及建筑物背阴处，于溪流跌水之旁、桥头、树下丛植点缀，树姿优美，幽趣横生；又可片植于草坪边缘、林地之下，更引人入胜，美不胜收；对SO_2抗性较强，也是厂矿、街道美化的良好材料；北方多盆栽，常室内观赏。

2.15 鹅掌楸

［学名］*Liriodendron chinense*

［别名］马褂木。

［科属］木兰科，鹅掌楸属。

［识别要点］落叶乔木，高达40m，胸径1m以上，树冠圆锥形，树皮灰色，老时交

错纵裂，小枝灰褐色。叶马褂形，叶长12～15cm，先端截形或微凹，各边1裂，老叶背部有白色乳头状白粉点；托叶痕不延伸至叶柄。花被片外面为淡绿色，内面为黄色。聚合翅状小坚果，先端钝或钝尖。花期5～6月，果10月成熟。

同属植物：

1）北美鹅掌楸：原产北美东南部，我国上海、南京等地园林中有栽培。

2）杂种鹅掌楸：为鹅掌楸和北美鹅掌楸的杂交种，叶形变异大，叶两侧各1或2阔浅裂，介于亲本之间；花黄白色，略带红色；生长势旺。

[产地与分布] 原产中国。

[习性] 喜光，喜温暖湿润气候，有一定的耐寒性；喜深厚肥沃、湿润而排水良好的酸性或微酸性土壤，在干旱土地上生长不良，忌低湿水涝；生长速度快。

[繁殖] 以播种为主，也可用压条和软枝扦插。

[园林应用] 国家二级重点保护树种，树形端正，叶形奇特，是优美的庭荫树和行道树种；花淡黄绿色，美而不艳，秋叶呈黄色；丛植、列植、片植均可。

2.16 柽柳

[学名] *Tamarix chinensis*

[别名] 观音柳、西湖柳、三春柳、红荆条。

[科属] 柽柳科，柽柳属。

[识别要点] 落叶灌木到小乔木，高5～7m，树皮红褐色。枝条细长而下垂，常紫色，姿态轻盈。叶退化成鳞状、膜质。圆锥花序顶生，常下垂。花期8～9月或5～6月，果期10月。

[产地与分布] 原产我国，分布很广，甘肃、河北、河南、山东、安徽、江苏、湖北、广东、福建、云南等省区有栽培，是中国特有树种。

[习性] 喜光，耐干旱瘠薄，耐水湿，耐盐碱（0.5～1.0%）；对有毒气体的抗性强；根系发达，抗风力强，萌芽力强，耐修剪和刈割；为黄河及淮河流域优良的防风固沙和盐碱地改良树种，经种植柽柳后的盐碱地，其含盐量可大大下降。

[繁殖] 以扦插为主，也可播种、压条或分株繁殖。

[园林应用] 树姿优美，枝条柔软，花期特长（夏秋）；园林点缀，淡烟疏树，绿荫垂条，别具风格；为西北防风固沙、土壤改良的好树种；植于草坪及水边观赏；可做树桩盆景，别具一格；枝条可编筐，嫩枝、叶可入药。

2.17 棕竹

[学名] *Rhapis excelsa*

[别名] 筋头竹、观音竹。

[科属] 棕榈科，棕竹属。

[识别要点] 常绿丛生灌木，高可达3.5m，茎直立，圆柱形，有节，上部常为纤维状叶鞘包围。叶掌状深裂，裂片10～20枚，端尖，并有不规则齿缺，缘有细锯齿，横脉疏而不明显。叶色翠绿，条形叶柄长10～20cm。果球形。

同属种：

1）矮棕竹（*R. humilis*）：植株稍矮小，叶掌状深裂，裂片7～20枚，淡绿色，较柔软。

2）粗棕竹（*R. robusta*）：植株矮小，叶掌状4深裂，裂片披针形。

3）细叶棕竹（*R. gracilis*）：株高1m，叶片掌状深裂，裂片2～4枚，长条状，有切状齿缺，尤适于小型室内空间的盆栽绿饰。

变种有斑叶棕竹（var. *variegata*），其叶片具有金黄色条斑，异常美丽。

[产地与分布] 原产我国南部至西南部。

[习性] 喜温暖、湿润和半阴环境；较耐阴，怕强光曝晒；不耐寒，生长季适温13～18℃，越冬温度不低于5℃；适生于肥沃、排水良好的微酸性沙壤土。

[繁殖] 用分株或播种繁殖。

[园林应用] 叶形优美，挺拔潇洒，四季常绿，盆栽观赏做室内绿化装饰，尤适于大型会场台侧或做背景用，风采典雅，格调清丽。

2.18 棕榈

[学名] *Trachycarpus fortunei*

[别名] 棕树、山棕、栟榈。

[科属] 棕榈科，棕榈属。

[识别要点] 常绿乔木，高10～15m，茎干粗硬无分枝，外裹棕色丝毛，圆柱形，有环状叶柄痕，树冠伞形或圆球形，冠幅4～8m。叶近圆形，掌状深裂，径50～70cm，簇生顶部，叶鞘棕褐色，纤维状，宿存，包茎；雌雄异株，佛焰花序腋生，花小，淡黄色，花期4～5月。核果肾状球形，蓝褐色，被白粉。

[产地与分布] 原产中国，在日本、印度、缅甸均有分布；我国主要分布在北回归线以北至长江流域一带，北方多盆栽观赏。

[习性] 棕榈为棕榈科中抗逆性最强的植物，栽培管理较易；耐阴，幼树的耐阴能力尤强；喜温暖，不耐严寒；对土壤的要求不高，但喜肥沃湿润、排水良好的土壤；耐旱，耐湿，稍耐盐碱，但在干燥沙土及低洼水湿处生长较差；对烟尘、二氧化硫、氟化氢等有毒气体的抗性较强。

[繁殖] 播种繁殖。

[园林应用] 园林结合生产的优良树种；适于对植、列植在庭前、路边、入口或孤植、群植于池边、林缘、草坪边角、窗边，翠影婆娑，别具南国风韵；可与波罗花、美人蕉、鸢尾等草本花卉搭配；可在污染区大面积栽植。

技能训练5　叶木类园林树木的识别

一、训练目的

通过实地识别与调查，了解当地叶木类树种的种类及园林应用，为园林树种的合理配置提供实践依据。

二、材料用具

植物检索表、树木识别手册、记录本、记录笔、望远镜、放大镜等。

三、方法步骤

1）初步调查观叶园林树木的种类。
2）根据植物检索表或树木识别手册进行树种识别。
3）分组讨论后教师核对并讲解树种识别要点。
4）总结叶木类树种的种类及园林应用的效果。

四、分析与讨论

1）了解叶木类树种的物候期变化，掌握其最佳观花观果期。
2）了解叶木类树种的生长习性、观赏效果与园林应用的协调效果。

五、训练作业

1）根据调查统计的叶木类树种填写表3-3。
2）总结叶木类树种园林应用现状，并提出合理化建议。
3）完成叶木类园林树木的识别技能训练评价表（表3-4）。

表3-3 叶木类树种调查记录表

观察时间： 观察人：

序号	树木名称	科属	形态特征	最佳观叶期	园林用途	备注

表3-4 叶木类园林树木的识别技能训练评价表

学生姓名					
测评日期		测评地点			
测评内容	叶木类园林树木识别				
考评标准	内容	分值	自评	互评	师评
	正确识别叶木类园林绿化树种30种	30			
	能用形态学术语描述叶木类树种	20			
	会使用工具书确定树种名称	30			
	能独立完成技能训练报告	20			
	合计	100			
最终得分（自评30%＋互评30%＋师评40%）					

说明：测评满分为100分，60~74分为及格，75~84分为良好，85分以上为优秀。60分以下的学生，需重新进行知识学习、任务训练，直到任务完成达到合格为止

任务 3　果木类树种的识别与应用

【知识点】 掌握常见果木类树种的形态特征、产地分布以及生长习性。

【能力点】 能识别常见果木类树种，能掌握各果木类树种的园林特征并加以合理应用。

任务分析

通过对常见果木类园林树种的形态特征、分布、习性以及园林应用的学习，结合对当地果木类园林树种的调查，进一步识别树种，应用所学知识对当地园林树种的选择与配置进行分析，并提出合理化建议。

任务实施的相关专业知识

果木类指果实具观赏价值的木本植物，又称为观果树木类、赏果树木类，主要观赏果实的色、香、味、形、量等。在园林应用上，以观赏为主要应用目的的果木类园林树木与农业生产中的果树有所不同，无意追求经济价值，但必须经久耐看，不污染地面。在园林配置上，因果木类树木果实在外形上具备色泽醒目、形状奇特、数量繁多的特点，主要起装饰和点缀作用，丰富园景色彩，可配置成果林、果篱。此外，也可单种果木配置形成专类园，如枇杷园、柿园、樱桃园等。

按照观赏角度不同，果木类树种又可分为色果类和异果类。色果类树种的果实颜色各异，如红色的火棘、黄色的柿子、紫黑色的杨梅等。异果类树种的果形奇特，挂果期长。

3.1　枇杷

[学名] *Eriobotrya japonica*

[别名] 芦橘、金丸、芦枝。

[科属] 蔷薇科，枇杷属。

[识别要点] 常绿小乔木，小枝、叶背及花絮均密被锈色绒毛。叶粗大革质，常为倒披针状椭圆形。花白色，芳香，10～12月开花；翌年初夏果熟，果近球形或梨形，黄色或橙黄色。

[产地与分布] 亚热带树种，原产我国西部四川、陕西、湖北、浙江等省，长江以南各省多做果树栽培，江苏洞庭及福建云霄均是枇杷的有名产地。

[习性] 亚热带常绿树种，喜光，稍耐阴，喜温暖、湿润气候及肥沃而排水良好的土壤，不耐寒；不耐积水，冬季干旱生长不良；生长缓慢，寿命较长。

[繁殖] 以播种、嫁接为主，亦可扦插、压条繁殖。

[园林应用] 树形整齐、美观，叶大荫浓，是南方庭院良好的观赏树种；可丛植、群植，是园林结合生产的优良树种。

3.2 樱桃

[学名] *Cerasus pseudocerasus*

[科属] 蔷薇科，樱属。

[识别要点] 乔木，高2～6m。叶卵形至卵状椭圆形，先端锐尖，基部圆形，边缘有大小不等重锯齿，齿尖有腺，背面沿脉或脉间有稀疏柔毛。花白色，萼筒有毛；3～6朵簇生成总状花序。花期4月，先于叶开放。果近球形，红色，果期5～6月。

[产地与分布] 产于我国辽宁、河北、陕西、甘肃、山东、河南、江苏、浙江、江西、四川等地区。

[习性] 喜日照充足、温暖湿润气候及肥沃而排水良好的砂壤土，有一定的耐寒力与耐旱力；萌蘖力强，生长迅速。

[繁殖] 播种、扦插或嫁接，其中扦插法较简单且成功率最高。

[园林应用] 花先于叶开放，是园林中观赏及果实兼用树种。

3.3 郁李

[学名] *Cerasus japonica*

[别名] 爵梅，秧李。

[科属] 蔷薇科，樱属。

[识别要点] 灌木，高1～1.5m。小枝灰褐色，嫩枝绿色或绿褐色且无毛。叶片卵形或卵状披针形，先端渐尖，基部圆形，边有缺刻状尖锐重锯齿。上面深绿色且无毛，下面淡绿色且无毛，或脉上有稀疏柔毛，托叶线形，边有腺齿。花1～3朵簇生，与叶同放或先叶开放；萼筒陀螺形，长宽近相等，花瓣白色或粉红色，倒卵状椭圆形。核果近球形，深红色；核表面光滑。花期5月，果期7～8月。

[产地与分布] 产于黑龙江、吉林、辽宁、河北、山东、浙江等地。日本和朝鲜也有分布。

[习性] 喜阳耐严寒，抗旱、抗湿力均强，一般土地均可栽植。

[繁殖] 以分株繁殖为主，也可压条繁殖。

[园林应用] 桃红色宝石般的花蕾，繁密如云的花朵，深红色的果实，非常美丽、可爱，是园林中重要的观花、观果树种；宜丛植于草坪、山石旁、林缘、建筑物前，或点缀于庭院路边，或与棣棠、迎春等其他花木配植，也可做花篱栽植。

3.4 刺梨

[学名] *Rosa roxburghii*

[别名] 刺菠萝、送春归、刺酸梨子。

[科属] 蔷薇科,蔷薇属。

[识别要点] 开展灌木,树皮灰褐色,成片状剥落;小枝圆柱形,有基部稍扁而成对皮刺。奇数羽状复叶,先端急尖或圆钝,基部宽楔形,边缘有细锐锯齿,背面叶脉突起,网脉明显,叶轴和叶柄有散生小皮刺。花淡红或粉红色,单生或2~3朵,生于短枝顶端。果扁球形,表面布满毛刺,因而俗称刺菠萝。花期5~7月,果期8~10月。

[产地与分布] 我国西南和河南、湖南、湖北、江苏、广东等地均有分布。

[习性] 喜湿,不耐干旱,保护组织又不发达,易蒸腾失水。

[繁殖] 种子繁殖,也可扦插、压条繁殖。

[园林应用] 4~6月开粉红色、红色或深红色的花,夏花秋实,景色别致美观;可用做果篱、刺篱;果实内含有丰富的维生素C,被称为"维C之王",可入药。

3.5 木瓜

[学名] *Chaenomeles sinensis*

[别名] 榠楂、木李、海棠、光皮木瓜。

[科属] 蔷薇科,木瓜属。

[识别要点] 灌木或小乔木,高达5~10m,树皮成片状脱落;小枝无刺,幼时有毛,短小枝常成棘状。叶片椭圆卵形或椭圆长圆形,先端急尖,基部宽楔形或圆形,边缘有刺芒状尖锐锯齿,齿尖有腺,幼时下面密被黄白色绒毛,后脱落;叶柄有腺齿。花单生叶腋,粉红色。果实长椭圆形,暗黄色,木质,味芳香,果梗短。花期4月,果期9~10月。

[产地与分布] 分布在广东、广西、福建、云南、台湾等地。

[习性] 喜光,喜温暖,有一定的耐寒性,不耐盐碱和低湿地。

[繁殖] 种子繁殖,也可压条、嫁接繁殖。

[园林应用] 树姿优美,花簇集中,花量大,花色美,果大有香气,常作为观花观果树种,还可做嫁接海棠的砧木;或作为盆景在庭院或园林中栽培,具有城市绿化和园林造景功能。

3.6 平枝栒子

[学名] *Cotoneaster horizontalis*

[别名] 铺地蜈蚣、小叶栒子、矮红子。

[科属] 蔷薇科,栒子属。

[识别要点] 半常绿匍匐灌木,小枝排成两列,幼时被糙伏毛。叶片近圆形或宽椭圆形,稀倒卵形,先端急尖,基部楔形,全缘,上面无毛,下面有稀疏伏贴柔毛;叶柄被柔毛;托叶钻形,早落。花1~2朵顶生或腋生,近无梗,花瓣粉红色,倒卵形,先端圆钝;子房顶端有柔毛,离生。果近球形,鲜红色。花期5~6月,果期9~10月。

[产地与分布] 分布于我国陕西、甘肃、湖北、湖南、四川、贵州、云南;生于海拔2000~3500m的灌木丛中或岩石坡上。尼泊尔也有分布。

[习性] 喜温暖湿润的半阴环境,耐干燥和瘠薄的土地,不耐湿热,有一定耐寒性,

怕积水。

[繁殖] 常用扦插和播种繁殖，春夏都能扦插，夏季嫩枝扦插成活率高。

[园林应用] 枝叶横展，叶小而稠密，花密集枝头，晚秋时叶色红色，红果累累，是布置岩石园、庭院、绿地和墙沿、角隅的优良材料；另外可做地被和制作盆景，果枝可用于插花；也可做基础种植或制作盆景。

3.7 火棘

[学名] *Pyracantha fortuneane*

[别名] 火把果、救兵粮。

[科属] 蔷薇科，火棘属。

[识别要点] 常绿灌木，高达3m，有枝刺；嫩枝有锈色柔毛，老时无毛。叶片倒卵形或倒卵状长圆形，先端圆。果深红色，近球形，直径5mm。花期5～6月，果期8～10月。

[产地与分布] 分布于江苏、浙江、福建、广西等地。

[习性] 喜光，稍耐阴，对土壤要求不高，但须排水良好。

[繁殖] 扦插、播种繁殖，定植后需适当重剪，成活后不需要精细管理。

[园林应用] 优良的观果树种，入秋后果实红艳如火，经久不落，具有很高的观赏价值；园林应用中，可在林缘丛植或做下木，也可配置岩石园或孤植于草坪、庭院一角。

3.8 杨梅

[学名] *Myrica rubra*

[别名] 山杨梅。

[科属] 杨梅科，杨梅属。

[识别要点] 常绿乔木，高可达12m，树冠球形。树皮灰色。单叶互生，叶厚革质，长圆状倒卵形或倒披针形，表面深绿色，有光泽，背面色稍淡。花序腋生。核果球形，外果皮肉质，多汁液。花期3～4月，果熟期6～7月。

[产地与分布] 我国东南各省。

[习性] 喜温暖湿润气候，不耐寒；幼苗喜阴。

[繁殖] 播种、压条和嫁接。

[园林应用] 杨梅枝繁叶茂，树冠圆整，初夏又有红果累累，十分可爱，是园林绿化结合生产的优良树种；可孤植、丛植于草坪、庭院，或列植于路边；若采用密植方式来分隔空间或起遮蔽作用也很理想。

3.9 柿树

[学名] *Diospyros kaki* L.f.

[别名] 朱果，猴枣。

[科属] 柿树科，柿树属。

[识别要点] 落叶乔木，树皮暗灰色，呈方块深裂；小枝有褐色短柔毛。单叶互生，椭圆状倒卵形，全缘，革质，背面淡绿色，沿脉有毛。雌雄异株，雄花成聚伞

花序，雌花单生，花冠钟状，黄白色。浆果大，橙黄色，萼宿存。花期5～6月，果期9～11月。

[产地与分布] 中国特有树种，原产我国长江和黄河流域，现全国各地广为栽培。

[习性] 强阳性树种，耐寒；喜湿润，也耐干旱，能在空气干燥而土壤较为潮湿的环境下生长，忌积水；深根性、根系强大，吸水、吸肥力强，也耐瘠薄，适应性强，不喜砂质土；潜伏芽寿命长，更新和成枝能力很强；更新枝结果快，坐果牢，寿命长；抗污染性强。

[繁殖] 一般采用嫁接繁殖，深根性，移栽不易成活。

[园林应用] 树形优美，枝繁叶大，冠覆如盖，荫质优良，入秋部分叶红，果实似火，是园林中观叶、观果又能结合生产的树种；在公园、居民住宅区、林带中具有较大的绿化潜力，可做庭荫树、风景树。

3.10 冬青

[学名] *Ilex chinensis*

[别名] 北寄生、槲寄生、桑寄生。

[科属] 冬青科，冬青属。

[识别要点] 常绿乔木，树皮灰色或淡灰色，有纵沟；小枝淡绿色，无毛。单叶互生，稀对生，薄革质，狭长椭圆形或披针形，顶端渐尖，基部楔形，边缘有浅圆锯齿，干后呈红褐色，有光泽。聚伞花序或伞形花序，单生于当年生枝条的叶腋内或簇生于2年生枝条的叶腋内；花小，白色、粉红色或红色，向外反卷。浆果状核果，椭圆形或近球形，成熟时深红色。花期4～6月，果期7～12月。

[产地与分布] 广泛分部于亚洲、欧洲、非洲北部、北美洲与南美洲，在中国主要分布于长江流域以南各省区。

[习性] 亚热带树种，喜温暖气候，有一定耐寒力；适生于肥沃湿润、排水良好的酸性土壤；较耐阴湿，萌芽力强，耐修剪；对二氧化碳的抗性强。

[繁殖] 以播种、扦插为主。

[园林应用] 枝繁叶茂，四季常青，树形优美，枝叶碧绿青翠，秋冬红果累累，是公园篱笆绿化首选苗木；可应用于公园、庭园、绿墙和高速公路中央隔离带；宜在草坪上孤植，门庭、墙边、园道两侧列植，或散植于叠石、小丘之上，葱郁可爱；冬青采取老桩或抑生长使其矮化，用于制作盆景。

3.11 荚蒾

[学名] *Viburnum dilatatum*

[别名] 擎迷、擎蒾。

[科属] 忍冬科，荚蒾属。

[识别要点] 落叶灌木。当年生小枝密被土黄色或黄绿色开展的小刚毛状粗毛及簇状短毛，老时毛可弯伏。叶纸质，倒卵形，顶端急尖，基部圆形至钝形或微心形，边缘有牙齿状锯齿。复伞形聚伞花序稠密，花生于第三至第四级辐射枝上，花冠白色，辐状，

花药小，乳白色。果实红色，椭圆状卵圆形，核扁，卵形。花期5～6月，果期9～11月。

［产地与分布］中国原产种，主产于浙江、江苏、山东、河南、陕西、河北等省。朝鲜、日本也有分布。

［习性］温带植物，喜光，喜温暖湿润，也耐阴，耐寒；对气候因子及土壤条件要求不严，最好是微酸性肥沃土壤；地栽、盆栽均可，管理可以粗放。

［繁殖］以播种繁殖为主。

［园林应用］枝叶稠密，树冠球形；叶形美观，入秋变为红色；开花时节，纷纷白花布满枝头；果熟时，累累红果，令人赏心悦目；集叶、花、果为一树，实为观赏佳木，是制作盆景的良好素材。

3.12 紫叶小檗

［学名］*Berberis thunbergii* var. *atropurpurea*

［别名］红叶小檗。

［科属］小檗科，小檗属。

［识别要点］落叶灌木，枝丛生，幼枝紫红色或暗红色，老枝灰棕色或紫褐色。叶小全缘，菱形或倒卵形，紫红到鲜红，叶背色稍淡。花2～5朵，有短总梗并近簇生的伞形花序，或无总梗而呈簇生状，花黄色。浆果椭圆形，成熟时亮鲜红色。花期4～6月，果期7～10月。

［产地与分布］原产日本，中国浙江、安徽、江苏、河南、河北等地均有分布。中国各省市广泛栽培，各北部城市基本都有栽植。

［习性］喜凉爽湿润环境，适应性强，耐寒也耐旱，不耐水涝，喜阳也能耐阴；萌蘖力强，耐修剪；对各种土壤都能适应，在肥沃深厚排水良好的土壤中生长更佳。

［繁殖］播种、分株、扦插繁殖。

［园林应用］春开黄花，秋缀红果，是叶、花、果俱美的观赏花木，园林常用做花篱或在园路角隅丛植，点缀于池畔、岩石间；也用做大型花坛镶边或剪成球形对称状配植；适宜坡地成片种植，与常绿树种做块面色彩布置花坛、花境，是园林绿化中色块组合的重要树种；亦可盆栽观赏或剪取果枝瓶插供室内装饰用。

3.13 无花果

［学名］*Ficus carica*

［科属］桑科，榕属。

［识别要点］落叶小乔木，常呈灌木状，高可达10m。小枝粗壮，留有环状托叶痕。叶互生，宽卵形或近圆形，基部心形，3～5裂，锯齿粗钝或波状缺刻。花小，雌雄同株，隐头花序。

［产地与分布］原产于地中海沿岸，我国中南部各省普遍栽培。

［习性］喜光，也耐阴；喜温暖气候，不耐寒；喜深厚肥沃的土壤；耐修剪，抗污染，生长快；病虫害少。

［繁殖］扦插、分蘖、压条繁殖。

[园林应用] 叶形奇特,果味甜美,栽培容易,是园林结合生产的优良树种;对有毒气体抗性强,为厂矿绿化的主要材料;多丛植于公园旷地、林缘或房前屋后。

[比较] 榕属其他树种,注意隐头花序的形状与大小。

3.14 南天竹

[学名] *Nandina domestica*

[科属] 小檗科,南天竹属。

[识别要点] 常绿灌木,干直立。叶互生,2～3回羽状复叶,小叶椭圆状披针形,全缘。圆锥花序顶生,花小,白色。浆果球形,鲜红色。花期5～7月,果期10～11月。

[产地与分布] 原产我国和日本,国内外普遍栽培。

[习性] 喜中阴,喜温暖,也能耐寒;喜土质肥沃排水良好的土壤。

[繁殖] 以播种、分株繁殖为主,也可扦插繁殖;果实成熟时随采随播;芽萌动前或秋季分株;新芽萌发前或夏季新梢停止生长时扦插;苗木移植于春、秋两季均可;栽培土壤要保持一定湿润,花期浇水不要过多,以免引起落花。

[园林应用] 枝干挺拔如竹,羽叶开展而秀美,秋冬时节转为红色,异常绚丽,穗状果序上红果累累,鲜艳夺目;果枝常与盛开的蜡梅、松枝一起瓶插,喻为"岁寒三友";在园林中常与山石、沿阶草、杜鹃配植成小品,植于角隅、墙前;由于其耐阴,故常配植在树下、楼北;老桩常制作盆景,苍劲古雅,堪为上品。

技能训练6 果木类园林树木的识别

一、训练目的

通过实地识别与调查,了解当地果木类树种种类及园林应用,为园林树种的合理配置提供实践依据。

二、材料用具

植物检索表、树木识别手册、记录本、记录笔、望远镜、放大镜等。

三、方法步骤

1)初步调查园林树木的种类。
2)根据植物检索表或树木识别手册进行树种识别。
3)分组讨论后教师核对并讲解树种识别要点。
4)总结果木类树种的种类及园林应用的效果。

四、分析与讨论

1)了解果木类树种的物候期变化,掌握其最佳观花观果期。
2)了解果木类树种的生长习性、观赏效果与园林应用的协调效果。

五、训练作业

1）根据调查统计的果木类树种填写表 3-5。
2）总结果木类树种园林应用现状，并提出合理化建议。
3）完成果木类园林树木的识别技能训练评价表（表 3-6）。

表 3-5 果木类树种调查记录表

观察时间：　　　　　　　　　　　　　　　　　　　　观察人：

序号	树木名称	科属	形态特征	最佳观花观果期	园林用途	备注

表 3-6 果木类园林树木的识别技能训练评价表

学生姓名					
测评日期			测评地点		
测评内容	果木类园林树木识别				
考评标准	内容	分值	自评	互评	师评
	正确识别果木类园林绿化树种 10 种	30			
	能用形态学术语描述果木类树种	20			
	会使用工具书确定树种名称	30			
	能独立完成技能训练报告	20			
	合计	100			
最终得分（自评 30%＋互评 30%＋师评 40%）					

说明：测评满分为 100 分，60～74 分为及格，75～84 分为良好，85 分以上为优秀。60 分以下的学生，需重新进行知识学习、任务训练，直到任务完成达到合格为止

任务 4　荫木类树种的识别与应用

【知识点】掌握常见荫木类树种的形态特征、产地分布以及生长习性。
【能力点】能识别常见荫木类树种，能掌握各荫木类树种的园林特征并加以合理应用。

任务分析

通过对常见荫木类园林绿化树种的形态特征、分布、习性以及园林应用的学习，结合对当地荫木类园林绿化树种的调查，进一步识别树种，应用所学知识对当地园林绿化树种的选择与配置进行分析，并提出合理化建议。

任务实施的相关专业知识

荫木类园林树木即庭荫树种。其选择标准为枝繁叶茂、绿荫如盖，其中又以阔叶树种的应用为佳。庭荫树种的选用，如能同时具备观叶、赏花或者品果效能则更为理想。

荫木类树种根据园林用途可分为：

1）绿荫树（庇荫树）：具有茂密的树冠、挺秀的树形，花果香艳，叶大荫浓，树干光滑而无棘刺，可供人们树下蔽荫休息，如枫杨、朴树、泡桐等。

2）行道树：具有通直的树干、优美的树姿，根际不滋生萌条，生长迅速，适应性强，分枝点高；耐修剪，抗烟尘，病虫害少，寿命长，如香樟、悬铃木、国槐等。

4.1 香樟

[学名] *Cinnamomum camphora*

[别名] 木樟、乌樟、芳樟、番樟、香蕊、樟木子。

[科属] 樟科，樟属。

[识别要点] 常绿性乔木，高可达50m，树皮幼时绿色，平滑；老时渐变为黄褐色或灰褐色纵裂。冬芽卵圆形。离基三出脉，近叶基的第一对或第二对侧脉长而显著，背面微被白粉，脉腋有腺点。花黄绿色，春天开，圆锥花序腋出，又小又多。球形的小果实成熟后为黑紫色，直径约0.5cm。花期4~5月，果期10~11月。

[产地与分布] 中国南方广大地区。

[习性] 喜光，稍耐阴；喜温暖湿润气候，耐寒性不强；对土壤要求不严，较耐水湿，但不耐干旱、瘠薄和盐碱土。

[繁殖] 播种繁殖，扦插繁殖。

[园林应用] 枝叶茂密，冠大荫浓，树姿雄伟，能吸烟滞尘、涵养水源、固土防沙和美化环境，是城市绿化的优良树种，广泛作为庭荫树、行道树、防护林及风景林；配植于池畔、水边、山坡等；在草地中丛植、群植、孤植或作为背景树。

4.2 垂柳

[学名] *Salix babylonica*

[别名] 倒杨柳。

[科属] 杨柳科，柳属。

[识别要点] 落叶乔木，高达18m，胸径1m，树冠倒广卵形。小枝细长下垂，淡黄褐色。叶互生，披针形或条状披针形，长8～16cm，先端渐长尖，基部楔形，无毛或幼叶微有毛，有细锯齿，托叶披针形。雄蕊2个，花丝分离，花药黄色，腺体2个；雌花子房无柄，腺体1个。花期3～4月，果期4～5月。

目前选育的观赏品种很多，如金丝垂柳无性系J1010、J1011、J842，垂爆109柳等。

[产地与分布] 产于长江流域及其以南各省区平原地区，华北、东北有栽培；垂直分布在海拔1300m以下，是平原水边常见树种。亚洲、欧洲及美洲许多国家都有悠久的栽培历史。

[习性] 喜光，喜温暖湿润气候及潮湿深厚的酸性及中性土壤；较耐寒，特耐水湿，但亦能生于土层深厚的高燥地区；萌芽力强，根系发达，生长迅速，15年生树高达13m，胸径24cm；但某些虫害比较严重，寿命较短，树干易老化；30年后渐趋衰老；根系发达，对有毒气体有一定的抗性，并能吸收二氧化硫。

[繁殖] 以扦插为主，也可用种子繁殖。

[园林应用] 枝条细长，生长迅速，自古以来深受中国人民热爱；最宜配植在水边，如桥头、池畔、河流、湖泊等水系沿岸处；与桃花间植可形成桃红柳绿之景，是江南园林春景的特色配植方式之一；也可做庭荫树、行道树、公路树，亦适用于工厂绿化，是固堤护岸的重要树种。

4.3 白杨

[学名] *Populus alba*

[别名] 白杨树、银白杨。

[科属] 杨柳科，杨属。

[识别要点] 落叶乔木，一般高5～15m，树皮灰白色，枝圆棒状，棕色或灰棕色，幼时有柔毛。单叶互生，卵圆形，长4～5cm，先端尖，基部心形，有两枚明显的腺体，边缘有微波状齿，上面深绿色且无毛，而下面淡绿色，嫩时有灰色细毛，老时脱落；叶柄长3～4cm。花单性异株，柔荑花序腋生。蒴果椭圆形。花期4～5月，果期5～6月。

[产地与分布] 分布于欧洲、北非、亚洲西部；中国主要分布于新疆、内蒙古、河北、山西、陕西、辽宁、山东、河南、宁夏、甘肃、青海、江苏、安徽、上海、浙江、江西、吉林、黑龙江、北京、天津等地。

[习性] 喜光，不耐阴；耐严寒，−40℃的条件下无冻害；耐干旱气候，但不耐湿热，南方栽培易染病虫害，且主干弯曲常呈灌木状；适宜耐贫的轻碱土，耐含盐量在0.4%以下的土壤，但在黏重的土壤中生长不良；深根性，根系发达，固土能力强，根蘖强；抗风、抗病虫害能力强；寿命达90年以上。

[繁殖] 播种、分蘖、扦插繁殖。

[园林应用] 树形高大，银白色的叶片在微风中摇摆、阳光照射下有特殊的闪烁效果；可做庭荫树、行道树，丛植于草坪；还可用于固沙，是保土、护岩固堤及荒沙造林的常用树种。

4.4 枫杨

[学名] *Pterocarya stenoptera*

[别名] 水麻柳、小鸡树、枫柳、蜈蚣柳、平杨柳、燕子树、元宝树。

[科属] 胡桃科，枫杨属。

[识别要点] 落叶大乔木，高达30m，干皮灰褐色，幼时光滑，老时纵裂。有柄裸芽，密被锈毛。小枝灰色，有明显的皮孔且髓心片隔状。奇数羽状复叶，但顶叶常缺而呈偶数状，叶轴具翅和柔毛，小叶5～8对，无柄，长8～12cm，宽2～3cm，缘有细齿，叶背沿脉及脉腋有毛。雌雄同株异花，雄花荑葇花序状，雌花穗状。小坚果，两端具翅。花期5月，果期9月。

[产地与分布] 中国原产树种，栽培利用已有数百年的历史，现广泛分布于华北、华南各地，以河溪两岸最为常见。

[习性] 喜光性树种，不耐阴，但耐水湿、耐寒、耐旱；深根性，主、侧根均发达，以深厚肥沃的河床两岸生长良好；速生性，萌蘖能力强，对二氧化硫、氯气等的抗性强；叶片有毒，鱼池附近不宜栽植。

[繁殖] 以播种繁育为主，当年秋播出芽率较高，幼苗易生侧枝，应及时整形、修剪，以保持良好的干形，春栽宜随起随栽，假植越冬新梢易受冻害且成活率低。

[园林应用] 树冠广展，枝叶茂密，生长快速，根系发达，为河床两岸低洼湿地的良好绿化树种；既可以作为行道树，也可成片种植或孤植于草坪及坡地，均可形成一定景观。

4.5 榆树

[学名] *Ulmus pumila*

[别名] 家榆、榆钱、春榆、白榆。

[科属] 榆科，榆属。

[识别要点] 落叶乔木，幼树树皮平滑，灰褐色或浅灰色，大树皮暗灰色，不规则深纵裂，粗糙；小枝细长，无毛或有毛，常排成二列鱼骨状。叶椭圆状卵形等，叶面平滑无毛，叶背幼时有短柔毛，后变无毛或部分脉腋有簇生毛，叶柄面有短柔毛。花先于叶开放，在生枝的叶腋成簇生状。翅果稀倒卵圆形，无毛。花果期3～6月。

常见栽培品种：

1）龙爪槐（*Ulmus pumila* L. cv. Pendula）：小枝卷曲或扭曲而下垂。

2）垂枝槐（*Ulmus pumila* L. cv. Tenue）：树干上部的主干不明显，分枝较多，树冠伞形；树皮灰白色，较光滑；1～3年生枝下垂而不卷曲或扭曲。

[产地与分布] 分布于中国东北、华北、西北及西南各省区，朝鲜、俄罗斯等也有分布；生于海拔1000～2500m以下的山坡、山谷、川地、丘陵及沙岗等处。

[习性] 阳性树种，喜光，耐旱，耐寒，耐瘠薄，不择土壤，适应性很强；根系发达，抗风力、保土力强；萌芽力强，耐修剪；生长快，寿命长；能耐干冷气候及中度盐碱，但不耐水湿（能耐雨季水涝）；具有抗污染性，叶面滞尘能力强。

[繁殖] 主要采用播种繁殖，也可用嫁接、分蘖、扦插法繁殖。

[园林应用] 树干通直，树形高大，绿荫较浓，适应性强，生长快，是城市绿化、行道树、庭荫树、工厂绿化、营造防护林的重要树种；在干瘠、严寒之地常呈灌木状，有用做绿篱者；因其老茎残根萌芽力强，可自野外掘取制作盆景；在林业上也是营造防风林、水土保持林和盐碱地造林的主要树种之一。

4.6 榔榆

[学名] *Ulmus parvifolia*

[别名] 秋榆。

[科属] 榆科，榆属。

[识别要点] 乔木，高达15m；树皮近光滑，灰褐色，不规则薄鳞片状剥离；小枝褐色，有软毛。叶革质，稍厚，椭圆形、卵形或倒卵形，顶端尖或钝，基部圆形，两侧稍不相等，叶缘有单锯齿，表面光滑，背面幼时有毛。花秋季开放，簇生于当年生枝的叶腋。翅果椭圆形，翅较狭而厚。花期8～9月，果期10～11月。

[产地与分布] 我国除东北、西北、西藏及云南外，各省均有分布；一般垂直分布于海拔500m以下地区。

[习性] 喜光，稍耐阴，喜温暖气候；适应性广，土壤酸碱均可；生长速度中等，寿命较长；对二氧化硫等有毒气体烟尘的抗性较强。

[园林应用] 本种树形优美，姿态潇洒，树皮斑驳，枝叶细密，在庭院中孤植、丛植，或与亭榭、山石配置都很合适；栽做庭荫树、行道树或制作成盆景均有较好的观赏效果；因抗性强，还可用做厂矿区绿化树种。

4.7 朴树

[学名] *Celtis sinensis*

[别名] 黄果朴、白麻子、朴、朴榆。

[科属] 榆科，朴属。

[识别要点] 落叶乔木，树皮平滑，灰色；一年生枝被密毛。叶互生，革质，宽卵形至狭卵形，先端急尖至渐尖，基部圆形或阔楔形，偏斜，中部以上边缘有浅锯齿，3出脉，上面无毛，下面沿脉及脉腋疏被毛。花杂性（两性花和单性花同株），着生于当年枝的叶腋。核果单生或两个并生，近球形，熟时红褐色；果柄较叶柄近等长。花期4～5月，果期9～10月。

[产地与分布] 分布于河南、山东、长江中下游及以南诸省区以及台湾；越南、老挝也有。

[习性] 喜光，喜温暖湿润气候，适生于肥沃平坦之地；对土壤要求不严，有一定耐干能力，亦耐水湿及瘠薄土壤，适应力较强。

[繁殖] 播种繁殖。

[园林应用] 树冠圆满宽广，树荫浓郁，树形美观，是城乡绿化的重要树种；在园林中孤植于草坪或旷地，列植于街道两旁，尤为雄伟壮观；因其对多种有毒气体的抗性较

强，且有较强的吸滞粉尘的能力，常被用于城市及工矿区。

4.8 二球悬铃木

[学名] *Platanus acerifolia*

[别名] 英国梧桐。

[科属] 悬铃木科，悬铃木属。

[识别要点] 落叶乔木，高达35m，胸径1m，树冠广卵圆形；树皮灰绿色，裂成不规则的大块状脱落，内皮淡黄白色；嫩枝密生星状毛。叶基心形或截形，裂片三角状卵形，疏生粗锯齿，中部裂片长宽近相等。果序常两个生于总柄，花柱刺状。花期4～5月，果期9～10月成熟。

[产地与分布] 本种是三球悬铃木（法国梧桐）与一球悬铃木（美国梧桐）的杂交种，1646年在英国伦敦育成，广泛种植于世界各地。

[习性] 喜光，不耐阴；喜温暖湿润气候；对土壤要求不严，耐干旱、瘠薄，亦耐湿；根系浅易风倒，萌芽力强，耐修剪；生长迅速，成荫快。

[繁殖] 扦插繁殖，亦可播种繁殖；有通直主干的每年要进行3～4次抹芽、修剪工作，使其生长旺盛，遮阴效果好。

[园林应用] 树形优美，冠大荫浓，栽培容易，成荫快，耐污染，抗烟尘，对城市环境适应能力强，是世界著名的四大行道树种之一。

4.9 刺槐

[学名] *Robinia pseudoacacia*

[别名] 洋槐、刺儿槐。

[科属] 豆科，刺槐属。

[识别要点] 落叶乔木，树皮灰褐色至黑褐色，浅裂至深纵裂，稀光滑。小枝灰褐色，幼时有棱脊，微被毛，后无毛；具托叶刺。奇数羽状复叶，小叶7～19片，互生，椭圆形至卵状长圆形。花蝶形，白色，有芳香，成下垂总状花序。荚果扁平，条状，种子黑色。花期4～5月，果10～11月成熟。

园林中常见栽培变种：

1）红花刺槐（*Robinia pseudoacacia* f. *decaisneana*）：茎、小枝、花梗均密被红色刺毛，花粉红或紫红色，2～7朵成稀疏的总状花序。

2）金叶刺槐（*Robinia pseudoacacia* 'Frisia'）：中等高的乔木，叶片金黄色。

[产地与分布] 原产于北美洲，现被广泛引种到亚洲、欧洲等地。中国于18世纪末从欧洲引入青岛栽培，现中国各地广泛栽植；在黄河流域、淮河流域多集中连片栽植，生长旺盛。

[习性] 强阳性树种，喜较干燥而凉爽气候，较耐干旱瘠薄；适应能力强，能在石灰性土、酸性土、中性土以及轻度盐碱土上正常生长；忌积水，土壤水分过多易烂根；浅根性树种，生长速度很快，萌蘖力强，寿命较短。

[繁殖] 播种繁殖，园艺栽培品种则嫁接繁殖。

[园林应用]树冠高大,叶色鲜绿,每当开花季节绿白相映,素雅而芳香,可作为行道树、庭荫树、工矿区绿化及荒山荒地绿化的先锋树种;对二氧化硫、氯气、光化学烟雾等的抗性都较强,还有较强的吸收铅蒸气的能力;根部有根瘤,又提高地力之效;冬季落叶后,枝条疏朗向上,很像剪影,造型有国画韵味。

4.10 国槐

[学名] *Sophora japonica*

[别名] 槐树、豆槐、白槐、细叶槐、家槐。

[科属] 豆科,槐属。

[识别要点] 落叶乔木,高达25m;树皮灰褐色,有纵裂纹;当年生枝绿色,无毛,皮孔明显。奇数羽状复叶互生,小叶7~17片,卵形至卵状披针形,全缘,叶端尖,叶背有白粉。圆锥花序顶生,花冠蝶形,浅黄绿色。荚果串珠状,肉质,熟后不裂。花期7~8月,果期8~10月。

变种和栽培变种有龙爪槐(小枝弯曲下垂,树冠呈伞状,园林应用较多)、金枝槐(秋季小枝变为金黄色)。

[产地与分布] 原产中国,现南北各省区广泛栽培,华北和黄土高原地区尤为多见。日本、越南也有分布,朝鲜并见有野生,欧洲、美洲各国均有引种。

[习性] 喜光而稍耐阴;能适应较冷气候;根深而发达,对土壤要求不严,在酸性至石灰性及轻度盐碱土,甚至含盐量在0.15%左右的条件下都能正常生长;抗风,也耐干旱、瘠薄,尤其能适应城市土壤板结等不良环境条件,但在低洼积水处生长不良;对二氧化硫和烟尘等污染的抗性较强;幼龄时生长较快,以后中速生长,寿命很长。

[繁殖] 播种、埋根、扦插繁殖。

[园林应用] 枝叶茂密,绿荫如盖,适做庭荫树,在中国北方多用做行道树;配植于公园、建筑四周、街坊住宅区及草坪上,也极相宜;龙爪槐则宜门前对植或列植,或孤植于亭台山石旁;也可做工矿区绿化之用;夏秋可观花,并为优良的蜜源植物;花蕾可做染料,果肉能入药,种子可做饲料等;是防风固沙,用材及经济林兼用的树种;是城乡良好的遮阴树和行道树种,对二氧化硫、氯气等有毒气体有较强的抗性。

4.11 臭椿

[学名] *Ailanthus altissima*

[别名] 椿树、臭椿皮、大果臭椿。

[科属] 苦木科,臭椿属。

[识别要点] 落叶乔木,高可达20余米,树皮平滑而有直纹;嫩枝有髓,幼时被黄色或黄褐色柔毛,后脱落。奇数羽状复叶,小叶对生或近对生,纸质,卵状披针形,中上部全缘,仅在近基部有1~2对粗齿,齿端有腺点。花杂性,成顶生圆锥花序。翅果长椭圆形,种子位于翅的中间,扁圆形。花期4~5月,果9~10月成熟。

[产地与分布] 分布于中国北部、东部及西南部,东南至台湾省。中国除黑龙江、吉林、新疆、青海、宁夏、甘肃和海南外,各地均有分布。世界各地广为栽培。

［习性］喜光，不耐阴；适应性强，除黏土外，各种土壤和中性、酸性及钙质土都能生长，适生于深厚、肥沃、湿润的砂质土壤；耐寒，耐旱，不耐水湿，长期积水会烂根死亡；深根性，垂直分布在海拔100～2000m范围内。

［繁殖］用种子或根蘖苗分株繁殖。

［园林应用］树干通直高大，春季嫩叶紫红色，秋季红果满树，是良好的观赏树和行道树；可孤植、丛植或与其他树种混栽，适宜于工厂、矿区等绿化；枝叶繁茂，春季嫩叶紫红色，秋季满树红色翅果，颇为美观，在印度、英国、法国、德国、意大利、美国等常常作为行道树，颇受赞赏而成为天堂树。

4.12 苦楝

［学名］*Melia azedaeach*

［别名］楝树、紫花树。

［科属］楝科，楝属。

［识别要点］落叶乔木，高达20m。皮孔多而明显，叶互生，2～3回奇数羽状复叶，小叶卵形至椭圆形，先端渐尖，边缘有钝尖锯齿，深浅不一，基部略偏斜。圆锥状复聚伞花序腋生，花淡紫色，有香味。核果近球形，熟时黄色，宿存枝头，经冬不落。

［产地与分布］黄河流域以南、华东及华南等地皆有栽培。

［习性］强阳性树，不耐阴，喜温暖气候，对土壤要求不严；耐潮、风、水湿，但在积水处则生长不良，不耐干旱。

［繁殖］播种、扦插繁殖。

［园林应用］树形优美，叶形秀丽，春夏之交开淡紫色花朵，颇美丽，且有淡香，宜做庭荫树及行道树；耐烟尘、抗二氧化硫，是良好的城市及工矿区绿化树种，宜在草坪孤植、丛植，或配植于池边、路旁、坡地。

4.13 香椿

［学名］*Toona sinensis*

［别名］山椿、虎目树、虎眼、大眼桐。

［科属］楝科，香椿属。

［识别要点］落叶乔木。叶互生，为偶数羽状复叶，小叶长椭圆形，叶端锐尖，长10～12cm，宽4cm，幼叶紫红色，成年叶绿色，叶背红棕色，轻被蜡质，略有涩味，叶柄红色。圆锥花序顶生，下垂，两性花，白色，有香味。蒴果狭椭圆形或近卵形，长2cm左右，成熟后呈红褐色，果皮革质，开裂成钟形。6月开花，10～11月果实成熟。

［产地与分布］黄河及长江流域。全国普遍栽培。

［习性］喜温，抗寒能力随苗树龄的增加而提高；喜光，较耐湿，有一定的耐寒力，适宜生长于河边、宅院周围肥沃湿润的土壤中，一般以砂壤土为好；适宜的土壤酸碱度为pH 5.5～8.0。

［繁殖］播种育苗和分株繁殖。

［园林应用］树干通直，树冠开阔，叶色美丽；可孤植、丛植、列植等做园景树、庭荫树及行道树，在庭前、院落、草坪、水畔均可配植；对有毒气体抗性较强，亦可做工矿区绿化树种和造林树种。

4.14 栾树

［学名］*Koelreuteria paniculata*

［别名］木栾、栾华。

［科属］无患子科，栾树属。

［识别要点］落叶乔木或灌木，树皮厚，灰褐色至灰黑色，老时纵裂。叶丛生于当年生枝上，平展，1～2回奇数羽状复叶；小叶无柄或具极短的柄，对生或互生，纸质，卵形、阔卵形至卵状披针形，顶端短尖或短渐尖，基部钝至近截形，边缘有不规则的钝锯齿或裂片。聚伞圆锥花序顶生，密被微柔毛，花淡黄色，稍芬芳，花瓣4片，开花时向外反折。蒴果圆锥形，成熟时橘红色或黄褐色，有3条棱，顶端渐尖，果瓣卵形，外面有网纹，内面平滑且略有光泽；种子近球形。花期6～8月，果期9～10月。

［产地与分布］产于中国北部及中部大部分省区，东北自辽宁起经中部至西南部的云南，以华中、华东较为常见，主要繁殖基地有江苏、浙江、江西、安徽，河南也是栾树生产基地之一。日本、朝鲜均有分布，世界各地有栽培。

［习性］喜光，稍耐半阴，耐寒；不耐水淹，栽植注意土地，耐干旱和瘠薄，对环境的适应性强，喜欢生长于石灰质土壤中，耐盐渍及短期水涝；具有深根性，萌蘖力强，生长速度中等，幼树生长较慢，以后渐快；抗烟尘能力、抗风能力较强，可抗－25℃低温，对粉尘、二氧化硫和臭氧均有较强的抗性。

［繁殖］播种、扦插繁殖。

［园林应用］春季嫩叶多为红叶，夏季黄花满树，入秋叶色变黄，果实紫红，形似灯笼，十分美丽；适应能力强、季节明显，是理想的绿化、观叶树种；宜做庭荫树、行道树或园景树，也是工业污染区配置的好树种；春季观叶、夏季观花、秋冬观果，已大量将它作为庭荫树、行道树及园景树，同时也作为居民区、工业区及村旁绿化树种。

4.15 喜树

［学名］*Camptotheca acuminata*

［别名］千张树、水桐树、旱莲木。

［科属］蓝果树科，喜树属。

［识别要点］落叶乔木，高达20余m；树皮灰色或浅灰色，纵裂成浅沟状；小枝圆柱形，平展，当年生枝紫绿色，有灰色微柔毛，多年生枝淡褐色或浅灰色，无毛。单叶互生，纸质，通常矩圆状椭圆形，顶端短锐尖，下面疏生短柔毛，羽状脉弧曲状，叶柄及背脉均带红晕。花单性同株，雌花顶生，雄花腋生，常排列成球形头状花序，花淡绿色。瘦果长三棱形有狭翅，聚成球形果序。花期5～7月，果期9～

11月。

[产地与分布]产于江苏南部及浙江、福建、江西、湖北、湖南、四川、贵州、广东、广西、云南等省区，在四川西部成都平原和江西东南部均较常见；常生于海拔1000m以下的林边或溪边。

[习性]速生树种，喜光，不耐严寒干燥，具有深根性，萌蘖力强，较耐水湿，在酸性、中性、微碱性土中均能生长，抗病虫能力强。

[园林应用]树姿端直雄伟，绿荫浓郁，花清香，果奇异，是优良的行道树；适于公园、庭院做庭荫树，街坊、公路用做行道树；可在树丛、林缘与常绿阔叶树混植或孤植宅旁、湖畔；对二氧化硫的抗性稍强，适宜一般工厂和农村"四旁"绿化；根系发达，可营造防风林。

4.16 白蜡

[学名] *Fraxinus chinensis*

[别名]中国蜡、虫蜡、川蜡、白荆树。

[科属]木犀科，梣属。

[识别要点]落叶乔木，树皮灰褐色，纵裂；小枝黄褐色，粗糙，无毛或疏被长柔毛，皮孔小，不明显。顶生小叶与侧生小叶近等大或稍大，先端锐尖至渐尖，基部钝圆或楔形，叶缘有整齐锯齿，沿中脉两侧被白色长柔毛；幼树叶常有变化。圆锥花序顶生或腋生枝梢，翅果匙形，宿存萼紧贴于坚果基部，常在一侧开口深裂。花期4～5月，果期7～9月。

[产地与分布]产于南北各省区，多为栽培，也见于海拔800～1600m山地杂木林中。越南、朝鲜也有分布。

[习性]喜光树种，对霜冻较敏感；喜深厚较肥沃湿润的土壤，常见于平原或河谷地带，较耐轻盐碱性土。

[繁殖]播种、扦插繁殖。

[园林应用]形体端正，树干通直，枝叶繁茂而鲜绿，秋叶橙黄，是优良的行道树、庭院树、公园树和遮阴树；可用于湖岸绿化和工矿区绿化。

4.17 泡桐

[学名] *Paulownia fortunei*

[别名]白花泡桐、聋桐树、水桐树、大果泡桐。

[科属]玄参科，泡桐属。

[识别要点]落叶乔木，假二杈分枝；树皮灰褐色，幼时平滑，老时纵裂。单叶，对生，叶大，卵形，全缘或有浅裂，有长柄，柄上有绒毛。花大，淡紫色或白色，顶生圆锥花序，由多数聚伞花序复合而成；花萼钟状或盘状，肥厚，5深裂，裂片不等大；花冠钟形或漏斗形，上唇2裂、反卷，下唇3裂，直伸或微卷。蒴果木质，长椭球形。花期3～4月，果9～10月成熟。

[产地与分布]原产于中国，目前已经分布到全世界。在中国北起辽宁南部、北京、

延安一线，南至广东、广西，东起台湾，西至云南、贵州、四川都有分布。

[习性] 强阳性速生树种，喜光，喜温暖气候，具有深根性，适于疏松深厚、排水良好的土壤；耐寒，耐旱，耐盐碱。

[繁殖] 繁殖容易，可采用分根、分蘖、播种和嫁接等，尤以前两种方法较普遍。

[园林应用] 枝疏叶大，树冠开张，4月间盛开紫花和白花，清香扑鼻，是城镇绿化的及营造防护林的优良树种，常做庭荫树、行道树。

技能训练7 荫木类园林树木的识别

一、训练目的

通过实地识别与调查，了解当地荫木类树种的种类及园林应用，为园林树种的合理配置提供实践依据。

二、材料用具

植物检索表、树木识别手册、记录本、记录笔、望远镜、放大镜等。

三、方法步骤

1）初步调查园林荫木种类。
2）根据植物检索表或树木识别手册进行树种识别。
3）分组讨论后教师核对并讲解树种识别要点。
4）总结荫木类树种的种类及园林应用的效果。

四、分析与讨论

1）了解荫木类树种的物候期变化，掌握其最佳观赏期。
2）了解荫木类树种的生长习性、观赏效果与园林应用的协调效果。

五、训练作业

1）根据调查统计的荫木类树种填写表3-7。
2）总结荫木类树种园林应用现状，并提出合理化建议。
3）完成荫木类园林树木的识别技能训练评价表（表3-8）。

表3-7 叶木类树种调查记录表

观察时间：　　　　　　　　　　　　　　　　　　　　　观察人：

序号	树木名称	科属	形态特征	最佳观叶期	园林用途	备注

表 3-8 荫木类园林树木的识别技能训练评价表

学生姓名					
测评日期		测评地点			
测评内容	荫木类园林树木识别				
考评标准	内容	分值	自评	互评	师评
	正确识别荫木类园林绿化树种 10 种	30			
	能用形态学术语描述荫木类树种	20			
	会使用工具书确定树种名称	30			
	能独立完成技能训练报告	20			
	合计	100			
最终得分（自评 30%＋互评 30%＋师评 40%）					

说明：测评满分为 100 分，60～74 分为及格，75～84 分为良好，85 分以上为优秀。60 分以下的学生，需重新进行知识学习、任务训练，直到任务完成达到合格为止

任务 5　林木类树种的识别与应用

【知识点】掌握常见林木类树种的形态特征、产地分布以及生长习性。
【能力点】能识别常见林木类树种，能掌握各林木类树种的园林特征并加以合理应用。

任务分析

通过对常见林木类园林树种的形态特征、分布、习性以及园林应用的学习，结合对当地林木类园林树种的调查，进一步识别树种，应用所学知识对当地园林树种的选择与配置进行分析，并提出合理化建议。

任务实施的相关专业知识

林木类树种包括针叶类和阔叶类。

针叶类树种主要是乔木或灌木，稀为木质藤本；球花单性，雌、雄同株或异株，胚珠裸露，不包于子房内；种子有胚乳，子叶一片或多片；多生长缓慢，寿命长，适应范围广，多数种类在各地林区组成针叶林或针、阔叶混交林，为林业生产上的主要用材和绿化树种；主要用做独赏树、庭荫树、行道树、群丛与片林、绿篱及绿雕塑、

地被材料。

阔叶类树种是指一些适宜成片群植，有绿化及观赏作用的阔叶乔木树种；栽培简易，多数适应性强，易于大面积种植成林，是自然风景林不可缺少的树种。

5.1 雪松

［学名］*Cedrus deodara*

［别名］喜马拉雅杉。

［科属］松科，雪松属。

［识别要点］常绿大乔木，树皮灰褐色，树冠锥形至塔形。大枝不规则轮生，平展，幼枝下垂叶针形，淡绿色或蓝绿色，以至银灰色，在短枝上簇生，在长枝上螺旋状散生。花单性，雌雄异株，罕有同株，同株者雌雄球花也生于不同枝条的顶端；花期8～9月，雄花先开，雌花后开，球果第二年9～10月成熟，熟时种鳞与种子均易脱落。

［产地与分布］原产于喜马拉雅山西部地区，及印度、阿富汗等国。

［习性］性喜光，也稍耐阴，适生于凉爽、降雨量充沛的地区；有较强的耐寒能力，耐旱，不耐水湿，宜生于土层深厚，排水良好的中性、微酸性土壤之中，也较能耐瘠；对有害气体及烟尘的抗性较弱。

［繁殖］以播种、嫁接为主，亦可扦插、压条繁殖。

［园林应用］世界五大公园树种之一，一般常做中心植之用，如植于草坪中央、庭园中心、建筑物前、园门入口处等，以发挥其树姿之美，供观赏之用；也可丛植、列植或做行道树之用，但不宜与其他乔木树种混植。

5.2 五针松

［学名］*Pinus parviflora*

［别名］日本五针松、五钗松、日本五须松。

［科属］松科，松属。

［识别要点］常绿乔木，树皮灰黑色，不规则鳞片状剥裂，内皮赤褐色，树冠圆锥形。一年生枝幼时绿色，后呈黄褐色，叶短，5针一束，丛生于短枝上，蓝绿色，钝尖，边缘有细锯齿。花单性，雌雄同株；花期5月。球果卵形，第二年10月成熟，淡褐色，无柄。

［产地与分布］原产于日本。

［习性］耐阴，忌低温、炎热，伏天易发生焦叶；性喜干燥，不耐湿，宜生于土层深厚、排水良好又适当湿润之处，以及肥沃的中性或微酸性土壤中；生长速度缓慢。

［繁殖］常用嫁接繁殖，也有用播种育苗的。

［园林应用］叶翠枝秀，偃盖如画，是园林珍贵树种之一，常做重点配置点缀，宜与山石配置，或配以牡丹、杜鹃等观赏花木；在建筑物前孤植、对植，或植于主景树丛之前，幽趣盎然；此外，还是树桩盆景的主要树种。

5.3 金钱松

［学名］*Pseudolarix amabilis*

［别名］金松、水树。

［科属］松科，金钱松属。

［识别要点］落叶乔木，树皮赤褐色，狭长鳞片状剥离，树冠锥形。大枝轮生平展，一年生枝黄褐色至赤褐色。叶在长枝上螺旋状散生，在短枝上15～30枝轮状簇生，剑拔针状条形，房平。花单性，雌雄同株，雄球花数个簇生于短枝顶部，黄色；雌球花生于短枝顶部，紫红色；花期4～5月。球果卵形，淡红褐色，熟时脱落，成熟期10月。

［产地与分布］我国特产树种，产于长江中下游地区。

［习性］性喜光，喜湿润气候，有一定耐寒能力，不耐干旱，也不耐涝；宜生于中性或酸性砂质土壤中，不耐盐碱；生长速度中等。

［繁殖］播种繁殖，春播。

［园林应用］树形高大、端直，树姿优美，入秋后叶变金黄色，短枝上的簇生叶形似金钱，是珍贵园林树种之一，与南洋杉、雪松、日本金松、巨杉合称为世界五大公园树种；可孤植、丛植、列植于公园、草坪及溪旁、瀑口之处，也可与其他常绿树混植，饶有幽趣。

5.4 罗汉松

［学名］*Podocarpus macrophyllus*

［别名］罗汉杉、土杉。

［科属］罗汉松科，罗汉松属。

［识别要点］常绿乔木，树皮深灰色，鳞片状开裂；树冠广卵形，后渐失之整齐。主干耸直，枝平展密生，后渐发生不规则的长枝。叶螺旋状互一，条状披针形，先端钝尖，两面中肋显著，表面浓绿色，背面黄绿色或灰绿色。花单性，雌雄异株；雄球花穗状，3～5个簇生于中腋，雌球花单生叶腋，有梗；花期5月。种子核果状卵圆形，下部有肉质状暗红色种托，9～10月成熟。

［产地与分布］原产我国云南省，属亚热带树种，长江以南地区多有栽培。

［习性］半阴性树种，喜生于温暖多湿气候及排水良好而湿润的砂质壤土，耐寒性较强，对有害气体的抗性居松、杉、柏类之首。

［繁殖］播种或扦插繁殖，春、秋均可。上海以春插或霉季扦插为主，插穗带踵，插后遮阴。

［园林应用］树姿秀丽，可孤植、对植，或于墙垣一隅与假山、湖石相配；短叶变种，还可制作盆景。

5.5 水杉

［学名］*Metasequoia glyptostroboides*

［科属］杉科，水杉属。

［识别要点］落叶大乔木，树皮灰褐色，浅纵裂，条状剥落；树冠窄圆锥形至广椭圆形。大枝不规则轮生，小枝下垂、对生。叶线形，扁平柔软，交互对生，羽状二列，嫩绿色，入秋后变黄色，秋季叶与小枝同时凋落。花单性，雌雄同株，雄球花单生叶

腋，雌球花单生或对生散布枝上，花期3月。球果近圆形，下垂，具长柄，10月成熟，深褐色。

[产地与分布] 我国特产树种，现长江中下游地区广有栽培。

[习性] 性喜光，不耐阴，喜温暖、湿润气候；较耐寒，适应性强；喜深厚、肥沃的酸性土壤，但在微碱性土壤中也能生长；其耐涝、耐旱、抗风性能均较池杉弱；生长迅速；对二氧化硫有一定抗性。

[繁殖] 与池杉、落羽杉相似，上海由于种源缺乏，以扦插为主。

[园林应用] 与池杉、落羽杉相似，并常于常绿针叶树种配植，色彩更为鲜明。

5.6 柳杉

[学名] *Cryptomeria fortunei*

[别名] 孔雀杉、长叶柳杉。

[科属] 杉科，柳杉属。

[识别要点] 常绿乔木，树皮棕褐色，条状纵裂；树冠卵圆形。枝条柔软下垂。叶锥形，先端略向内弯，螺旋状排列，冬季叶色由绿变褐色。花单性，雌雄同株，雄球花聚生，雌球花单生，花期3～4月。球果圆球形或扁球形，11月成熟，褐色。

[产地与分布] 原产我国长江下游及东南沿南地区。

[习性] 喜温暖湿润气候，较耐寒，不耐热，也不耐干旱、水湿；宜在土层深厚、肥沃的酸性砂壤土长生；对二氧化硫有较强的吸收能力，抗烟、抗风力较弱。

[繁殖] 播种育苗为主，春播。

[园林应用] 树姿雄伟，适于孤植、群植，还可用于厂矿绿化，或在适生地区营造风景林等。

5.7 杉木

[学名] *Cunninghamia lanceolata*

[别名] 沙木、沙树、刺杉。

[科属] 杉科，杉木属。

[识别要点] 常绿乔木，幼树树冠尖塔形，大树则为广圆锥形。树皮灰褐色，长片状脱落。小枝近对生或轮生，常成二列状；幼枝绿色，无毛。叶披针形或条状披针形，革质，坚硬，微弯呈镰刀状，深绿色，有光泽。球果卵圆形至圆球形，熟时棕黄色，种子具翅。花期4～5月，果期9～10月。

[产地与分布] 生于温暖、湿润、土壤肥沃的山坡和山谷林中，分布广，我国长江流域、秦岭以南山地广为栽培。

[习性] 亚热带树种，喜温暖湿润气候，喜光，怕风、怕旱，不耐寒，喜深厚肥沃、排水良好的酸性土壤。

[繁殖] 播种或扦插繁殖，苗期需遮阴，保持较高的空气相对湿度和土壤水分。

[园林应用] 树干端直，高大，不易秃干，适于园林中群植或做行道树栽植。

5.8 马尾松

[学名] *Pinus massoniana*

[别名] 青松。

[科属] 松科,松属。

[识别要点] 常绿乔木,树冠在壮年期呈狭圆锥形,老年期内则开张如伞状。树皮红褐色,不规则裂片状开裂;一年生小枝淡褐色,轮生。针叶2针一束,稀3针一束,长12~20cm,质软,叶缘有细锯齿。球果长卵形,有短柄,熟时栗褐色,脱落。花期4月,球果翌年10~12月成熟。

[产地与分布] 分布极广,北自河南及山东南部,南至两广、台湾,遍布于华中、华南。

[习性] 强阳性树种,喜光,喜温暖湿润气候,耐寒性差,喜酸性黏质壤土;对土壤要求不严,能耐干旱贫瘠之地,不耐盐碱,在钙质土上生长不良;具有深根性,侧根多。

[繁殖] 播种繁殖,播前需浸种催芽,并用0.5%的硫酸铜液浸泡消毒。

[园林应用] 树形高大雄伟,树干苍劲,为传统的园林观赏树种;生长快,繁殖容易,用途广,是江南及华南地区绿化及造林的重要树种。

5.9 黑松

[学名] *Pinus thunbergii*

[别名] 白芽松、日本黑松。

[科属] 松科,松属。

[识别要点] 常绿乔木,树冠卵圆锥形或伞形。幼树树皮暗灰色,老树皮灰黑色,粗厚,裂成鳞状厚片脱落。冬芽银白色,圆柱状。一年生枝淡褐黄色,无毛,无白粉,针叶2针一束,粗硬,中生树脂道。球果圆锥状卵形、卵圆形,鳞盾肥厚。花期4~5月,球果翌年成熟。

[产地与分布] 原产日本及朝鲜南部沿海地区,我国辽东半岛以南沿海地区及南京、上海、杭州、武汉、郑州等地引种栽培。

[习性] 喜光树种,幼树较耐阴;喜温暖湿润的海洋性气候,对海岸环境适应能力较强;对土壤要求不严,忌黏重,不耐积水。

[繁殖] 播种繁殖;栽培中为获得整齐的树形,需于4、5月间或秋末整形、修剪。

[园林应用] 最适宜做海崖风景林、防护林、海滨行道树、庭荫树,也可于公园和绿地内整枝造型后配植假山、花坛或孤植于草坪。

5.10 白皮松

[学名] *Pinus bungeana*

[别名] 虎皮松、白骨松、蛇皮松。

[科属] 松科,松属。

[识别要点] 常绿乔木,树冠阔圆锥形、卵形或圆形。树皮淡灰绿色或粉白色,呈不规则鳞片状剥落。一年生小枝灰绿色,光滑无毛,大枝自近地面处斜出。冬芽卵形,赤

褐色。针叶3针一束。球果圆锥状卵形，熟时淡黄褐色，近无柄。花期4～5月，果翌年9～11月成熟。

[产地与分布] 中国特产，东亚唯一的3针松。山东、山西、河北、陕西、河南、四川、湖北、甘肃等省均有分布。北京、南京、上海等地均有栽培。

[习性] 阳性树种，喜光，幼树稍耐阴，较耐寒，耐干旱，不择土壤，喜生于排水良好、土层深厚的土壤中；深根性树种，寿命长，对二氧化硫及烟尘污染有较强的抗性。

[繁殖] 播种繁殖，播前需浸种催芽，适当早播，防立枯病。

[园林应用] 高大雄伟，树干斑驳，乳白色，颇具特色，是优美的庭院树种，在我国古典园林中应用广泛；孤植、列植、丛植皆宜，庭园、亭侧、房前屋后均可栽植，尤宜与山石配植在一起。

5.11 侧柏

[学名] *Platycladus orientalis*

[别名] 柏树、香柏、扁柏、扁松、扁桧。

[科属] 柏科，侧柏属。

[识别要点] 常绿乔木，幼树树冠尖塔形，老树广圆形。树皮薄，浅褐色，呈薄片状剥离。大枝斜出，小枝直展，扁平，无白粉。叶全为鳞片状。雌雄同株，花单性，球花单生于小枝顶端。珠果卵形，熟前绿色，肉质，种鳞顶端有反曲尖头，红褐色。花期3～4月，球果10～11月成熟。

变种与品种：

1）千头柏（cv. *Sieboldii*）：丛生灌木，无明显主干，枝密生，树冠呈紧密卵圆形或球形，树高3～5m，叶鲜绿色，球果白粉多。

2）金塔柏（金枝侧柏）（cv. *Beverleyensis*）：树冠塔形，叶金黄色。

3）洒金千头柏（cv. *Aurea Nana*）：密丛状小灌木，圆形至卵圆，叶淡黄绿色，入冬略转褐绿。

4）北京侧柏（cv. *Pekinensis*）：常绿乔木，枝较长，略开展，小枝纤细，叶甚小，彼此重叠。

5）金叶千头柏（cv. *Semperaurea*）：矮形紧密灌木，树冠近于球形，高达3m，叶全年呈金黄色。

6）窄冠侧柏（cv. *Zhaiguancebai*）：树冠窄，枝向上伸展或略上伸展，叶光绿色，生长旺盛。

[产地与分布] 原产华北、东北，目前全国各地均有栽培，北自吉林，南至广东北部、广西北部，东自沿海，西至四川、云南。朝鲜亦有分布。

[习性] 喜光，有一定耐阴力，喜温暖湿润气候，亦耐多湿，耐旱，较耐寒，耐瘠薄，适应性广，寿命亦长，耐修剪。

[繁殖] 播种繁殖，春季播种，播前需催芽处理，幼苗期移栽易成活。

[园林应用] 自古以来常栽植于寺庙、陵墓和庭院中，是我国应用极广泛的园林树种

之一；寿命长，树形优美，枝干苍劲，气魄雄伟，古典园林中应用时可充分突出主体建筑，形成肃穆应严气氛；可与其他阔叶树混植，也可修剪成绿篱，同时还是荒山造林首选树种。

5.12 圆柏

[学名] *Sabina chinensis*

[别名] 桧、桧柏。

[科属] 柏科，圆柏属。

[识别要点] 常绿乔木，幼树树冠尖塔形，老树广圆形。树皮深灰色或赤褐色，条状纵裂。生鳞叶的小枝圆柱形或近四棱形。叶二型，幼树全为刺叶，老树全为鳞叶，壮龄树二者兼有。球果球形，熟时肉质不开裂而呈浆果状。花期4月，果熟期多为翌年10～11月

变种与品种：

1）龙柏（cv. *Kaizuka*）：树形圆柱状，大枝斜展或向一个方向扭转；全为鳞形叶，排列紧密，幼叶淡黄绿色，后变为翠绿色；球果蓝黑，略有白粉。

2）金枝球柏（cv. *Aureoglobosa*）：丛生灌木，近球形，枝密生，全为鳞叶，间有刺形叶。

3）球柏（cv. *Globosa*）：丛生灌木，近球形，枝密生，全为鳞叶，间有刺形叶。

4）金叶桧（cv. *Aurea*）：直立窄圆锥形灌木，高3～5m，枝上深，小枝有刺叶及鳞叶，刺叶有灰蓝色气孔带，窄而不明显，中脉及边缘黄绿色，鳞叶金黄色。

5）金龙柏（cv. *Kaizuka Aurea*）：叶全为鳞叶，枝端的叶为金黄色。

6）鹿角桧（万峰桧，cv. *Pfitzeriana*）：丛生灌木，干枝自地面向四周斜展、上伸，状似鹿角。

[产地与分布] 原产中国东南部及华北地区，吉林、内蒙古以南均有栽培。

[习性] 中性树种，幼时喜阴，极耐寒，耐干旱；对土壤要求不严，中性土、钙质土、微酸性土及微碱性土均能生长；在温凉、稍干燥地区生长较快；耐修剪，易整形。

[繁殖] 多用播种繁殖，也可扦插繁殖。栽培变种不都用扦插繁殖。

[园林应用] 园林中应用极广的树种之一，常用做行道树、庭院树，可孤植、列植、丛植，老树可成为独立景观；其园艺品种鹿角桧及龙柏小苗可做地被植物栽植。

技能训练8　针叶类园林树木的识别

一、训练目的

通过实地识别与调查，了解当地针叶类树种的种类及园林应用，为园林树种的合理配置提供实践依据。

二、材料用具

植物检索表、树木识别手册、记录本、记录笔、望远镜、放大镜等。

三、方法步骤

1）初步调查园林针叶树木种类。
2）根据植物检索表或树木识别手册进行树种识别。
3）分组讨论后教师核对并讲解树种识别要点。
4）总结针叶类树种的种类及园林应用的效果。

四、分析与讨论

1）了解针叶类树种的物候期变化，掌握其最佳观花观果期。
2）了解针叶类树种的生长习性和观赏效果与园林应用的协调效果。

五、训练作业

1）根据调查统计的针叶类树种填写表3-9。
2）总结针叶类树种园林应用现状，并提出合理化建议。
3）完成针叶类园林树木的识别技能训练评价表（表3-10）。

表3-9 针叶类树种调查记录表

观察时间： 观察人：

序号	树木名称	科属	形态特征	最佳观花观果期	园林用途	备注

表3-10 针叶类园林树木的识别技能训练评价表

学生姓名					
测评日期			测评地点		
测评内容	针叶类园林树木识别				
考评标准	内容	分值	自评	互评	师评
	正确识别针叶类园林绿化树种10种	30			
	能用形态学术语描述针叶类树种	20			
	会使用工具书确定树种名称	30			
	能独立完成技能训练报告	20			
	合计	100			
最终得分（自评30%＋互评30%＋师评40%）					

说明：测评满分为100分，60～74分为及格，75～84分为良好，85分以上为优秀。60分以下的学生，需重新进行知识学习、任务训练，直到任务完成达到合格为止。

任务 6　蔓木类树种的识别与应用

【知识点】掌握常见蔓木类树种的形态特征、产地分布以及生长习性。
【能力点】能识别常见蔓木类树种，能掌握各蔓木类树种的园林特征并加以合理应用。

任务分析

通过对常见蔓木类园林树种的形态特征、分布、习性以及园林应用的学习，结合对当地蔓木类园林树种的调查，进一步识别树种，应用所学知识对当地园林树种的选择与配置进行分析，并提出合理化建议。

任务实施的相关专业知识

在庭荫栽植应用中，蔓木类树种对提高绿化质量、增强园林效果、美化特殊空间等具有独到的生态环境效益和观赏效能。其主要使用形式有棚廊、柱架、门（窗）檐、墙垣、山石的攀附。例如，苏州拙政园门庭中有一架紫藤，相传为明朝文徵明手植，虬枝龙游，景象独特。因各树种的攀缘器官和攀缘性能有差异，故在选择时要物尽其用。

6.1　葡萄

[学名] *Vitis vinifera*

[科属] 葡萄科，葡萄属。

[识别要点] 属于落叶蔓木类，长达30m。树皮红褐色，条状剥落。幼枝有毛或无毛，卷须分枝，间歇性着生。单叶掌状裂，近圆形，3～5裂，基部心形，背面有短柔毛；叶柄长。花小，黄绿色，圆锥花序大而长。浆果椭球形或圆球形，有白粉。花期5～6月，果期8～9月。

[产地与分布] 原产亚洲西部，我国分布广，尤以长江流域以北栽培较多。

[习性] 喜干燥及夏季高温的大陆性气候，冬季需一定低温；以土层深厚、排水良好而湿度适宜的微酸性至微碱性砂质或砾质壤土生长最好；具有深根性，耐干旱，一般怕涝；生长快，对二氧化硫稍有抗性。

[繁殖] 以扦插为主，也可压条或嫁接。

[园林应用] 翠叶满架，硕果晶莹，常用于棚架、门廊绿化；是观赏结合品果的优良藤本庭荫树种，观赏价值亦高。

6.2 爬山虎

[学名] *Parthenocissus tricuspidata*

[别名] 地锦、爬墙虎。

[科属] 葡萄科,爬山虎属。

[识别要点] 落叶藤木,卷须短而多分枝,顶端常扩大成吸盘。叶互生,掌状复叶或单叶3裂,广卵形,有长柄,背面叶脉常有柔毛;幼苗或下部枝上的叶较小,常分成小叶或为全裂。浆果球形,熟时蓝黑色,有白粉。果期10月。

同属种有五叶地锦(*P. quinquefolia*,又称美国地锦),幼枝带紫红色,卷须与叶对生;掌状复叶,有长柄,小叶5片,质较厚,表面暗绿色,背面稍具白粉并有毛;秋叶血红色;性耐寒,喜温润气候,攀缘力比地锦弱。

[产地与分布] 分布很广,北起吉林,南至广东都有分布。

[习性] 喜荫,耐寒,对土壤及气候适应性强;生长快,对氯气的抗性强。

[繁殖] 扦插和压条繁殖。

[园林应用] 密生气根,蔓茎纵横,翠叶遍盖如屏,入秋转绯色或橙红色,是垂直绿化的好材料;适于攀缘墙垣、山石、老树干等,短期内能收到较好的效果。

6.3 紫藤

[学名] *Wisteria sinensis*

[科属] 豆科,紫藤属。

[识别要点] 缠绕性大藤本,小枝被柔毛,对生,全缘,卵状长圆形至卵状披针形,先端渐尖,幼时密被平伏白色柔毛,老时近无毛。花序轴、花梗及萼均被白色柔毛;花淡紫色,芳香。果密被银灰色有光泽的短绒毛。花期4~6月,果期9~10月。

紫藤有银藤'*Alba*'和香花紫藤'*Jako*'两个品种,前者花白色,后者花极香。

同属种有:

1)多花紫藤(*W. floribunda*):又名丰花紫藤,小叶13~19片,卵状椭圆形,秋季转黄;花序长30~45cm,花冠紫或蓝紫色,芳香,与叶同放。

2)美丽紫藤(*W. formosa*):为日本紫藤与中国紫藤的杂交种,许多性状介于两者之间,浓香,先于叶开花,小叶7~13片。

3)白花藤(*W. venusta*):成熟叶两面均有毛,小叶9~13片,卵状长椭圆形,花白色,种荚有毛。

[产地与分布] 产于辽宁、内蒙古、河北、河南、山西、江苏、浙江、安徽、湖南、湖北、广东、陕西、甘肃及四川。

[习性] 喜光,耐干旱,忌积水;对土壤要求不严,萌蘖性强,对二氧化硫、氯气的抗性强。

[繁殖] 以播种为主,也可扦插、分根、压条或嫁接繁殖。

[园林应用] 干基钩连缠绕,先于叶开花,紫花烂漫,是国内外普遍应用的藤木之一,多用于攀缘亭廊、棚架,整形装饰,十分美观;也可攀缘门廊和拱形建筑,构成围屏;

在工矿企业，可用其攀缘漏空柱架，垂直绿化景观效果极佳。

6.4 凌霄

[学名] *Campsis grandiflora*

[别名] 凌霄花、紫薇、陵苕。

[科属] 紫葳科，凌霄属。

[识别要点] 落叶藤本，借全根攀缘。奇数羽状复叶，小叶有齿，对生。顶生聚伞花序，圆锥花序，花鲜红色，或橘红色，雄蕊4，2短2长。蒴果长，种子多数，有齿。

[产地与分布] 原产长江流域中、下游地区，现南起海南，北至北京各地均有栽培。

[习性] 喜光，较耐阴；喜温暖、湿润气候，耐寒性较差；宜于背风向阳、排水良好的沙质壤土上生长；耐干旱，不耐积水，萌芽力、萌蘖力均强。

[繁殖] 主要用扦插和压条繁殖，也可分株和播种繁殖。

[园林应用] 主要观花棚架植物，用于垂直绿化，可做桩景材料；花及根、茎、叶均可入药；花粉有毒，能伤眼睛，须加注意。

6.5 络石

[学名] *Trachelospermum jasminoides*

[别名] 石龙藤、耐冬、白花藤。

[科属] 夹竹桃科，络石属。

[识别要点] 常绿藤木，茎长达10m，有乳汁，上有气根，嫩枝被柔毛；叶对生，椭圆形或卵状披针形，革质，叶背被短柔毛，有短柄。聚伞花序顶生或腋生，有长总梗；花冠白色，有浓香；花被筒中部膨大，花冠裂片5枚，向右覆盖形如风车；花盘杯状，5裂。蓇葖果筒状。花期4～5月，果10月熟。

[产地与分布] 原产我国，除新疆、青海、西藏、东北外，均有分布。

[习性] 喜阴，喜温暖湿润气候，不耐寒；对土壤要求不严，且能抗干旱，萌蘖性尚强。

[繁殖] 播种、扦插、压条等方法繁殖。

[园林应用] 叶色浓绿，经冬不凋，花白色繁密，且有芳香；在温暖地用来点缀山石、岩壁及挡土墙，营造墙荫，优美自然；极耐阴，当林下照度为空旷地的1/65～1/25时，仍然生长正常，故亦宜用做林下或孤立树下的常青地被。

6.6 金银花

[学名] *Lonicera japonica*

[别名] 忍冬、二色花藤。

[科属] 忍冬科，忍冬属。

[识别要点] 半常绿藤本，茎皮条状剥落，枝中空，幼枝暗红色，密被黄色糙毛及腺毛，下部常无毛。叶卵形，幼叶两面被毛，成叶表面毛脱落。双花单生叶腋，苞片叶状，花冠白色，后变黄，外被柔毛和腺毛。花期4～6月。

变种有：

1）黄脉金银花（var. *aureo-reticulata*）：叶有黄色网脉。
2）红金银花（var. *chinensis*）：花冠表面带红色，叶片边缘或背面脉上有短柔毛。
3）紫脉金银花（var. *reens*）：花脉带紫色，花为白色或青白紫彩色。

[产地与分布] 产于辽宁以南，华北、华东、华中、西南。

[习性] 适应性强，耐寒，耐旱，根系发达，萌蘖力强。

[繁殖] 扦插、压条、分株和播种繁殖。

[园林应用] 藤蔓缭绕，冬叶微红，花先白后黄，富含清香，适于篱墙栏杆、门架、花廊配植；在假山和岩坡隙缝间点缀一二，更为别致；因其枝条细软，还可扎成各种形状；老枝可做盆景栽培。

6.7 薜荔

[学名] *Ficus pumila*

[别名] 木莲、凉粉果、木馒头、巴山虎、壁石虎。

[科属] 桑科，榕属。

[识别要点] 常绿藤木，借气根攀缘。小枝有褐色绒毛，含乳汁。叶二型，营养枝上的叶薄而小，心状卵形，长约2.5cm，基部斜，几无柄；花序枝上的叶大而厚革质，有柄，椭圆形全缘，背面有短柔毛，网脉凸起。隐花果梨形或倒卵形，红色，单生于叶腋。花期4月，果期9月。

[产地与分布] 原产中国和日本。

[习性] 喜温暖湿润和半阴环境；耐寒性强，耐水湿，耐干旱；喜富含有机质、疏松的沙质壤土；生长季适温20～25℃，越冬温度不低于5℃，能耐短时间－7℃低温，低温受冻后，叶片脱落。

[繁殖] 播种、扦插和压条繁殖，通常多扦插繁殖。

[园林应用] 可用于假山及墙垣垂直绿化，墙荫效果佳；若与凌霄相配，则隆冬碧叶、夏秋红果，煞是可爱；常攀缘在城墙石缝中。

6.8 三角花

[学名] *Bougainvillea spectabilis*

[别名] 九重葛、宝巾、三角梅。

[科属] 紫茉莉科，三角花属。

[识别要点] 常绿的藤本植物，茎长数米，花卉栽培中常修整成灌木及小乔木状，株高1～2m；老枝褐色，小枝青绿，长有针状枝刺。枝、叶密被毛，单叶互生，卵状或卵圆形，全缘。花小，淡红色或黄色，3朵聚生，一般有3枚大型叶状苞片呈三角状排列，小花聚生其中，苞片色有紫、红、橙、白等色，为读花的观赏部位；花期可从11月开始到来年6月。瘦果五棱形，常被宿存的苞片包围，很少结果。

3朵小花聚生在枝的中上部或顶端，下边的苞叶呈三角形，由3枚苞叶组成的"花朵"，呈三角形，故又叫三角梅。这个三角形的苞叶就是它最为动人之处，繁密又姣美，令人百看不厌，其黄色小花反而逊色。三角花鲜艳的苞叶质如彩绢，呈心脏形，有明显的叶脉，极似叶子，故又名叶子花。

[产地与分布] 原产巴西，在我国各地均有栽培。

[习性] 喜温暖、阳光充足的环境，不耐寒，属短日照植物，在长日照的条件下不能进行花芽分化，性喜光，不耐阴；南方地区可以露地越冬，北方则作为温室花卉盆栽培养；对土壤要求不严，但盆栽以松软肥沃土壤为宜，喜大水、大肥，极不耐旱，生长期水分供应不足，易出现落叶。

[繁殖] 以扦插繁殖为主。

[园林应用] 华南及西南暖地多用于棚架或栽植攀缘山石、墙垣、廊柱；花期很长，极为美丽，长江流域及其以北地区多盆栽观赏，于温室越冬。

6.9 木香

[学名] *Rosa banksiae*

[别名] 木香花。

[科属] 蔷薇科，蔷薇属。

[识别要点] 常绿攀缘灌木，高达6m；枝细长绿色，光滑而少刺。奇数羽状复叶，小叶3～5片，罕7片，卵状长椭圆形至披针形；表面暗绿而有光泽，背面中肋常微有柔毛。托叶线形，与叶柄离生，早落。萼片全缘，花梗细长；花常为白色，芳香，3～15朵排成伞形花序，花期4～5月。果近球形，红色，萼片脱落。

栽培变种有：

1) 重瓣白木香（var. *abla-plena*）：花白色，重瓣，香味浓烈，常为3片小叶，应用最广。

2) 重瓣黄木香（var. *lutea*）：花淡黄色，重瓣，香味甚淡，常为5片小叶。

3) 单瓣黄木香（f. *lutescens*）：花黄色，重瓣罕见。

[产地与分布] 原产我国西南部，久经栽培，是著名观赏花木。

[习性] 性喜阳光，耐寒性不强，北方须选背风向阳处栽植；生长迅速，管理简单，开花繁茂而芳香，花后略行修剪即可。

[繁殖] 扦插、压条和嫁接繁殖。

[园林应用] 在我国长江流域各地普遍用于棚架、岩壁的垂直绿化以及做花篱材料。

6.10 常春藤

[学名] *Hedera helix*

[别名] 洋常春藤。

[科属] 五加科，常春藤属。

[识别要点] 常绿藤木，茎长达30m，有攀缘气根。小枝被锈色鳞片，营养枝的叶三角状卵形，全缘成三裂，侧脉及网脉明显。

同属中常见栽培的有：

1) 中华常春藤（var. *sinensis*）：小枝被锈色鳞片，营养枝的叶长基部平截；产于甘肃东南部，陕西南部、河南、山东以南，稍耐寒。

2）加拿利常春藤（*H. canariensis*）：较耐寒。

[产地与分布] 产于甘肃东南部、陕西南部、河南及山东南部。

[习性] 喜温湿气候，稍耐寒，耐阴，土壤适应性强，抗烟耐尘。

[繁殖] 多用扦插繁殖。

[园林应用] 是垂直绿化营造墙荫的良好树种，亦可用于廊荫攀缘，攀缘老树可产生枯木逢春的效果。

技能训练9　蔓木类园林树木的识别

一、训练目的

通过实地识别与调查，了解当地蔓木类树种的种类及园林应用。

二、材料用具

植物检索表、树木识别手册、记录本、记录笔、望远镜、放大镜等。

三、方法步骤

1）初步调查园林树木种类。
2）根据植物检索表或树木识别手册进行树种识别。
3）分组讨论后教师核对并讲解树种识别要点。
4）总结蔓木类树种的种类及园林应用的效果。

四、分析与讨论

1）了解蔓木类树种的物候期变化，掌握其最佳观花观果期。
2）了解蔓木类树种的生长习性、观赏效果与园林应用的协调效果。

五、训练作业

1）根据调查统计的蔓木类树种填表3-11。
2）总结蔓木类树种园林应用现状，并提出合理化建议。
3）完成蔓木类园林树木的识别技能训练评价表（表3-12）。

表3-11　蔓木类树种调查记录表

观察时间：　　　　　　　　　　　　　　　　　　　　　　　　　　观察人：

序号	树木名称	科属	形态特征	园林用途	备注

表 3-12 蔓木类园林树木的识别技能训练评价表

学生姓名					
测评日期		测评地点			
测评内容	蔓木类园林树木识别				
考评标准	内容	分值	自评	互评	师评
	正确识别蔓木类园林绿化树种 20 种	30			
	能用形态学术语描述蔓木类树种	20			
	会使用工具书确定树种名称	30			
	能独立完成技能训练报告	20			
	合计	100			
最终得分（自评 30%＋互评 30%＋师评 40%）					

说明：测评满分为 100 分，60~74 分为及格，75~84 分为良好，85 分以上为优秀。60 分以下的学生，需重新进行知识学习、任务训练，直到任务完成达到合格为止

任务 7　篱木类树种的识别与应用

【知识点】掌握常见篱木类树种的形态特征、产地分布以及生长习性。
【能力点】能识别常见篱木类树种，能掌握各篱木类树种的园林特征并加以合理应用。

任务分析

通过对常见篱木类园林树种的形态特征、分布、习性以及园林应用的学习，结合对当地篱木类园林树种的调查，进一步识别树种，应用所学知识对当地园林树种的选择与配置进行分析，并提出合理化建议。

任务实施的相关专业知识

绿篱是利用绿色植物（包括彩色）组成有生命的、可以不断生长壮大的、富有田园气息的篱笆。作为绿篱的树种，在形态上常表现为枝细、叶小、常绿，在习性上具有"一密三强"的特性，即枝叶密集，下枝不易枯萎；基部萌芽力或再生力强，抗性强，耐修

剪、成枝力强。

7.1 枳

[学名] *Poncirus trifoliata*

[别名] 枸橘、枳壳、臭橘。

[科属] 芸香科, 枳属。

[识别要点] 落叶灌木或小乔木, 树高达7m。小枝绿色, 稍扁有棱角, 枝刺粗长而基部略扁。小叶3片, 近革质。花白色。果球形, 黄绿色, 有香气, 10月成熟。

[产地与分布] 原产我国中部, 现黄河流域以南地区广泛栽培。

[习性] 性喜光, 喜温暖湿润气候; 也颇耐寒, 能抗-28~-20℃的极端低温, 北方小气候良好处可露地栽培; 喜微酸性土壤, 不耐碱; 生长速度中等, 发枝力强, 耐修剪。

[园林应用] 条色绿而多尖刺, 春天叶前开白花, 秋天黄果, 在园林中多做绿篱或屏障树, 兼有观赏及防卫功能。此外, 枳常做柑橘类的耐寒砧木。

7.2 黄杨

[学名] *Buxus sinica*

[别名] 瓜子黄杨、小叶黄杨。

[科属] 黄杨科, 黄杨属。

[识别要点] 常绿灌木或小乔木, 高7m。小枝有四棱及柔毛。叶倒卵形或椭圆形, 花黄绿色。蒴果卵圆形, 最宽处在中部以上。花期4月, 果熟期10~11月。

[产地与分布] 原产我国中部, 长江流域及以南地区有栽培。

[习性] 喜半阴, 喜温暖、细润气候, 稍耐寒; 喜肥沃、湿润、排水良好的土壤, 耐旱, 稍耐湿, 忌积水; 耐修剪, 抗烟尘及有害气体; 浅根性树种, 生长慢, 寿命长。

[繁殖] 播种、扦插繁殖, 宜做1m以下的绿篱, 植绿用3~4年生苗。

[园林应用] 枝叶茂密, 叶光亮、常青, 是常用的观叶树种; 园林中多用做绿篱、基础种植或修剪、整形后孤植、丛植在草坪、建筑周围、路边, 亦可点缀山石, 可盆栽室内装饰或制作盆景。

7.3 雀舌黄杨

[学名] *Buxus bodinieri*

[别名] 匙叶黄杨。

[科属] 黄杨科, 黄杨属。

[识别要点] 常绿灌木, 树高达4m, 小枝较粗, 近四棱, 叶倒披针形。

同属种有锦熟黄杨（*B. scmpervirens*）, 小枝密集, 四棱形, 有柔毛, 叶椭圆形至卵状长圆形, 表面深绿色, 有光泽, 背面绿白色, 亦为常用的绿篱树种。

[产地与分布] 原产西南、中南、华东及西北。

[习性] 喜光亦耐阴, 常生于湿润肥沃、腐殖质丰富的溪谷岩间, 生长极慢, 适应性强, 对氯气的抗性强。

［繁殖］扦插、压条。

［园林应用］枝叶茂密，是优良的绿篱材料，可做规则式横纹图案及花坛围篱，亦为盆景制作用树种。

7.4 小叶女贞

［学名］*Ligustrum quihoui*

［别名］小叶冬青、小白蜡楝青、小叶水蜡树。

［科属］木犀科，女贞属。

［识别要点］落叶或半常绿灌木，树高2～3m。枝条铺散，小枝有细短柔毛。叶薄革质，椭圆形至倒卵状椭圆形，光滑无毛。

［产地与分布］产于我国中部和东部。

［习性］喜光，稍耐阴；对二氧化硫、氯气、氟化氢、二硫化碳等气体的抗性强；性强健，叶的再生能力和萌枝力强。

［繁殖］播种、扦插、分株。

［园林应用］为性状优良的绿篱树种；亦做林缘下木，夏秋可观花；老干古根，可做树桩盆景。

知识拓展

绿 篱 简 介

1. 绿篱的概念

凡是由灌木或小乔木以近距离的株行距密植，栽成单行或双行，紧密结合的规则的种植形式，称为绿篱，也称植篱、生篱等。

绿篱是世界三大园林之一的欧式园林常采用的造景手法。因其选择树种可修剪成各种造型，并能相互组合，从而提高了观赏效果和艺术价值。此外，绿篱还能起到遮盖不良视点、隔离防护、防尘防噪、引导游人观赏路线等作用。

2. 绿篱的分类

（1）根据高度划分

绿篱根据高度可分为以下几种：

1）绿墙：高1.6m以上，能够完全遮挡住人们的视线。

2）高绿篱：高 1.2～1.6m，人的视线可以通过，但人不能跨越而过，多用于绿地的防范、屏障视线、分隔空间或做其他景物的背景。

3）中绿篱：高 0.6～1.2m，有很好的防护作用，多用于种植区的围护及建筑基础种植。

4）矮绿篱：高在 0.5m 以下，可做花镜镶边、花坛、草坪图案花纹。

（2）根据功能要求与观赏要求划分

绿篱根据功能要求与观赏要求可分为常绿绿篱、花篱、观果篱、刺篱、落叶篱、蔓篱与编篱等。对于花篱，不但其花色、花期不同，而且还有花的大小、形状、有无香气等的差异，形成的景色情调各异；至于果篱，除了大小、形状色彩各异以外，还可招引不同种类的鸟雀。

（3）根据作用划分

绿篱根据作用可分为隔音篱、防尘篱、装饰篱。

（4）根据生态习性划分

绿篱根据生态习性可分为常绿篱、半常绿篱、落叶篱。

（5）根据修剪与整形划分

绿篱根据修剪与整形可分为不修剪篱和修剪篱，即自然式和规则式，前者一般只施加少量的调节生长势的修剪，后者则需要定期进行整形与修剪，以保持体形外貌。在同一景区，自然式植篱和规则式植篱可以形成完全不同的景观，必须善于运用。

根据人们的不同要求，绿篱可修剪成不同的形式。规则式绿篱每年须修剪数次。为了使绿篱基部光照充足，枝叶繁茂，其断面常剪成正方形、长方形、梯形、圆顶形、城垛、斜坡形。修剪的次数因树种生长情况及地点不同而异。

1）梯形绿篱。这种篱体上窄下宽，有利于地基部侧枝的生长和发育，绿篱不会因得不到光照而枯死稀疏。

2）矩形绿篱。这种篱体造型比较呆板，顶端容易积雪而受压变形，下部枝条也不易接受充足的光照，以致部分枯死而稀疏。

3）圆顶绿篱。这种篱体适合在降雪量大的地区使用，便于积雪向地面滑落，防止积雪将篱体压变形。

4）自然式绿篱。一些灌木或小乔木在密植的情况下，如果不进行规则式修剪，常长成这种形态。林冠线大体水平，外缘线没有宽窄变化，株间距均匀，排列成直线或几何曲线。

（6）根据种植方式划分

绿篱根据种植方式可分为单行式和双行式，中国园林中一般为了见效快而采用品字形的双行式。有些园林师主张采用单行式，理由是单行式有利于植物的均衡生长，双行式不但不利于均衡生长，而且费用高，且容易滋生杂草。

技能训练10　篱木类园林树木的识别

一、训练目的

通过实地识别与调查，了解当地篱木类树种的种类及园林应用，为园林树种的合理配置提供实践依据。

二、材料用具

植物检索表、树木识别手册、记录本、记录笔、望远镜、放大镜等。

三、方法步骤

1）初步调查园林树木种类。
2）根据植物检索表或树木识别手册进行树种识别。
3）分组讨论后教师核对并讲解树种识别要点。
4）总结篱木类树种的种类及园林应用的效果。

四、分析与讨论

1）了解篱木类树种的物候期变化，掌握其最佳观花观果期。
2）了解篱木类树种的生长习性、观赏效果与园林应用的协调效果。

五、训练作业

1）根据调查统计的篱木类树种填写表 3-13。
2）总结篱木类树种园林应用现状，并提出合理化建议。
3）完成篱木类园林树木的识别技能训练评价表（表 3-14）。

表 3-13　篱木类树种调查记录表

观察时间：　　　　　　　　　　　　　　　　　　　　　　　　　　　　观察人：

序号	树木名称	科属	形态特征	园林用途	备注

表 3-14　篱木类园林树木的识别技能训练评价表

学生姓名					
测评日期		测评地点			
测评内容	篱木类园林树木识别				
考评标准	内容	分值	自评	互评	师评
	正确识别篱木类园林绿化树种 20 种	30			
	能用形态学术语描述篱木类树种	20			
	会使用工具书确定树种名称	30			
	能独立完成技能训练报告	20			
	合计	100			
最终得分（自评 30%＋互评 30%＋师评 40%）					

说明：测评满分为 100 分，60～74 分为及格，75～84 分为良好，85 分以上为优秀。60 分以下的学生，需重新进行知识学习、任务训练，直到任务完成达到合格为止

任务 8　竹木类树种的识别与应用

【知识点】掌握常见竹木类树种的形态特征、产地分布以及生长习性。
【能力点】能识别常见竹木类树种，能掌握各竹木类树种的园林特征并加以合理应用。

任务分析

通过对常见竹木类园林树种的形态特征、分布、习性及园林应用的学习，结合对当地竹木类园林树种的调查，进一步识别树种，应用所学知识对当地园林树种的选择与配置进行分析，并提出合理化建议。

任务实施的相关专业知识

竹类是木本植物种一个特殊的类群，用地下茎（竹鞭）繁殖，靠竹笋长成新竹，成林速度快，成林后寿命长，可达百年甚至数百年。园林配置时对其密度、粗度、高度均可通过人工控制，是体现我国园林特色的常用树种，也是现代园林常用的优良素材。

8.1　凤尾竹

[学名] *Bambusa multiplex*
[别名] 观音竹，丛生竹。
[科属] 禾本科，竹亚科。
[识别要点] 秆高1～3m，径0.5～1.0cm。叶片小型，于小枝上排成二列，形似"凤尾"，非常秀丽。
[产地与分布] 原产我国南部。
[习性] 喜温暖湿润和半阴环境，耐寒性稍差，不耐强光曝晒，怕渍水，宜肥沃、疏松和排水良好的壤土，冬季温度不低于0℃。
[园林应用] 利用其枝纤叶小、低矮丛生的形态，常丛植于庭园以观赏，或做矮绿篱，制作盆景亦佳。

8.2　毛竹

[学名] *phyllostachys heterocycla*

[别名] 楠竹、江南竹。

[科属] 禾本科，竹亚科。

[识别要点] 乔木状竹种，杆节肩稍短，分枝以下的杆节杆环平。新杆绿色，有白粉及细毛。老干紧在节下面有白粉及便为灰色的粉后，笋棕黄色。杆箨背面密生黑褐色斑点及深棕色的刺毛。箨舌短宽，两侧下延呈尖躬行，边缘有褐色粗毛；箨叶三角形或披针形，绿色，直立，后反曲。箨耳小，但肩毛发达。每小枝有2～3片叶，小叶型；叶舌隆起，叶耳部明显。

[产地与分布] 分布于我国秦岭、淮河以南，南岭以北，是我国分布最光的竹种。浙江、江西、湖南是其分布中心。

[习性] 喜光，亦耐阴，喜湿润、凉爽的气候；较耐寒，能耐－15℃的低温，若水分充沛时耐寒性更强，故影响毛竹分布、生长的主要生态因子中水分比温度更为重要；喜肥沃、湿润、排水良好的酸性土，干燥或排水不畅以及碱性土均生长不良；在适生地生长快，植株生长发育周期较长，可达50～60年；但环境及人为影响可对其起促进或抑制作用，管理得当，可促进竹林更新复壮，以延迟开花。

[繁殖] 可采用播种、分株、埋鞭等方法繁殖。

[园林应用] 杆高叶翠，端直挺秀，宜大面积种植，营造谷深、林茂、云雾缭绕之境，竹林中小径穿越，幽林夹道，宛若画中。宜于湖边、河畔种植，在风景区、农村屋前宅后、荒山空地亦可种植，既可改善、美化环境，又具有很高的经济价值；竹杆粗大，可用于建筑、桥梁、打井支架等。

8.3 紫竹

[学名] *phyllostachys nigra*

[别名] 黑竹、乌竹。

[科属] 禾本科，竹亚科。

[识别要点] 乔木状中、小型竹，杆节两环隆起，新杆绿色，有白粉和细柔毛，一年后变为紫黑色。箨鞘背面密生刚毛，无黑色斑点。小枝有叶2～3片，披针形，长4～10cm，宽1～1.5cm，质较薄，在下面有肩毛。叶舌微突起，背面基部及瞧口处常有粗肩毛。笋期5月。

[产地与分布] 原产中国，主要分布于长江流域，如浙江、江苏、安徽、湖北、湖南等省。北京紫竹院亦有栽培。

[习性] 较耐寒，可耐－18℃低温。

[园林应用] 杆紫黑色，叶翠绿，极具观赏价值；宜与观赏竹种配植或植于山石之间、园路两侧、池畔水边、书斋和厅堂四周；亦可盆栽，供观赏；杆节长，杆壁薄，较坚韧，是小型竹质家具及手杖、伞兵、乐器等工业品的制作材料。

8.4 孝顺竹

[学名] *Bambusa multiplex*

[别名] 慈孝竹。

[科属] 禾本科，竹亚科。

[识别要点] 灌木型丛生竹，地下茎合轴丛生。竹杆密集生长，杆高2～7m，径1～

3cm。幼秆微被白粉，节间圆柱形，上部有白色或棕色刚毛。秆绿色，老时变黄色，稍稍弯曲。枝条多数簇生于一节，每小枝着叶5~10片，叶片线状披针形或披针形，顶端渐尖，叶表面深绿色，叶背粉白色，叶质薄。

常见变种、变型为凤尾竹 [*Bambusa multiplex*（Lour.）Raeuschel ex J. A. et J. H. Schult. *f.* var. multiplex. cv. *Fernleaf*（R. A. Young）T. P. Yi]，竹体矮小，秆高1~2m，枝叶稠密，纤细下垂；叶似羽状，盆栽观赏或做绿篱。

[产地与分布] 原产中国，主产于广东、广西、福建、西南等省区；多生在山谷间、小河旁；长江流域及以南栽培能正常生长。山东青岛有栽培，是丛生竹中分布最北缘的竹种。

[生态习性] 喜温暖湿润气候，但在南方暖地竹种中，是耐寒力较强的竹种；喜排水良好、湿润的土壤，是丛生竹类中分布极广、适应性极强的竹种之一。

[繁殖方式] 以移植母株为主，亦可埋兜、埋秆、埋节繁殖。

[观赏与应用] 枝叶清秀，姿态秀丽，是优良的观赏竹种，可孤植或群植于池塘边缘，也可列植于道路两侧，形成竹径通幽的素雅景观。

8.5 淡竹

[学名] *Phyllostachys glauca*

[别名] 花皮淡竹、绿粉竹、粉绿竹、花斑竹。

[科属] 禾本科，竹亚科。

[识别要点] 单轴散生竹，中型，秆高5~15m，地际直径2~8cm，中部节间长达30~40cm，分枝一侧有沟槽，秆环与箨环均隆起。幼秆绿色至蓝绿色，密被白粉，无毛，老秆灰黄绿色。秆箨淡红褐色或黄褐色，被紫褐色小斑点或斑块，无箨耳和肩毛。箨舌紫色，先端平截，有短纤毛。箨叶带状披针形，绿色，有紫色脉纹。叶片披针形，叶舌紫色，笋期4月中旬到5月中旬。

[产地与分布] 原产中国，在黄河流域至长江流域间广泛栽培，为华北地区庭院绿化的主要竹种，尤以江苏、浙江、安徽、山东等省较多。

[习性] 较耐寒，在干燥和微盐碱土也能生长，但以土层深厚、疏松肥沃土质生长最佳。

[繁殖方式] 移植母株。

[园林应用] 竹影婆娑，婀娜多姿，是我国华北地区庭院绿化的主要竹种；笋味鲜美，可食用。

技能训练 11　竹木类园林树木的识别

一、训练目的

通过实地识别与调查，了解当地竹木类树种的种类及园林应用，为园林树种的合理配置提供实践依据。

二、材料用具

植物检索表、树木识别手册、记录本、记录笔、望远镜、放大镜等。

三、方法步骤

1）初步调查园林树木种类。
2）根据植物检索表或树木识别手册进行树种识别。
3）分组讨论后教师核对并讲解树种识别要点。
4）总结竹木类树种的种类及园林应用的效果。

四、分析与讨论

1）了解竹木类树种的物候期变化，掌握其最佳观花观果期。
2）了解竹木类树种的生长习性、观赏效果与园林应用的协调效果。

五、训练作业

1）根据调查统计的竹木类树种填写表3-15。
2）总结竹木类树种园林应用现状，并提出合理化建议。
3）完成竹木类园林树木的识别技能训练评价表（表3-16）。

表3-15 竹木类树种调查记录表

观察时间： 观察人：

序号	树木名称	科属	形态特征	园林用途	备注

表3-16 竹木类园林树木的识别技能训练评价表

学生姓名					
测评日期			测评地点		
测评内容	竹木类园林树木识别				
考评标准	内容	分值	自评	互评	师评
	正确识别竹木类园林绿化树种10种	30			
	能用形态学术语描述竹木类树种	20			
	会使用工具书确定树种名称	30			
	能独立完成技能训练报告	20			
	合计	100			
最终得分（自评30%＋互评30%＋师评40%）					
说明：测评满分为100分，60～74分为及格，75～84分为良好，85分以上为优秀。60分以下的学生，需重新进行知识学习、任务训练，直到任务完成达到合格为止					

归纳总结

常见花木类树种花木类树种有白玉兰、紫玉兰、二乔木兰、乐昌含笑、深山含笑、广玉兰、含笑、白兰花、笑靥花、珍珠梅、蔷薇、玫瑰、结香、瑞香、梅花、桂花、杜鹃花、金丝桃、金丝梅、紫薇、木槿、木芙蓉、扶桑、山茶、云南山茶、茶梅、栀子、蜡梅、银芽柳。

常见叶木类树种有女贞、海桐、蚊母树、石楠、珊瑚树、大叶黄杨、鸡爪槭、三角枫、枫香、变叶木、银杏、榉树、七叶树、八角金盘、鹅掌楸、柽柳、棕竹、棕榈。

常见果木类树种有枇杷、樱桃、郁李、刺梨、木瓜、平枝栒子、火棘、杨梅、柿、冬青、荚蒾、紫叶小檗、无花果、南天竹。

常见荫木类树种有香樟、垂柳、白杨、枫杨、榆树、榔榆、朴树、悬铃木、刺槐、国槐、臭椿、苦楝、香椿、栾树、喜树、白蜡、泡桐。

常见林木类树种有雪松、五针松、金钱松、罗汉松、水杉、柳杉、杉木、马尾松、黑松、白皮松、侧柏、圆柏。

常见蔓木类树种有葡萄、爬山虎、紫藤、凌霄、络石、金银花、薜荔、三角花、木香、常春藤。

常见篱木类树种有枳、黄杨、雀舌黄杨、小叶女贞。

常见竹木类树种有凤尾竹、毛竹、紫竹、孝顺竹、淡竹。

通过学习掌握各种常见园林树木的种类、习性、观赏特性、用途,并根据不同的需要,因地制宜地选择不同的园林树木进行植物配置。

思考题

1. 填空题

1)香樟为_____乔木,树冠卵球形,有_____味,是我国_____带常绿阔叶林重要树种。

2)垂柳枝条细长,姿态潇洒,喜_____,喜温暖温润气候,_____强,根系发达,寿命长。

3)南天竹是_____科、_____属植物。

4)夹竹桃对_____、_____等有害气体的抵抗力强。

5)红花木是_____灌木,龟甲冬青是_____灌木。

6)四季桂叶生____,长椭圆形的叶丛生在枝端,主脉明显且隆起。花小又多,花序顶生或腋出,花冠四裂,乳白色,小而清香,全年都能开花。

7)贴梗海棠_____科、_____属,_____灌木,高达 2m,有刺。

2. 单选题

1）先花后叶类的园林树种有（　　）。
　　A. 杨树　　　　B. 紫薇　　　　C. 合欢　　　　D. 玉兰
2）下列植物不属于蔷薇科的是（　　）。
　　A. 梅花　　　　B. 月季　　　　C. 梨　　　　　D. 蜡梅
3）下列树种中是落叶乔木的是（　　）。
　　A. 杉木　　　　B. 蜡梅　　　　C. 无患子　　　D. 石楠
4）下列花是夏季开花的植物是（　　）。
　　A. 玉兰　　　　B. 合欢　　　　C. 玉兰　　　　D. 梅花
5）下列松属植物中，针叶两针一束的是（　　）。
　　A. 马尾松　　　B. 五针松　　　C. 黑松　　　　D. 白皮松
6）在木兰科中，花单生叶腋的植物是（　　）。
　　A. 广玉兰　　　B. 紫玉兰　　　C. 白玉花　　　D. 乐昌含笑
7）连翘、迎春、棣棠都开（　　）花。
　　A. 黄色　　　　B. 红色　　　　C. 白色　　　　D. 粉色
8）下列植物中属于观果灌木的是（　　）。
　　A. 碧桃　　　　B. 棣棠　　　　C. 金银木　　　D. 栾树
9）珍珠梅、木槿都在（　　）开花。
　　A. 春季　　　　B. 夏季　　　　C. 秋季　　　　D. 冬季
10）牡丹与芍药在习性与栽培上有相似之处，下面（　　）是其中之一。
　　A. 喜燥怕湿　　B. 忌浓肥　　　C. 春季移栽　　D. 秋季分株
11）下列植物中在秋天开花的是（　　）。
　　A. 月季　　　　B. 木芙蓉　　　C. 樱花　　　　D. 贴梗海棠

3. 判断题

1）藤本植物有木质也有草本。　　　　　　　　　　　　　　　　　　　　（　　）
2）藤本植物只适合做垂直绿化。　　　　　　　　　　　　　　　　　　　（　　）
3）紫藤和凌霄是以观花为主的藤本植物。　　　　　　　　　　　　　　　（　　）
4）铁线莲、云实在夏季开花。　　　　　　　　　　　　　　　　　　　　（　　）
5）爬山虎、五叶地锦、猕猴桃都能秋季观叶。　　　　　　　　　　　　　（　　）
6）扶芳藤、常春油麻藤、云实、络石都是落叶藤本。　　　　　　　　　　（　　）
7）广玉兰、紫玉兰和白兰花都属于常绿乔木。　　　　　　　　　　　　　（　　）
8）梅花是先花后叶类的园林树种。　　　　　　　　　　　　　　　　　　（　　）
9）黄栌是构成北京香山红叶的主要树种之一。　　　　　　　　　　　　　（　　）
10）耐修剪是行道树和独赏树树种的选择条件之一。　　　　　　　　　　（　　）

4. 简答题

1）牡丹和芍药在形态特征上有哪些区别？为什么在绿化中常把两种植物搭配在一起？
2）简述黄杨、雀舌黄杨的形态差异。
3）常见的藤本植物应用形式有哪些？

4）什么是灌木？灌木的绿化形式有哪些？并举例说明。
5）简述刺柏、圆柏、侧柏的区别。
6）简述臭椿与香椿的区别。
7）简述池杉、水杉与落羽杉的区别。
8）国槐与刺槐的不同之处有哪些？各有哪些常见应用的品种与变种？
9）栾树与全缘叶栾树有什么形态差异？
10）简述榔榆、榆树的形态差异。
11）迎春和云南黄树馨有哪些形态特征的区别？
12）说明杜鹃的形态特征及园林用途。
13）比较常见的蔷薇科的绿化灌木有哪些？并举例说明。
14）分别举出5种常绿灌木和5种落叶灌木。
15）举出6种花灌木的种类。
16）荫木类园林树种应具备什么特征？哪些树种比较适合做庭荫树？
17）绿篱的功能是什么？
18）乔木植物常见的应用形式有哪些？并举例说明。
19）举出10种观花植物。

项目4　园林树木应用调查与配置设计

☞ **学习目标**

本项目主要介绍了园林树种调查的方法、树种规划的原则以及树种的选择方法；明确园林树种规划的制订应当在树种调查结果的基础上，并且充分考虑树种规划的原则，达到适地适树的要求，使园林绿化在发挥园林树木的观赏及生态功能的同时能充分反映地方特色。

能够：

◆ 掌握园林树种调查的方法，写出树种调查报告；

◆ 掌握园林树种选择的基本理论和方法，熟练地根据不同园林绿地的特点进行树种的选择；

◆ 能够根据调查结果，并结合树种规划的原则，提出树种规划名单；

◆ 了解我国园林树种选择与规划的现状。

☞ **项目导入**

随着全国打造"生态城市"的呼声越来越高，园林绿化建设也得到了飞速发展，人们对植树绿化的认识已从物质生产角度逐步上升到它能改善人类的生活环境和精神文明建设的作用上。

在城市园林绿化工作中，很多地区盲目地花费大量资金引进外来的树种，结果引进树种不能在本地生长成活，造成人力、物力、财力各方面的极大浪费，在城乡绿化建设中，这样的教训屡见不鲜，这主要是对气候、土壤分区和各种不同树种的生态学特性认识不足造成的。另外，绝大多数城市都存在苗木种类单纯、规格单一等问题，严重地影响了园林建设的发展和水平的提高。

为解决上述问题，首先应做好当地的树种调查工作，摸清情况，总结出各种树种在生长、管理及绿化应用方面的成功经验和失败教训。从不同角度对调查结果做细致的分析、研究，就可得出多方面的有价值的成果。

任务1　园林树种调查

【知识点】了解园林树种调查的基础知识和方法。

【能力点】会识别园林树种，了解调查方法，并撰写调查报告。

任务分析

本任务主要介绍如何进行园林树种调查,了解其步骤,通过调查结果进行初步评价等基础知识。要完成本任务必须具备识别常见园林树种,以及使用植物检索表、植物志等工具书的基本能力,并具有严谨的科学态度及团队合作精神。

 任务实施的相关专业知识

园林树种调查就是通过具体的现状调查,对当地过去和现有园林树木的种类、生长状况、与生境的关系、绿化效果、功能的表现等各方面做综合的考察。

树种调查是树种规划的基础,也是编制和落实城市园林绿化规划的基础。从不同角度对调查结果做细致的分析研究,可得出多方面的、有价值的成果。要合理开发、利用和保护园林树种,就要对城市园林绿化树种进行全面调查。只有认真地做好调查,把材料细致地整理,并加以分析,才能科学地做好树种规划。

1.1 调查方法

1. 园林树种调查的组织与培训

(1) 组建调查组

园林树种调查要在当地园林主管部门、教学、科研单位或有一定技术实力的绿化公司的主持下进行,挑选一批具有一定业务水平、工作认真的技术人员组成调查组。

(2) 业务培训

全组人员共同学习树种调查的方法和具体要求,分析全市园林类型及生境条件,并各选一个标准地作为调查对象,对一些疑难问题进行讨论,统一认识。

(3) 实地调查

根据人员数量分成小组,分片包干实行调查。每小组内可另行分工,进行记录、测量工作,一般 3～5 人为一组,其中 1 人负责记录,其他人负责测量数据。

2. 明确园林树种的调查项目

调查时应明确树种调查的项目。可根据全国调查的规格,事先印制好园林树种调查卡,在野外只填入测量数字及做记号即可完成记录。记录卡的项目及格式如表 4-1 所示。在测量、记录前,应先由有经验者在该绿地中仔细观察一遍,针对每一种树种选出具有代表性的标准树若干株,然后对标准树进行调查记录。必要时可对标准树编号作为长期观测对象,但以一般普查为目的时则无须编号。

1.2 调查总结

野外调查结束后,将资料集中并进行细致整理,编写树种名录,进行分析总结,撰写调查报告，其主要内容如下。

1）前言：说明调查目的、意义、组织情况及参加工作人员、调查的步骤等内容。

2）所调查城市的自然环境情况：包括城市的自然地理位置、地形地貌、海拔、气象、水文、土壤、污染情况及植被情况等。

3）所调查城市的性质及社会经济简况：可简略介绍。

4）所调查城市的园林绿化现状：根据园林部门介绍的大体情况，结合实地调查结果，用建设部门所规定的绿地类别进行叙述，附近有风景区时也应包括在内。

5）树种调查统计表：通过对树种调查卡的整理，填写树种调查统计表，（可参照表 4-1）。在树种调查统计表的基础上，总结出本城市树种名录，并列出行道树表、公园中现有树种表、本地抗污染树种表、城市及近郊的古树名木资源表、边缘树种表、本地特色树种表等，分别进行分类统计。

6）经验教训：本市在园林绿化实践中成功与失败的经验教训和存在问题以及解决办法。

7）群众及专家意见：当地人民群众及国内外专家们的意见及要求。

表 4-1　树种调查统计卡

年　　月　　日

编号：	树种名称：	学名：	科名：
类别：落叶阔叶树、常绿阔叶树、针叶树、落叶灌木、丛木、藤木，常绿灌木、丛木			
栽植地点：	来源：乡土、引种		树龄：＿＿年生
冠形：椭圆、长椭圆、扇形、球形、尖塔、开展、伞形、卵形、倒卵形			
干形：通直、稍曲、弯曲		生长势：强、中、弱	
树高：＿＿m	冠幅：东西＿＿m，南北＿＿m		胸围或基围：＿＿m
其他重要性状：			
栽植方式：孤植、丛植、列植、林植		繁殖方式：实生、扦插、嫁接、萌蘖	
园林用途：行道树、庭荫树、防护树、观花树、观果树、观叶树、篱垣、垂直绿化、地被			
生长环境	光照：强、中、弱		坡向：东、西、南、北
	地形：坡地、平地、山脚、山腰		海拔：＿＿m
	坡度：	土层厚度：＿＿m	土壤 pH：
	土壤类型：		土壤质地：沙土、黏土、壤土
	土壤水分：水湿、湿润、干旱、极干旱		土壤肥力：好、中、差
	病虫害危害程度：严重、较重、较轻、无		病虫种类：
	主要空气污染物：		风：风口、有屏障
伴生树种：		其他：	
标本号：	照片号：		调查人：

8）参考图书、资料文献。

9）附件。将调查记录表及有关的图片和蜡叶标本名单列出。

知识拓展

树种调查统计表

1）行道树表：包括树名（附拉丁学名）、配植方式、高度（m）、胸围或基围（m）、冠幅［东西（m）×南北（m）］、行株距（m）、栽植年代、生长势（强、中、弱）、主要养护措施及存在问题等栏目。

2）公园中现有树种表：包括园林用途类别树名（附拉丁学名）、胸围或基围（m）、估计年龄、生长势、存在问题及评价等栏目。

3）本地抗污染（烟、尘、有害气体）树种表：包括树名、高度、胸围、冠幅、估计年龄、生长势、生境、备注（环保用途及存在问题）等栏目。

4）城市及近郊的古树名木资源表：包括树名（附拉丁学名）、高度、胸围、冠幅、估算年龄及根据、生境及地址和备注等栏目；对于古树名木的调查应包括立地条件、树姿、树龄考证、相关传说、典故、逸事等。

5）边缘（在生长分布上的边缘地区）树种表：包括树名、高度、胸围、冠幅、估计年龄、生长势、生境、地址和备注（主要养护措施、存在问题及评价）等栏目。

6）本地特色树种表：包括树名、高度、胸围、冠幅、年龄、生长势、生长环境、备注（特点及存在问题）。

树种调查统计表（藤灌丛木部分）见表4-2。

表4-2 地区园林树种调查统计表（藤灌丛木部分）

类别：针叶、常绿、落叶　　　　　　　　　　　　　　　　　年　　月　　日

编号	树种	来源	树龄	调查株数	平均树高	平均基围	平均冠幅 东西（m）×南北（m）	生长势			习性	备注
								强	中	弱		

注：1）习性栏可分填耐阴、喜光、耐寒、耐旱、耐涝、耐高温、耐酸、耐盐碱、耐瘠薄、抗风、抗病虫、抗污染等。

2）藤木、灌木、丛木应分别填表，勿混合填入一表。

3）本表引自陈有民《园林树木学》（1990年，中国园林出版社）。

技能训练 12　当地园林绿化树种调查

一、训练目的

1）进一步识别园林树木，熟悉调查地点 100 种以上园林树木的形态特征、生态习性及园林用途等。
2）掌握园林树种调查的基本方法。
3）能对调查结果进行初步分析，为树种规划与配置提供依据。

二、材料用具

记录夹、调查表、海拔仪、钢直尺、卷尺、树木测高器、放大镜、pH 试纸、解剖针、解剖刀、植物检索表、植物志、图鉴等。

三、方法步骤

可听取园林部门介绍调查地点的大体情况，再根据情况进行详细调查，逐棵清点数量，观察其立地条件及抗性、生长状况等情况，并做认真、准确的记录，包括树高、胸径（或基径、分枝径）、冠幅、生长势、耐阴性、抗病虫害程度、土壤类型、换土深度、地下水位、引种年限等。

1）立地条件调查。立地条件调查内容包括光照、温度、坡向、地形、土壤类型、土壤水分、病虫害危害程度、空气污染程度及主要污染物、风等。
2）树种调查。树种调查内容包括树木名称、生长特性、规格、观赏特性（叶、花、果、树形、树皮等）。
3）园林用途及景观效果调查。调查并描述主要树种的园林用途（行道树、庭荫树、防护林、观花树、观果树、观叶树等）、配置方式（林植、丛植、孤植、列植），并分析其景观效果。
4）收集有关调查地点自然环境、文化历史等方面的资料。
5）总结分析调查结果。剖析树种配置的成功与失败之处，提出树种改造、规划与选择方案。

四、分析与讨论

1）各小组内同学之间相互考问所调查地点园林绿化树种的名称及特性。
2）讨论树种规划应遵循哪些基本原则，基调树种和骨干树种的选择应注意哪些问题。

五、训练作业

1）认真填写园林绿化树种调查表（表 4-1 和表 4-2），对调查资料进行整理、分析，撰写一篇园林绿化树种调查报告。

2）完成园林绿化树种调查技能训练评价表（表4-3）。

表4-3　园林绿化树种调查技能训练评价表

学生姓名					
测评日期		测评地点			
测评内容	园林绿化树种识别、调查统计				
考评标准	内容	分值	自评	互评	师评
	正确识别园林树种100种	30			
	能说出园林树种调查的方法步骤	20			
	能正确进行园林树种的调查	30			
	能独立完成树种调查报告	20			
	合计	100			
最终得分（自评30%+互评30%+师评40%）					

说明：测评满分为100分，60～74分为及格，75～84分为良好，85分以上为优秀。60分以下的学生，需重新进行知识学习、任务训练，直到任务完成达到合格为止

任务 2　园林树种规划

【知识点】掌握园林树种规划的原则。
【能力点】能在园林树种调查的基础上，遵循一定的原则，制定出园林树种规划。

任务分析

本任务主要介绍制定园林树种规划的基本理论和基本知识。要完成本任务，必须具备园林树种调查并进行合理评价的能力，以及根据实际情况对园林树种规划进行修订的能力。

任务实施的相关专业知识

树种规划，指对城市绿化用树种进行科学规划和合理布局。树种选择与规划是城市园林建设总体规划的一个重要组成部分。树种规划包括基调树种、骨干树种及一般树种的确定。基调树种指各类园林绿地均要使用的、数量最大的、能形成全城统一基调的树种，一般以1～4种为宜。市树属于基调树种。骨干树种指在对城市形象影响

最大的道路、广场、公园的中心点、边界等地应用的孤植树、庭荫树及观花树木。骨干树种能形成全城的绿化特色，一般以 20～30 种为宜。一般树种则不限种类数量，通常可选用 100 种或更多。作为城市绿化重点的基调树种和各类绿地的骨干树种应遵循少而精的原则，基调树种的确定应准确、稳定、合理；一般树种也不容忽视，可丰富园林绿化中的生物多样性，避免绿化树种的单一，使得园林树种既重点突出，又丰富多彩。

在具体制定树种规划时，首先要对基调树种和骨干树种的规划认真、慎重，反复讨论论证，全面考虑，既要重视对其整体性的评价，又要认识其个体的优缺点。一般而言，基调树种与骨干树种应以乔木为主；其次，不论是基调树种、骨干树种还是一般树种，都应按照其重要性排出一定的次序，要体现出树种的比例关系；最后，根据树种的发展速度制订出育苗计划，并制定不同地点与不同类型园林绿地的树种规划。

2.1 树种规划原则

一个城市或地区的树种规划工作，应当在树种调查结果的基础上进行，没有经过树种调查而做的树种规划往往是主观的，不符合实际的。但是一个好的树种规划，仅仅依据现有树种的调查仍是不够的，还必须充分考虑下述几方面的原则才能制定出比较完善的规划。

1）树种规划要基本符合森林植被区的自然规律。树种规划要遵循当地森林植被区所展示的自然规律，所选树种最好为在当地植被区域适生的树种或当地植被区内具有的树种。如引种在当地尚无引种记录的树种，应根据生态学"气候相似"理论，充分比较原产地与当地的环境条件后，再决定是否大面积种植，或仅在当地小气候环境能够满足其生长条件的局部地区种植，或根本不适合引种。在树种规划中不应局限于模仿自然，而应根据对城市园林的要求，在自然规律的指导下去丰富自然、创造景观。

2）以乡土树种为主，适当选用少量经过长期考验的外来树种。乡土树种是长期历史、地理选择的结果，最适合当地气候、土壤等生态环境，最能反映地方特色，最持久而不易灭绝，其在园林中的价值正日益受到重视。选用乡土树种，不能忽视外来树种。在规划中应选择一些在当地经过长期考验、生长良好并且具有某些优点的外来树种，利用城市小气候，丰富树种多样性。

3）常绿树种与落叶树种相配合，乔木、灌木、藤本及草坪、地被植物全面、合理安排。园林建设实践过程中，曾提出"三季有花、四季常青"等口号。四季常青是园林绿化普遍追求的目标之一，在考虑骨干树种，尤其是基调树种时，要特别注意选用常绿树种。落叶树种在一年四季呈现出季相变化，能起到防护功能、美化城市和形成特色的作用，因此，树种规划时，应以落叶乔木为主，常绿树种占 20% 以下；同时乔木和灌木相结合，灌木可充分利用立体空间，增加绿量和美化、彩化作用。总之，乔木是骨架，灌木是肌肉，藤本是筋络，草坪地被是肤毛，四者紧密结合，构成复层混交、相对稳定的人工植物群落。

4）速生树种与长寿树种相结合——园林绿化的方向。在对一个城市或地区进行绿化时，往往一开始希望在短期内可产生一定的景观效果，所以常常种生长快，易成活的树种——速生树种。速生树种生长快，容易成荫，但易衰老，寿命短，如无性繁殖的杨属、柳属树木及桦木、桉树等。速生树种见效快，但不符合园林绿化长期稳定、美观的需要，而长寿树种能生长上百年乃至上千年，但一般生长较慢，不能在短期内呈现景观效果。因此，在做树种规划时必须考虑园林实践问题，要既照顾到目前需要，又要考虑到长远需要，将速生树种与长寿树种相结合。

例如，在街道中，应选择速生、耐修剪、易移植的树种；在游园、公园、庭院的绿地中，应选择长寿树种。当然，对于应用于绿化建设的速生树种，可通过树冠更新复壮和实生苗育种的办法来延长其行使园林功能的时间。

5）注意特色的表现。不同城市的地理环境、经济地位、城市性质也有所不同，在园林绿化上应注意体现各自的特色。例如，被誉为"行道树之王"的悬铃木现广泛应用于郑州、南京、无锡、苏州、上海、杭州、武汉、成都、昆明、广州等地，但是若无地域区分都是悬铃木，就会使人产生单调感。地方特色的体现方式通常有两种，一是以当地人们喜闻乐见的、体现民族特色和地方风格的数种树种来表示，一般可根据树种调查结果，从当地的园林绿地里生长良好的古树、乡土树种和引入树种中加以选择，如北京的白皮松、侧柏、国槐，福州的小叶榕，成都的木芙蓉等；另一种是以某些树种的运用手法和方式来表示。

2.2　园林树种规划的制定

在树种调查的基础上，遵循上述原则，制定当地城市绿化的基调树种、骨干树种及一般树种的名单。

总之，有了合理的树种规划，就可以使园林建设工作的效率更高，尽快形成新的绿化面貌；既能节约投资，又能使城市园林建设更具有科学性、可行性，减少盲目性，有效地保证园林建设工作的发展和水平的提高。

此外，还应认识到树种规划本身也不是永远一成不变的，随着社会的发展、科学技术的进步以及园林要求的提高，对树种也提出了新的要求，对于从国外或外地引进栽培成功的新树种，应在树种规划一段时间后对其做相应的补充或修订。

任务 3　园林树木选择与配置的原则

【知识点】了解树木的园林用途、园林造景的基本美学基础，熟悉树种的生物学特性和生态学特性。

【能力点】能够在园林绿化过程中合理遵循树木选择与配置的原则。

任务分析

本任务主要介绍了园林树木选择与配置原则的基本理论和基础知识。要完成本任务,必须了解常见树种的生物学特性、生态习性和观赏特性,同时具备美学中有关的季相和色彩、对比和统一、节奏和韵律,以及意境表现等艺术性知识。

任务实施的相关专业知识

园林树木的配置是指园林树木在园林中栽植时的组合和搭配方式。造园固然离不开山水,但如果没有树木、花、草,园林的美好境界也难以形成,其中树木起主要作用。因此,树木的选择是否合理,配置是否得当,直接关系着造园的优劣。造园,讲究配置上的艺术效果,这要建立在满足树木生态习性的基础上,同时考虑造园的功能要求。也就是说,树木的配置要体现适用、美观、经济性和多样性,这也是园林树木选择与配置的原则。

3.1 适用原则

1. 园林树木的生态学习性与环境条件相适应

适地适树,就是把树木栽植在适宜的生境条件下,是因地制宜原则在园林树木选择上的具体化。适用原则是园林绿化中树木选择的基本原则。在不同类型园林绿地中应因地制宜,即在识地、识树的基础上做到"适地适树"、"适景适树",尽量选择适生树种和乡土树种,做到宜树则树,宜花则花,宜草则草。下面介绍几种不同类型园林绿地的具体要求。

(1) 街道广场绿化树种

要求主干通直,冠大荫浓,适应能力强,能抵抗烟尘危害,病虫害较少,大苗移植易成活,栽培管理简便,但在有架空线的道路上要选多杈分枝且耐修剪的树种。

(2) 居住区绿化树种

外围要求选隔离噪声、吸附烟尘能力强生长迅速的树种,隔声效果较好的树种如雪松、龙柏、水杉、梧桐、垂柳、云杉等。在居住区内,应选择生命力旺盛而又尽可能结合生产的庭荫树、园景树、花灌木及藤木等。

(3) 机关学校绿化树种

除选若干庭前树、园景树外,可适当选用观花、观果的小乔木、灌木以及藤木种类,如观干、观叶、观花、观果树种以及一些彩色植物,以培养孩子的观察力和想象力,在这些地方应尽量避免使用带刺及分泌有害物质的树种,以防发生意外;学校还可选用一些经济树种,如桂圆、苹果、樱桃、枇杷等;医院和疗养院中可选择一些杀菌力强的树种,如松柏类、大叶黄杨、合欢、刺槐、广玉兰、桂花、香樟、桉树等。

(4)公园、花园绿化树种

适当选用园景树、庭荫树、花灌木、藤木以及木本地被植物,并合理地结合生产,有条件者,可设专类园,如月季园、木兰园、牡丹园等,与草花搭配,达到万紫千红、百花齐放的效果,丰富物种多样性。

(5)风景区绿化树种

选好山区、平原及水边风景区的骨干树种,注意大面积风景林结合生产的树种。

(6)工矿区绿化树种

应根据不同工矿区的性质,选择吸收有毒害气体、阻滞烟尘能力强的树种,并避免在污染地段种植果树和粮油树种。例如,臭椿、刺槐、枣树、玫瑰、洋槐、油松、侧柏等具有较强的吸收 SO_2 的能力;山楂、皂角、文冠果、落叶松等是吸氯气能力较强的树种;吸铅量高的树种有桑树、榆树。

2. 园林树木的选择与配置要满足园林造景的功能要求

(1)园林树木的配植要满足园林设计的立意要求

设计公园、风景区、绿地都要有立意、创造意境,配置时常常加一些具有诗情画意的树种,从而达到设计者的要求。例如:

1)幽雅、安静的休息区种植白花、粉花、淡黄色花等淡颜色的树木。

2)万紫千红、欢快的儿童公园种植红色、黄色花的树种以及颜色鲜艳的草花等,有一种节日的气氛。

3)营造庄严肃穆的效果,可种植松柏类、其他常绿树、白花灌木等。

4)平湖秋月杭州西湖一景,为了体现秋色、秋香、秋月,增加一些诗情画意,选择桂花(满足秋香)、红枫、鸡爪槭、紫叶李、乌桕、柿子等树种,这样秋天红叶、红果、花香的效果便可体现出来。中秋节时,人们就很容易联想到"月到中秋桂子香"的诗句。

(2)满足功能需要

园林树木在改善和保护环境方面起着显著作用。它有一定的防治和减轻环境污染的能力,如净化空气、吸收有毒气体、减少噪声以及滞尘等功能。选择抗性强的树种并加以合理配置,可对保护环境发挥积极的作用。

要实现树木的卫生防护功能,首先要进行树种选择,并利用选择的树种进行搭配。例如,防风林带以半透风结构效果最好,而滞尘林则以紧密结构效果最好。又如,在工矿企业附近建立防烟林时,选择耐烟强的草本紫茉莉、小向日葵,灌木紫穗槐、胡枝子,乔木小青杨、蒙古栎等,由近而远地配置成块状或带状的阔叶混交林,这样就形成了防烟的绿色屏障。

3.2 美观原则

1. 充分体现园林树木色彩季相变化、姿态和意境

园林树木有其特有的形态、色彩与风韵之美,这些特色能随季节与树龄的变化而有所丰富与发展。配置观赏树木不仅有科学性,而且有艺术性,并且富于变化,给人以美的享受。

园林树木要求外形之美、风韵之美以及与建筑配合协调之美等,故在配植中宜切实

做到在生物学规律的基础上，努力讲究美观。

林缘线、林冠线的处理要有变化、有韵律。两条线不宜平直，也不宜过于曲折。垂直的方向要参差不齐，水平方向要前后错落，有高低、明暗，前后衬托。

2. 绿化效果的近期与远期相结合

园林规划应考虑长期稳定的效果。例如，北京某居住小区，设计时只考虑近期效果，刚绿化时树木的大小、比例很合适，许多人去参观，但是不到十年，树木长得很大、互相拥挤，效果很差，达不到设计者的要求；另外，株行距很大，也达不到设计者的要求。这就要求在配置设计时考虑快长树与慢长树相结合。快长树能早显示出绿化效果，慢长树能维持长时间的绿化效果。几年后，当快长树枝叶繁茂，主要树种生长受到压抑时，应适当地移栽疏伐快长树，为慢长树创造良好的生长环境。

苗圃中刚移植的小苗的近期效果差，可适当用填充树种（同种或不同种），加大栽植密度，以多取胜，从数量上体现近期景观。但设计图上应注明"减法造景"。

3.3 多样性原则

树种多样性应在处理好种间关系基础上实现，模仿自然界的群落结构，形成稳定的植物群落。

园林造景形式多样性，形成丰富多彩、引人入胜的园林景观。

3.4 经济性原则

开源：设计时，在满足美观、防护的前提下，尽可能地结合生产。

节流：以乡土树种为主，适量引进外来树种，合理使用名贵树种，起到园林绿化的点缀作用。

知识拓展

如何实现树木之美

1. 树木之美应以健康生长为基础

园林树木的美不论在外形、色彩、风韵或与建筑配合协调关系等方面，都要以生长健康为基础。生长健康即生长正常，而非衰弱或过分生长。生长健康，才可充分表现其本身的特长和美点。园林树木应充分发挥其自然面貌，除少数需人工整枝修剪保持一定形状外，一般应让树木表现其本身的典型美。

2. 配置园林树木时要注意整体与局部的关系

配置园林树木时要在大处着眼的基础上安排细节问题。配置中的通病是：过多地注意局部，而忽略了主体安排；过分追求少数树木之间的搭配关系，而没有注意整体、大片的群体效果；过多地考虑各株树木之间的外形配合，而忽视了适地适树和种间关系等基本问题，这样的结果往往是烦琐支离、零乱无章。为此，在树木配置时，应注意以下几点：

1）先面后点：先从整体考虑，大局下手，然后考虑局部细节，做到"大处添景，小处添趣"。

2）先主后宾：在一个景区中，树木配置要主宾分明，先确定主景树种，再确定配景树种。

3）远近结合：树木配置时，不但考虑一个景区内树木的搭配，还要与相邻空间或远处的树木和背景及其他景物能彼此相呼应，这样才能达到园林空间艺术构图的完整性。

4）高低结合：一般在一个园林空间或一个树丛、树群内，乔木是骨干。配置时要先乔木后灌木再草花，即要先确定乔木的树种、数量和分布位置，再由高到低分层处理灌木和草花，这样才能有艺术形象完美的立体轮廓线。

5）近期效果与远期效果相结合。区分如下：林缘线与林冠线：林缘线（水平）是树冠在地上的投影，林冠线（垂直）是树冠的边界。

任务 4　园林树木的配置方式

【知识点】了解树木的园林用途及配置方式，熟悉园林造景的基本美学基础。

【能力点】能够在园林绿化过程中遵循树木选择与配置的原则，选择树木进行合理搭配。

任务分析

本任务主要介绍园林树木配置方式的基本理论和基础知识。要完成本任务，必须了解常见树种的生物学特性、生态习性和观赏特性，同时具备美学中有关的季相和色彩、对比和统一、节奏和韵律，以及意境表现等艺术性知识，然后对树木进行合理搭配和种植。

任务实施的相关专业知识

配植方式，就是搭配观赏树木的样式。观赏树木的配植方式有规则式和自然式两大类。规则式配置要求整齐、严谨，具有一定的种植株行距，且按照固定的方式排列。自然式配置要求自然、灵活、参差有致，没有一定的株行距和固定的排列方式限制。

4.1　规则式配置

规则式配置即在中轴线的前后、左右对称栽植，按一定株行距，体现严肃、整齐的效果，如图 4-1 所示。

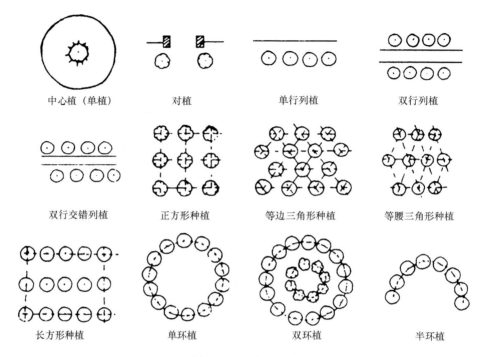

图 4-1 规则式配置

1. 中心植

在广场、花坛等中心地点，可种植树形整齐、轮廓严正、生长缓慢、四季常青的观赏树木。例如，在北方，可用桧柏、云杉等；在南方，可用雪松、整形大叶黄杨、苏铁等。

2. 对植

在进口、建筑物前，左右各种一株，使之对称呼应。对植的树种要求外形整齐、美观，两株大体一致，通常多用常绿树，如桧柏、龙柏、云杉、海桐、桂花、柳杉、罗汉松、广玉兰等。对植分对称对植（似天平）和非对称对植（似杆秤），强调一种均衡的协调关系。

3. 列植

列植即将树成排成行种植，并保持一定的株距；通常为单行或双行，多用一种相互木组成，也有间植搭配；在必要时亦可植多行，且用数种树木按一定方式排列。列植多用于行道树、绿篱、林带及水边种植等。

这是按一定株距把树木栽为圆环的一种方式，有时仅有一个圆环，甚至半个圆环，有时则有多种圆环。

4. 多边形种植

（1）正方形种植

正方形种植即按方格网在交叉点种植树木，株行距相等。其优点是透光通风良好，便于抚育管理和机械操作；缺点是容易造成树冠密接。这种方式一般在园林中应用不多。

（2）三角形种植

三角形种植即株行距按等边或等腰三角形排列的种植方式。每种树种的树冠前后错开，故可在单位面积内比正方形方式栽植较多的株数，可提高土地面积利用率，但通风透光较差，机械化操作不及正方形栽植便利。

（3）长方形种植

长方形种植是正方形种植的一种变型。这种方式的特点是行距大于株距，其好处在于行距宽，通风透光好，便于操作、管理。长方形种植兼有正方形和三角形两种种植方式的优点，并避免了它们的缺点，是一种较好的种植方式。

4.2 自然式配置

自然式配置指以自然的方式进行配植，无轴线，没有固定的株行距。不论树木的株数和种类的数量如何，均要求树种搭配自然、灵活，参差有序，宛若天生。自然式配植有孤植、丛植（树丛）、群植等方式。

1. 孤植

园林中的孤植要求突出个体美，或具有美丽的花朵或果实。孤植时根据空间选择树种大小，一般留出4倍树高的观赏空间。

构成个体美的主要因素如下：

1）体形壮美、冠大荫浓，如樟树、榕树、悬铃木、橡栎类、白皮松、银杏、雪松等。

2）树形、姿态优美，如金钱松、南洋杉、合欢、垂柳、龙爪槐等。

3）花繁色艳，如海棠、玉兰、紫薇、梅花、碧桃、山茶、广玉兰等。

4）观赏秋色叶树种或异色叶树种，秋色叶树种如白蜡、银杏、黄栌、野漆树、枫香、乌桕等，异色叶树种如红叶李、鸡爪槭品种等。

5）观果树种，如柿、山楂、石榴等。

2. 丛植

丛植是3株以上同种或几种树木组合在一起的种植方式。

丛植系由2～10株乔木组成，如加入灌木，总数最多可达数十株。丛植的组合主要考虑群体美，但其单株植物的选择条件与孤植相似。

丛植在功能和配置上与孤树基本相似，但其观赏效果要比孤植更为突出。作为纯观赏性或诱导树丛，可以用两种以上的乔木搭配栽植，或乔灌木混合配植，亦可同山石、花卉相结合。庇荫用的树丛以采用树种相同、树冠开展的高大乔木为宜，一般不用灌木配合。

丛植配置的基本形式一般如下。

（1）两株配合

两树必须既有调和又有对比，因此两株配合，首先必须有通相，即采用同一树种（或外形十分相似），使两者统一起来；但又必须有其殊相，即姿态和大小应有差异，既有对比，又生动活泼。一般来说，两株树的距离应小于两树冠半径之和。

（2）3株配合

3株配合最好采用姿态大小有差异的同一树种，栽植时忌3株树在同一线上或成等边三角形。3株树的距离都不能相等，一般最大和最小的要靠近一些成为一组，中等大小的远离一些另为一组。如果采用不同树种，最好同为常绿或同为落叶，或同为乔木，或同为灌木，其中大的和中等大小的应同为一种。

3株配合是丛植的基本单元，4株以上可按其规律类推。

3. 群植

群植是由十多株以上、七八十株以下的乔灌木而组成人工群落的种植方式。树群组成需要重点，种类不宜太多，而要考虑到年龄与季节的变化。例如，有这样的一个群落，以毛白杨、白皮松、元宝枫、榆叶梅为主组成一个稳定而美丽的树群，其中以白皮松为背景，以毛白杨为骨架，用元宝枫以便观赏其秋季的红叶，用榆叶梅以便观赏娇艳的春花。整个树群所用主要树种在原则上均以不超过5种为宜，这样才可以做到相对稳定，重点突出。例如，元宝枫稍耐阴，又是小乔木，主要为观红叶用，均可三五株掩映于两种大乔木的下方偏前处；榆叶梅喜光、耐旱，但需要排水良好，可在最前方成丛地与元宝枫呈较大块状混交，以便突出艳红娇丽的春景。

4. 林植

林植是较大规模成带成片的树林状的种植方式，反映群体美。林植也是园林结合生产的场所，广泛用于大型公园、风景区、森林公园中。

1）自然式林带。自然式林带是一种大体成狭长带状的风景林，多由数种乔、灌木组成，也可由一种树木构成。自然式林带须注意林冠线的起伏和变化。林带外缘宜种美丽可观的灌木，如黄栌、玫瑰、溲疏、连翘等。

2）纯林。纯林由一种树木组成，栽植时可为规则式的或自然式的，规则式纯林若干年后经过分批疏伐，可逐渐成为疏密有致的自然式纯林。例如，中国传统园林中的竹林、梅林、松林都是面积不大的纯林。

3）混交林。混交林是由两种以上乔、灌木所构成的郁闭群落，其植物间关系复杂而重要。在种植混交林时，除考虑空间层次、株间关系外，还要考虑地下根系等问题。例如，苏州河两岸均为自然式林带，其中乔木树种有20多种，视野中只有七八种，邻水的是柳树，并且最多；另外还有桃、大叶白蜡、桑树、丝棉木等，两岸的树互相呼应，并且主次分明；油松数量不多，但植株很大，姿态非常丰富，具有诗意，并可入画。又如，颐和园后山的四季景观也很美，春天桃花盛开、柳树吐绿，连翘、丁香、枫树也很美；夏天枝叶浓荫，再加上人少，又有水，给人以清凉、舒服的感觉；秋天有大叶白蜡、槲树、银杏、枫等变叶树，秋色浓郁；冬天有油松、常绿树等。

4）疏林。疏林是郁闭度为 0.4～0.6 的错落有致的群落。疏林可起防护作用，在有利条件下可适当结合生产。例如，梅林在春天可形成飘香、雪海的观赏效果，在秋天可收获果实。另外，管理粗放的柿子林、桂花林、山楂林、枇杷林等也属于疏林。

 归纳总结

本项目主要介绍园林绿化树种调查的方法及在此基础上的园林规划，在园林树木的选择上要结合树木的生物学特性、生态学习性及其生态功能，做到"适地适树"；结合园林造景的艺术效果，合理选择园林树木的配置方式，以达到园林绿化功能上的综合性、生态上的科学性、配植上的艺术性、风格上的地方性、经济上的合理性。

 思考题

简答题
1）园林树木的选择和配置原则有哪些？
2）园林树木规则式配置有哪些？请举例说明。
3）园林树木自然式配置有哪些方式？请举例说明。
4）举例说明园林树木配置的艺术效果。
5）什么是适地适树？适地适树有哪些途径？如何做到适地适树？
6）不同栽植地园林树木选择有哪些要求？

项目 5　园林树木栽植技术

☞ **学习目标**

本项目主要介绍园林树木栽植的成活原理、各地区园林树木栽植的最佳季节、栽植过程中各工序的技术和方法,以及特殊立地条件园林树木的栽植技术和方法。

能够:
- ◆ 了解园林树种栽植的基本理论;
- ◆ 掌握定点放线技术;
- ◆ 会裸根苗、土球苗的起苗与栽植技术;
- ◆ 会园林树木栽植后的养护管理。

☞ **项目导入**

园林树木栽植工程是绿化工程的重要组成部分,是指按照正式的园林设计以及一定的计划,完成某一地区的全部或局部的植树绿化任务。它不同于林业生产的植树造林。只有熟悉它的特点,研究并利用其规律性,才能做好园林树木的栽植工作。

树木栽植从广义上讲,应包括掘苗、搬运、定植和栽后管理 4 个基本环节。将树苗从一个地方连根(裸根或带土球并包装)起出的操作过程称为掘苗。将起出的树苗用一定的交通工具运到指定地点的操作过程称为运苗。将运来的苗木按照园林规划设计的造景要求栽植在适宜的土壤内,使树木的根系与土壤密接的操作过程称为定植。在园林绿化工程中,我们经常遇到"假植"这个名词。所谓假植,是指在苗木或树木挖起或搬运后不能及时种植时,为了保护根系生命活动而采取的短期或临时性的将根系埋于湿土中的措施。

园林工作者应该了解树木栽植成活的理论基础,以及这些环节与树木栽植成活的关系。

任务 1　栽植季节及施工准备

【知识点】了解园林树木栽植的成活原理和园林树木栽植的最佳季节。
【能力点】会根据园林树种栽植工程施工要求,进行园林树种栽植工程施工。

任务分析

通过学习本任务,主要熟悉园林树木栽植的成活原理,了解园林树木栽植的最佳季节、栽植工程施工要求等基础知识。要完成本任务,必须熟悉常见园林树种,了解其生长习性及在园林中应用,并具有严谨的科学态度及团队合作精神。

 任务实施的相关专业知识

1.1 园林树木栽植的成活原理

正常生长的园林树木未移植之前,在一定的环境条件下,其地上部分与地下部分存在一定比例的平衡关系。尤其是根系与土壤的密切结合,使树体的养分和水分代谢的平衡得以维持。植株一经挖(掘)起,大量的吸收根因此受损失,并且全部根系(裸根苗)或部分根系(带土球苗)脱离了原有协调的土壤环境,易受风吹日晒和搬运损伤等影响,降低了对水分和营养物质的吸收能力,使树体内水分由茎叶移向根。当茎叶水分损失超过生理补偿点时,即干枯、脱落,芽也干缩,而地上部分仍能不断地进行蒸腾作用,生理平衡遭到破坏,严重时会因失水而死亡。因此,在栽植过程中,及时恢复树体再生能力、维持以水分代谢为主的生理平衡是栽植成活的关键。

在移植过程中,常需减少树冠的枝叶量,并有充足的水分供应或较高的空气相对湿度条件,才能暂时维持较低水平的生理平衡。只有采取相应的栽植条件和管护措施,促进根系的再生和生理代谢功能的恢复,协调树体地上部分和地下部分的生长发育矛盾,才能达到根旺树壮、枝繁叶茂的园林景观效果。一般而言,发根能力和根系再生能力强的树种容易栽植成功;幼、青年期的树木以及休眠期的树种容易栽活;在充分的土壤水分和适宜的气候条件下栽植,成活率高。另外,严格、科学的栽植技术和高度的责任心可以弥补栽植过程中的很多不利因素,从而大大提高栽植成活率。

1.2 园林树木栽植的施工原则

园林树木栽植的施工原理如下。

1. 符合规划设计要求

植树工程施工是把规划、设计变为现实的具体工作。所以,在树木栽植过程中,根据设计要求,施工人员必须遵循园林树木的生理特性,按图施工,一切符合图纸的规范要求。一定要了解设计人员的设计理念,理解设计要求,熟悉设计图纸,然后严格按照设计图纸进行施工。如果施工人员发现设计图纸与施工现场实际不符,则应及时向设计员提出。如需变更设计,必须征得设计部门的同意,决不可自作主张;同时不可忽视施工建造过程中的再创造作用,可以在遵从设计原则的基础上,不断提高,以取得最佳效果。

2. 符合树木的生活习性

各种树木都有其自身独特的个性,对环境条件的要求和适应能力表现出很大的不同。要充分了解栽植树种的生态习性以及对栽植地区生态环境的适应能力,要有相关成功的驯化引种试验和成熟的栽培养护技术，这样才能保证效果。贯彻适地适树原则的最简便做法就是选用性状优良的乡土树种，作为景观树种中的基调、骨干树种，特别是在生态林的规划设计中，更应实行以乡土树种为主的原则，以求营造生态群落效应。对于杨、柳等再生能力强的树种，其栽植容易成活，一般可以用裸根苗进行栽植，苗木的包装、运输可以简单些，栽植技术较为粗放；而对于一些常绿树种及发根、再生能力差的树种，栽植时必须带土球，栽植技术必须严格按照要求操作。所以，针对不同生活习性的树木，施工人员要了解栽植树木的共性和特性，并采取相应的技术措施，才能保证树木栽植成活率和工程的高质量。

3. 抓紧栽植的季节

园林树木的适宜栽植时期，应根据各种树木的不同生长特性和栽植地区的气候条件而定。在适栽季节内，合理安排不同树种的种植顺序是影响移植成活率的一个关键因素。一般早发芽早栽植，晚发芽晚栽植。一般落叶树种多在秋季落叶后或春季萌芽开始前进行栽植。对于常绿树种，在南方冬暖地区多秋植，或于新梢停止生长的雨季进行栽植。冬季严寒地区，易因秋季干旱造成"抽条"而不能顺利越冬，故以新梢萌发前春植为宜；春旱严重地区可雨季栽植。

4. 合理安排栽植工序

树木在栽植的过程中应做到"三随"，即在移植过程中，做到起、运、栽"一条龙"进行，事先做好一切准备工作，创造好一切必要的条件，于最适宜的时期内，抓紧时间，随掘苗、随运苗、随栽苗，环环扣紧，再加上及时的后期养护、管理工作，这样就可以提高移植成活率。同时，合理安排施工的时间控制与衔接；认真进行成本核算，争取创造尽可能多的经济效益；加强统计工作，收集、积累资料，严格执行植树工程的技术规范和操作规程。

1.3 园林树木栽植的季节

树木栽植的适宜季节决定于移栽树木的种类、生长状况和外界环境条件。根据树木栽植的成活原理、最适合的树木栽植季节和时间，首先应具有利于树木保湿、防止树木过分失水和树木愈合生根的气象条件，特别是温度与水分条件；其次树木具有较强的发根能力，其生理活动的特点与外界环境条件配合，有利于维持树体水分代谢的相对平衡。因此，确定栽植时期的基本原则是尽可能减少移植对树木正常生长的影响，确保树木移植成活。应选择树木的外界环境条件最有利于水分供应和树木本身生命活动最弱、消耗养分最少、水分蒸腾量最小的时期作为移植的最佳时期。

在一年中，符合上述条件的时期大多在早春萌芽前和秋季落叶时，即树木的休眠期和根系生长期。在这两个时期，树木地上部分处于休眠状态而根系仍在生长，树体消耗的养分和水分最少，生理代谢活动滞缓，体内储藏营养丰富，受伤根系伤口易于愈合并再生新根，移植成活率高。

具体何时栽植应根据不同树种及其生长特点、不同地区条件、当年的气候变化来决定，在实际工作中，应根据具体情况灵活掌握。现在园林树木的栽植技术突破了时间的限制，"反季节"、"全天候"栽植已不再少见，关键在于遵循树木栽植成活的原理，采取妥善、恰当的保护措施，以消除不利因素的影响，提高栽植成活率。

1. 春季栽植

土壤化冻前至树木发芽前，树木根系的生理活动开始复苏，因此春季栽植符合树木先长根、后发枝叶的物候顺序，有利于水分代谢的平衡。春季是植树的黄金季节，春季栽植适合于大部分地区和几乎所有树种，特别是在冬季严寒地区或对于那些在当地不甚耐寒的边缘树种，更以春季栽植为宜；在秋季旱且风大的地区，常绿树种也宜春季栽植，但在时间上可稍推迟。这一时期应根据树种的特性和物候顺序，做到先发芽的先栽，后发芽的后栽。多数落叶树宜早春栽植，至少应在萌芽前半个月栽植。对于早春开花的梅花、玉兰等树木，为了不影响其开花，应于花后栽植；对于春季萌芽较迟的树，如枫杨、苦楝、无患子、合欢、乌桕、栾树、喜树、重阳木等，宜于晚春芽萌动时栽植；部分常绿树，如香樟、广玉兰、枇杷、柑橘、桂花等宜晚春栽植，有时可迟至4～5月，不过栽后应抓紧养护。

2. 秋季栽植

树木于落叶后至土壤封冻前进入休眠期，消耗营养物质少，有利于维持生理平衡。此时气温逐渐降低，蒸发量小，土壤水分较稳定，树体内储存的营养物质丰富，有利于断根伤口愈合，如果地温尚高，还可能发出新根。经过一冬根系与土壤密切结合，春季发根早，符合树木先生根后发芽的物候顺序。不耐寒的髓部中空的有伤流的树木不适宜秋季栽植。对于当地耐寒的落叶树，健壮大苗应安排秋季栽植以缓和春季劳力紧张的矛盾。华东地区的秋季栽植，可于晚秋11月上旬至12月下旬进行，竹类一般以不迟于出笋前一个月栽植为宜；落叶树也可晚秋栽植，即10月中旬至11月中下旬，甚至12月上旬也可。萌芽早的花木如牡丹、月季、蔷薇、珍珠梅宜晚秋栽植。

3. 夏季栽植

夏季栽植只适合西南地区树种和某些常绿树种，主要用于山区小苗造林。西南地区的雨季较长，春、秋、冬干旱，雨季植树最为理想。一定要掌握当地历年雨季的降雨规律和当年降雨情况，抓住连阴雨的有利时机，栽后下雨，成活率高。在江南地区，也可以利用梅雨季节的气候，进行夏季栽植。

4. 冬季栽植

在冬季土壤基本不结冻的华南、华中和华东等长江流域地区，可以进行冬季栽植。在冬季严寒的华北北部及东北地区，对耐寒性强的树种，可采取冻土球移植法进行栽植。

只有掌握了各个季节植树的优缺点，才能根据各地条件因地、因树种恰当、合理地安排栽植事宜。对于落叶树种，要掌握"春栽早，雨栽巧，秋栽落叶好"的原则，以提高植树成活率。

1.4 施工方案制定与编制

施工方案是根据工程规划设计所制订的施工计划，又称为"施工组织设计"或"组织施工计划"。

1.4.1 施工方案的主要内容

根据绿化工程的规模和施工项目的复杂程度制定施工方案，在计划的内容上要尽量考虑得全面而细致些，在施工的措施上要有针对性和预见性，在文字上要简明扼要，抓住关键，其主要内容如下。

1）工程概况：工程名称、施工地点，设计意图，工程的意义、原则要求以及指导思想，工程的特点及有利和不利条件，工程的内容、范围、工程项目、任务量、投资预算等。

2）施工的组织机构：参加施工的单位、部门及负责人；需要设立的职能部门及其职责范围和负责人；明确施工队伍，确定任务范围，任命组织领导人员，并明确有关的制度和要求；确定劳动力的来源及人数。

3）施工进度：分单项进度与总进度，确定其起止日期。

4）劳动力计划：根据工程任务量及劳动定额，计算出每道工序所需用的劳动力和总劳动力，并确定劳动力的来源、使用时间及具体的劳动组织形式。

5）材料和工具供应计划：根据工程进度的需要，提出苗木、工具、材料的供应计划，包括用量、规格、型号、使用期限等。

6）机械运输计划：根据工程需要，提出所需用的机械、车辆，并说明所需机械、车辆的型号、日用台班数及具体使用日期。

7）施工预算：以设计预算为主要依据，根据实际工程情况、质量要求和届时的市场价格，编制合理的施工预算。

8）技术和质量管理措施：制定操作细则，施工中除遵守统一的技术操作规程外，应提出本项工程的一些特殊要求及规定；确定质量标准及具体的成活率指标；进行技术交底，提出技术培训的方法；制定质量检查和验收的办法。

9）绘制施工现场平面图：对于比较大型的复杂工程，为了了解施工现场的全貌，便于对施工的指挥，在编制施工方案时，应绘制施工现场平面图。平面图上主要标明施工现场的交通路线、放线的基点、存放各种材料的位置、苗木假植的地点、水源、临时工棚和厕所等。

10）安全生产制度：建立、健全保障安全生产的组织；制定保障安全操作的规程；制定保障安全生产的管理办法。绿化工程项目不同，施工方案的内容也不一样，要根据具体工程情况加以确定。另外，单位管理体制的改革、生产责任制、全面质量管理办法和经济效益的核定等内容，对于完成施工任务都有重要的影响，可根据本单位的具体情况加以实施。

1.4.2 编制施工方案的方法

施工方案由施工单位的领导部门负责制定，也可以委托生产业务部门负责制定。由负责制定的部门召集有关单位，对施工现场进行详细的调查了解，称"现场勘测"。根据工程任务和现场情况，研究出一个基本方案，然后由经验丰富的专人执笔，负责编写初稿。编制完成后，应广泛征求群众意见，反复修改，定稿、报批后执行。

1.4.3 栽植工程主要技术项目的确定

为确保工程质量，在制定施工方案的时候，应确定栽植工程主要项目的具体技术措施和质量要求。

1）定点和放线。确定具体的定点、放线方法（包括平面和高程），保证栽植位置准确无误，符合设计要求。

2）挖坑。根据苗木规格，确定树坑的具体规格（直径×深度）。为了便于施工中掌握，可根据苗木大小分成若干级别，分别确定树坑规格，并进行编号，以便工人操作。

3）换土。根据现场踏勘时调查的土质情况，确定是否需要换土。如需换土，应计算出客土量，确定客土的来源及换土的方法（成片换、单坑换），还要确定渣土的处理方法。如果现场土质较好，只是混杂物较多，可以去渣添土，尽量减少客土量，保留一部分碎破瓦片，有利于土壤通气。

4）掘苗。确定具体树种的掘苗方法、包装方法，检查掘苗工具是否齐全和合格。

5）运苗。确定运苗方法，如用什么车辆和机械、行车路线、遮盖材料、方法及押运人。对于长途运苗，要提出具体要求。

6）假植。确定假植地点、方法、时间、养护管理措施等。

7）种植。确定不同树种和不同地段的种植顺序、是否施肥、肥料种类、施肥方法、施肥量等，以及苗木根部消毒的要求与方法。

8）修剪。确定各种苗木的修剪方法（乔木应先修剪后种植，绿篱应先种植后修剪）、修剪的高度和形式要求等。

9）树木支撑。确定是否需要立支柱，以及立支柱的形式、材料和方法等。

10）灌水。确定灌水的方式、方法、时间、灌水次数和灌水量，以及封堰或中耕的要求。

11）清理。清理现场应做到文明施工，做到"工完场净"。

12）其他有关技术措施。例如，灌水后发生倾斜要扶正，确定遮阴、喷雾、防治病虫害等的方法和要求。

1.4.4 计划表格的编制和填写

在编制施工方案时，凡能用图表或表格说明的问题，就不要用文字叙述，这样做既明确又简练，便于落实和检查。表格应尽量做到内容全面、项目详细。目前还没有一套统一完善的计划表格式样，各地可依据具体工程要求进行设计。表格式样如表5-1～表5-4所示。

表 5-1 进度计划表

工程名称　　　　　　　　　　　　　　　　　　　　　　　　　　年　月　日

工程地点	工程项目	工程量	单位	定额	用工	进度				备注
						×月×日	×月×日	×月×日	×月×日	

主管　　　　　　审核　　　　　　技术员　　　　　　制表

表 5-2 材料工具计划表

工程名称　　　　　　　　　　　　　　　　　　　　　　　　　　年　月　日

工程地点	工程项目	工具材料名称	单位	规格	需用量	使用日期	备注

主管　　　　　　审核　　　　　　技术员　　　　　　制表

表 5-3 用苗计划表

工程名称　　　　　　　　　　　　　　　　　　　　　　　　　　年　月　日

苗木名称	规格	数量	出苗地点	供苗日期	备注

主管　　　　　　审核　　　　　　技术员　　　　　　制表

表 5-4 车辆机械使用计划表

工程名称　　　　　　　　　　　　　　　　　　　　　　　　　　年　月　日

地点	项目	车辆机械名称	型号	台班	使用时间	备注

主管　　　　　　审核　　　　　　技术员　　　　　　制表

1.5 施工现场的准备

施工现场的准备是栽植工程准备工作的重要内容，这项工作的进度和质量对完成绿化施工任务影响较大，须加以重视，但现场准备的工作量随施工场地的不同而有很大差别，应因地制宜，区别对待。施工现场的准备工作主要包括清理障碍物；地形、地势的整理；地面土壤的整理；接通电源、水源，修通道路；根据需要，搭盖临时工棚等。

1. 清理障碍物

绿化工程用地边界确定之后，凡地界之内有碍施工的市政设施、农田设施、房屋、树木、坟墓、堆放杂物、违章建筑等，一律应进行拆除和迁移。对这些障碍物的处理应在现场踏勘的基础上逐项落实，根据有关部门对这些地上物的处理要求，办理各种手续，凡能自行拆除的限期拆除，无力清理的，施工单位应安排力量进行统一清理。对现有房屋的拆除要结合设计要求，如不妨碍施工，可物尽其用，保留一部分作为施工时的工棚或仓库，待施工后期进行拆除。凡拆除民房要注意落实居民的安置问题。对现有树木的处理要持慎重态度，病虫严重的、衰老的树木应予以砍伐。凡能结合绿化设计可以保留的尽量保留，无法保留的可进行移植。

2. 地形、地势的整理

地形整理是指从土地的平面上，将绿化地区与其他用地区分开来，根据绿化设计图纸的要求整理出一定的地形，此项工作可与清除地上障碍物相结合。对于有混凝土的地面，一定要刨除混凝土，否则影响树木的成活和生长。地形整理应做好土方调度，先挖后垫，以节省投资。

地势整理主要指绿地的排水问题。在绿化地块中，一般不需要埋设排水管道，绿地的排水依靠地面坡度，从地面自行排到道路旁的下水道或排水明沟。所以将绿地界限划清后，要根据本地区排水的大趋向，将绿化地块适当填高，再整理成一定坡度，使其与本地区排水趋向一致。一般城市街道绿化的地形整理要比公园的简单些，主要做到与四周的道路、广场的标高合理衔接，使行道树内排水畅通。洼地填土或去掉大量渣土堆积物后回填土壤时，需要注意对新填土壤分层夯实，并适当增加填土量，否则一经下雨或经自行下沉，会形成低洼坑地，而不能自行排水。如地面下沉后再回填土壤，则树木被深埋，易造成死株。

3. 地面土壤的整理

地形、地势整理完毕之后，为了给植物创造良好的生长基地，必须在种植植物的范围内对土壤进行整理。原是农田菜地的土质较好。侵入物不多的土壤只需要加以平整，不需换土。如果在建筑遗址、工程弃物、矿渣炉灰地修建绿地，需要清除渣土换上好土。对树木定植位置上的土壤进行改良，待定点刨坑后再行解决。

4. 接通电源、水源，修通道路

这是保证工程开工的必要条件，也是施工现场准备的重要内容。

5. 根据需要，搭盖临时工棚

如果附近没有可利用的房屋，应搭盖工棚、食堂等必要生活设施，安排好职工的生活。

1.6　技术培训

植树工程开工之前，应该安排一定的时间，对参加施工的全体人员或骨干人员进行一次技术培训。学习本地区植树工程的有关技术规程和规范，贯彻落实施工方案。

园 林 树 木

任务 2 园林树木栽植技术

【知识点】掌握园林树木栽植的主要工序。
【能力点】会裸根苗、土球苗的起苗与栽植及栽植后的养护管理。

任务分析

通过学习本任务，主要熟悉园林树木栽植的主要工序，掌握园林树木栽植的有关技术规程。要完成本任务，必须熟悉常见园林树种、定点放线技术及栽植技术的基本知识，并具有严谨的科学态度及团队合作精神。

任务实施的相关专业知识

2.1 栽植地的整理与改良

1. 地形、地势的整理

地形整理应做好土方调度，先挖后垫，以节省投资。地势整理应结合地形整理进行，并主要考虑绿地的排水问题。绿化一般不需要埋设排水管道，可根据本地区排水的大趋向，使其与本地区排水趋向一致。

2. 地面土壤的整理与施肥

为了给植物创造良好的生长环境，必须在种植植物的范围内，对土壤进行整理。整地分为全面整地和局部整地。栽植灌木，特别是用灌木栽植成一定横纹的地面，或播种及铺设草坪的地段，应实施全面整地。全面整地应清除土壤中的建筑垃圾、石块等，全面翻耕。播种、铺设草坪和栽植灌木地段的翻耕深度为15～30cm，并将土块敲碎，而后平整。局部整地指针对零散小块绿地或坡度较大而易发生水土流失的山坡地进行局部的块状或带状整地。整地时要清理垃圾杂物，坑塘填土后要夯实，要结合栽植树木的实际需要对土壤进行施肥，并混匀，耙平、耙细。

3. 土壤改良

土壤改良是采用物理的、化学的和生物的措施，改善土壤理化性质，提高土壤肥力的方法。例如，栽植前的整地、施基肥，栽植后的松土、施肥等都属于土壤改良。在建筑遗址、工程遗弃物、矿渣炉灰地修建绿地，需要清除渣土并根据实际情况采取土壤改良措施，必要时换土，对树木定植位置上的土壤改良一定在定点挖穴后进行。对于土层薄、土质较差和土壤污染严重的绿化地段，栽植树木前需要填换土壤。在换土的地方，应先运走杂石弃渣或被污染的土壤，再填新土，填换土应结合竖向设计的标高或地貌造型来进行。

2.2 苗木的准备

苗木质量直接影响苗木栽植的质量、成活率、养护成本及绿化效果。

1. 苗木质量

苗木的来源有当地培育、从外地购进及从园林绿地或野外搜集。不论哪一种来源，栽植苗（树）木的树种、年龄和规格都应根据设计要求选定。园林绿化用苗质量标准主要包括：

1）根系发达而完整，主根短直，接近根颈的一定范围内要有较多的侧根和须根，起苗后大根系应无劈裂。

2）主侧枝分布均匀，能构成完美丰满的树冠。对于常绿针叶树，下部枝叶不枯落成裸干状。对于干性强并无潜伏芽的某些针叶树，中央主枝要有较强优势，侧芽发育饱满，顶芽占有优势。

3）无病虫害和机械损伤。

4）植株健壮，苗木通直圆满，枝条苗壮，组织充实，不徒长，木质化程度高。相同树龄和高度条件下，干径越粗，质量越好。

2. 苗木规格

各类绿地所需苗木的规格，应根据环境需要、周围环境关系、季节因素等综合考虑。

1）行道树苗木：树干高度合适，杨、柳等速生树胸径应在4~6cm，国槐、银杏等慢长树胸径应在5~8cm；分枝点高度一致，具有3~5个分布均匀、角度适宜的主枝；枝叶茂密，树干完整。

2）花灌木：高在1m左右，有主干或主枝3~6个，分布均匀，根系有分枝，冠形丰满。

3）观赏树（孤植树）：树体形态优美，有个体特点；树干高度在2m以上，常绿树枝叶茂密，有新枝生长，不烧膛。

4）绿篱：株高大于50cm，个体一致，下部不脱裸，苗木枝叶茂密。

5）藤本：有2~3个多年生主蔓，无枯枝现象。

3. 苗龄

苗龄指苗木实际生长的年龄，即从播种、插条或埋根到出圃的时间。

（1）苗龄的描述

以经历1个年生长周期作为1个苗龄单位。苗龄用阿拉伯数字表示，第1个数字表示播种苗或营养繁殖苗在原地的年龄；第2个数字表示第一次移植后培育的年数；第3个数字表示第二次移植后培育的年数，数字间用短横线间隔，各数字之和为苗木的年龄，称几年生。例如，1-0表示1年生播种苗，未经移植；2-0表示2年生播种苗，未经移植；

2-2 表示 4 年生移植苗，移植一次，移植后继续培育两年；2-2-2 表示 6 年生移植苗，移植两次，每次移植后各培育两年；0.5-0 表示半年生播种苗，未经移植，完成 1/2 年生长周期的苗木；1（2）-0 表示 1 年干 2 年根未经移植的插条苗、插根或嫁接苗，括号内的数字表示插条苗、插根或嫁接苗在原地（床、垄）根的年龄。

（2）苗龄对栽植成活率的影响

苗龄对栽植成活率有很大影响，并与成活后在新栽植地的适应力和抗逆能力有关。幼龄苗的株体较小，根系分布范围小，起掘时根系损伤率低，移植过程简便，并可节约施工费用。由于保留须根较多，起掘过程对树体地下部分与地上部分的平衡破坏较小，栽后受伤根系再生力强，恢复期短，对栽植地环境的适应能力较强，故成活率高。但株体小，在城市条件下，易受到外界损伤造成死亡而缺株。壮老龄树木的根系分布深广，吸收根远离树干，起掘伤根率高，施工、养护费用高，移栽成活率低。但壮老龄树木的树体高大，姿形优美，移植成活后能很快发挥绿化效果，根据城市绿化的需要和环境条件特点，可以适当选用。现提倡用较大规格的幼青年苗木，尤其是苗圃里经多次移植的大苗，而非山野里的老树甚至古树。

2.3 园林苗木的处理和运输

苗木的处理和运输包括掘苗、修剪、包装、保护、处理和运苗等环节和内容。

2.3.1 掘苗

起掘苗木（简称掘苗）是植树工程的关键工序之一，掘苗质量直接影响植树成活率和最终的绿化效果。正确合理的掘苗方法和时间、认真负责的组织操作是保证苗木质量的关键。掘苗质量同时与土壤含水情况、工具、包装材料有关，故应于事前做好充分的准备工作。

1. 主要掘苗方法

1）露根掘苗法（裸根掘苗）。露根掘苗法适用于大多数阔叶树在休眠期的栽植。此法保存根系比较完整，便于操作，节省人力、运输和包装材料，但由于根部裸露，容易失水干燥和损伤弱小的须根。

2）带土球掘苗法。将苗木一定范围内的根系，连土掘削成球状，用蒲包、草绳或其他软材料包装起出。由于在土球范围内须根未受损伤，并带有部分原土，栽植过程中水分不易损失，对恢复生长有利。但操作较困难，费工，要耗用包装材料；土球笨重，增加运输负担，所耗投资大大高于裸根栽植。所以，凡可以用露根掘苗法栽植成活者，一般不采用带土球掘苗法栽植，但目前栽植部分常绿树、竹类和生长季节栽植落叶树不得不用此法。

2. 掘苗规格

掘苗时，根部或土球的规格一般参照苗木的干径和高度来确定。对于落叶乔木，掘取根部的直径常为乔木树干胸径的 9~12 倍。对于落叶花灌木，如玫瑰、珍珠梅、木槿、榆叶梅、碧桃、紫叶李等，掘取根部的直径为苗木高度的 1/3 左右。对于分枝点高的常绿树，掘取的土球直径为苗高的 7~10 倍。对于分枝点低的常绿苗木，掘取的土球直径为苗高的 1/2~1/3。攀缘类苗木的掘取规格也可以根据苗木的根际直径和苗木的年龄来确定，如表 5-5 所示。

表 5-5 各类苗木根系和土球掘取规格一览表

树木类型	苗木规格	掘取规格	树木类型	苗木规格	掘取规格	
乔木（包括落叶和常绿高分枝单干乔木）	胸径 / cm	根系或土球直径 / cm	常绿低分枝乔灌木	高度 / m	土球直径 / cm	土球高 / cm
	3~5	50~60				
	5~7	60~70				
	7~10	70~90		1.0~1.2	30	20
落叶灌木（包括丛生和单干低分枝乔木）	高度/ m	根系直径/ m		1.2~1.5	40	30
	1.2~1.5	40~50		1.5~2.0	50	40
	1.5~1.8	50~60		2.0~2.5	60	50
	1.8~2.0	60~70		2.5~3.0	70	60
	2.0~2.5	70~80		3.0~3.5	80	70

上述掘苗规格是根据一般苗木在正常生长状态下确定的，但苗木的具体掘取规格要根据不同树种和根系的生长形态而定。苗木根系的分布形态基本上可分为 3 类：

1）平生根系：这类树木的根系向四周横向分布，临近地面，如毛白杨、雪松等。在掘苗时，应将这类树的土球或根系直径适当放大，高度适当减小。

2）斜生根系：这类树木根系斜行生长，与地面呈一定角度，如栾树、柳树等。

3）直生根系：这类树木的主根较发达，或侧根向地下深度发展，如桧柏、白皮松、侧柏等，掘苗时要减小土球直径而加大土球高度。

3. 掘苗质量要求

（1）露根掘苗法的质量要求

掘苗前要先以树干为圆心按规定直径在树木周围划一圆圈，然后在圆圈以外下锹，挖够深度后再往里掏底。在往深处挖的过程中，遇到根系可以切断，挖至规定深度和掏底后，轻放植株倒地，不能在根部未挖好时就硬推生拔树干，以免拉裂根部和损伤树冠。根部的土壤绝大部分可去掉，但如根系稠密，带有护心土，则不要打除，而应尽量保存。竹类的移植也多用露根掘苗法，但应注意保留竹鞭。

质量要求：

1）所带根系规格大小应按规定挖掘，如遇大根则应酌情保留。

2）苗木要保持根系丰满，不劈不裂，对病伤劈裂及过长的主侧根都需进行适当修剪。

3）苗木掘完后应及时装车运走，如一时不能运完，可在原坑埋土假植。若假植时间较长，还要设法灌水，保持土壤及树根的适度潮湿。

4）掘出的土不要乱扔，以便掘苗后用原土将掘苗坑（穴）填平。

裸根苗还可采用机械掘苗法，主要用于大面积整行区域树木出圃。要组织好拔苗的劳动力，随起、随拔、随运、随假植。

（2）带土球掘苗法的质量要求

1）画线：以树干为正中心，按规定的土球规格在地面上画一圆圈，标明土球直径尺寸，一般要比规定规格稍大一些，作为向下挖掘土球的依据。

2）去表土：表层土中根系密度很低，一般无利用价值。为减轻土球质量，多带有用根系，挖掘前应将表土去掉一层，其厚度以见有较多的侧生根为准。此步骤也称起宝盖。

3）挖坨：沿地面上画圆外缘向下垂直挖沟，沟宽以便于操作为度，宽50～80cm，所挖沟上下宽度要基本一致。随挖随修整土球表面，随掘随收，一直挖掘到规定的土球高度。

4）修平：挖掘到规定深度后，球底暂不挖通。用圆锹将土球表面轻轻铲平，上口稍大，下部渐小，呈苹果状，如图5-1所示。

5）掏底：土球四周修整完好以后，再慢慢由底圈向内掏挖。对于直径小于50cm的土球，可以直接将底土掏空，以便将土球抱到坑外包装；而对于直径大于50cm的土球，则应将底土中心保留一部分，支住土球，以便在坑内进行包装。

6）打包：各地土质情况不同，打包工序及操作繁简不一。

下面以沙壤土为例讲述。

① 打内腰绳。所掘土球土质松散，应在土球修平时拦腰横捆几道草绳。若土质坚硬则可以不打内腰绳。包装时取适宜的蒲包和蒲包片，用水浸湿后将土球覆盖，中腰用草绳拴好。

② 纵向捆扎法（图5-2）。用浸湿的草绳，先在树干基部横向紧绕几圈并固定牢稳，然后沿土球垂直方向，倾斜30°左右缠捆纵向草绳，随拉随用；用事先准备好的木槌、砖石块敲草绳，使草绳稍嵌入土，捆得更加牢固。每道草绳间相隔8cm左右，直至把整个土球捆完。

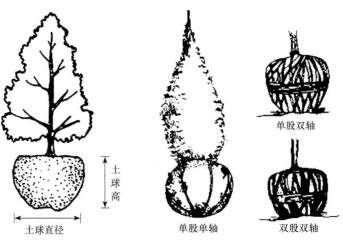

图5-1 土球式样　　　　　　　图5-2 纵向捆扎法

土球直径小于40cm者，用一道草绳捆一遍，称"单股单轴"；土球较大者，用一道草绳沿同一方向捆两道，称"单股双轴"；必要时用两根草绳并排捆两道，称"双股双轴"。

③ 打外腰绳。对于规格较大的土球，纵向草绳捆好后，还应在土球中腰横向并排捆3～10道草绳。操作方法是用一整根草绳在土球中腰部位排紧横绕几道，随绕随用；用砖头顺势砸紧，然后将腰绳与纵向草绳交叉连接，不使腰绳脱落。

④ 封底。凡在坑内打包的土球，于草绳捆好后将树苗顺势推倒，用蒲包将土球底部堵严，并用草绳捆牢。

⑤ 出坑。土坑封底后应立即抬出坑外，集中待运。

⑥ 平坑。将掘苗土填回坑内，待整地时一并填平。

对于乔木类常绿树种，如广玉兰、桂花、雪松、香樟、高杆女贞、木荷、杜英、乐昌含笑、常绿白蜡等，不管在任何季节移植，均应带土球并对土球进行包装。对于落叶树种，如榉树、紫薇、梅花、紫叶李、合欢、樱花、银杏、乌桕、水杉、鹅掌楸等，如在休眠期移植小规格的这类树种，可以裸根移植；若在非休眠期移植，或者在休眠期往南、往北移植，且纬度跨度较大时，均应带土球。

花灌木移植时是否带土球，土球规格应多大，也应视苗木习性和移植季节等综合因素而定。例如，移植海桐、含笑、山茶、石楠、五针松、火棘、红花檵木等，均应带土球，其规格可基本参照表5-5。栀子花、夹竹桃、丝兰、南天竹、大叶黄杨、金叶女贞、紫叶小檗等易成活的苗木，若在春秋季节移植可以少带土，甚至裸根；但若在夏季移植或长途运输，应带土球。若花灌木的土球规格较大，其包装同乔木树种；若土球规格较小（如20cm以下），可纵向打3～4箍草绳即可。切忌用稻草对土球打包，或用塑料袋打包，否则在运输过程中土球容易松散。

对于分枝低、侧枝分叉角度大的树种，如桧柏、雪松、龙柏等，掘前要用草绳将树冠松紧适当地围拢，这样，既可避免在掘取、运输、栽植过程中损伤树冠，又便于掘苗操作（图5-3）。

2.3.2 运苗与假植

苗木运输质量也是苗木成活的重要环节，实践证明"随掘、随运、随栽"对植树成活率最有保障，可以减少树根在空气中暴露的时间，对苗木成活大有益处。

1. 苗木装车

运苗装车前必须仔细检验、核对苗木的品种、规格、质量等，凡不符合要求的应由苗圃方面予以更换，杜绝不合格的苗木上车。

装运裸根乔木苗时，应树根朝前，树梢向后，顺序排放；车厢内应铺垫草袋、蒲包等物，以防碰伤树皮；树梢不得拖地，必要时要用绳子围拢吊起来，捆绳子的地方需垫上蒲包；装车不要超高，不要压得太紧；装完后用苫布或稻草等软物将树根盖严、捆好，以防树根失水。

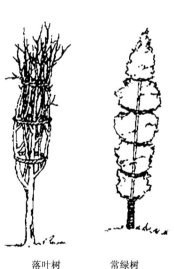

落叶树　　常绿树

图5-3　树冠绑缚

装运带土球苗时，凡 1.5m 以下苗木可以立装，高大的苗木必须放倒，土球向前，树梢向后并用木架将树冠架稳。土球直径大于 60cm 的苗木只装一层，小土球可以码放 2～3 层，土球之间必须排码紧密以防摇摆。土球上不准站人和放置重物。

2. 苗木运输

运输途中，押运人要和司机配合好，经常检查苫布是否漏风。短途运苗中途不要休息，长途行车必要时应洒水浸湿树根，休息时应选择荫凉之处停车，防止风吹日晒。

3. 苗木卸车

卸车时要爱护苗木，轻拿轻放。裸根苗要顺序拿取，不准乱抽，更不可整车推下。带土球苗卸车时不得提拉树干，而应双手抱土球轻轻放下。较大的土球最好用起重机卸车，没有条件时应事先准备好一块长木板从车厢上斜放至地，将土球自木板上顺势慢慢滑下，但不可滚动土球以免散球。

4. 苗木假植

苗木运到施工现场，如不能及时栽完所实施的临时性栽植，称苗木"假植"。

如果裸根苗需要短期假植，如 1～3 天，可在栽植处附近选择合适地点，先挖一宽约 50cm 左右的浅沟，长度视苗数量确定，然后立排一行苗木，紧靠苗根再挖一同样的横沟，并用挖出来的土将第一行树根埋严，挖完后再码一行苗，如此循环直至将全部苗木假植完。如果假植时间较长，在 3 天以上甚至 1 个月左右时间，为了少受交叉施工的影响，可事先在不影响施工的地方挖好深 30～40cm、宽 1.5～3m（长度视需要而定）的假植沟，将苗木分类排码，码一层苗木，根部埋一层土，全部假植完毕以后，还要仔细检查，一定要将根部埋严，不得裸露。若土质干燥，还应适量灌水，以保证树根潮湿。

带土球的苗木运到工地以后，如能很快栽完则可不假植，如 1～3 天不能栽完，应选择不影响施工的地方，将苗木码放整齐，四周培土，树冠之间用草绳围拢。假植时间较长者，土球间隔也应填土，并根据需要经常给苗木进行叶面喷水。

2.4 定点、放线

栽植穴用于改地适树，协调"地"与"树"之间的相互关系，创造良好的根系生长环境。栽植穴的准备是提高栽植成活率和促进树木生长的重要环节。首先要详细了解种植设计施工图的要求，然后通过平板仪、网格法、交会法等定点、放线的方法确定栽植穴的位置，株位中心撒白灰或标签作为标记。在定点、放线过程中，若发现设计与现实有矛盾，如栽植的位置与建筑相矛盾，应及时向设计单位和建设单位反馈，以便调整。

2.4.1 行道树的定点、放线

道路两侧行道树要求位置准确，尤其是行位，必须绝对准确无误。确定行位的方法：行道树行位严格按横断面设计的位置放线，在有固定路牙的道路，以路牙内侧为准；在没有路牙的道路，以道路路面的平均中心线为准。用钢直尺测准行位，并按设计图规定的株距，大约每 10 棵左右钉一个行位控制桩。在道路笔直的路段，如有条件，最好首尾用钢直尺量距，中间部位用经纬仪照准穿直的方法布置控制桩，这样可以保证速度快、行位准。

行道树点位以行位控制桩为瞄准的依据，用皮尺或测绳按照设计确定株距，定出每棵树的株位。株位中心可用铁锹铲一小坑，内撒白灰，作为定位标记。定点位置除应以设计图纸为依据外，还应注意以下情况：

1）遇道路急转弯时，在弯的内侧应留出 50m 的空距不栽树，以免妨碍视线。
2）交叉路口各边 30m 内不栽树。
3）公路与铁路交叉口 50m 内不栽树。
4）高也输电线两侧 15m 内不栽树。
5）公路桥头两侧 8m 内不栽树。
6）遇有出入口、交通标志牌、涵洞、车站电线杆、消防栓、下水口等，都应留出适当距离，并尽量注意左、右对称。

点位定好后，必须请设计人员以及有关的市政单位派人验点之后，方可进行下一步的施工作业。

2.4.2 成片绿地的定点、放线

自然式成片绿地的树木种植方式有两种：一种为单株，即在设计图上标出单株的位置；另一种是在图上标明范围而无固定单株位置的树丛片林。其定点、放线方法有以下 3 种。

1）平板仪定点：依据基点将单株位置及片林的范围线按设计图依次定出，并钉木桩标注，木桩上应写清树种、棵数。
2）网格法：适用范围大、地势平坦的公园绿地。按比例在设计图上和现场分别找出距离相等的方格（20m×20m 最好），定点时先在设计图上量好树木对其方格的纵、横坐标距离，按比例定出现场相应方格的位置，钉木桩或撒灰线标明。
3）交会法：适用于范围较小、现场内建筑物或其他标记与设计图相符的绿地。以建筑物的两个固定位置为依据，根据设计图上与该两点的距离相交会，定出植树位置。位置确定后必须做明显标志，孤立树可钉木桩，写明树种和刨坑规格。树丛界限要用白灰线划清范围，线圈内钉一个木桩写明树种、数量、坑号，然后用目测的方法定单株点，并用白灰标明。目测定单株点时，必须注意以下几点：

① 树种、数量符合设计图。
② 树种位置注意层次，要有中心高、边缘低或由高渐低的倾斜树冠线。
③ 树林内注意配置自然，切忌呆板，尤应避免平均分布、距离相等，邻近的几棵不要成机械的几何图形，或成一条直线。

2.5 栽植穴的准备

栽植穴的质量对植株以后的生长有很大的影响。乔木类栽植树穴的开挖，以预先进行为好。例如，春植若能提前至上一年的秋冬季安排挖穴，有利于基肥的分解和栽植土的风化，可有效提高栽植成活率。

2.5.1 栽植穴的规格

栽植穴的平面形状没有硬性规定，其大小和深浅应根据树木规格、土层厚薄、坡度大小、地下水位高低及土壤墒情而定。实践证明，大坑有利于树体根系的生长和发育。在风沙大的地区，大坑不利保墒，宜小坑栽植。常用刨坑规格如表5-6和表5-7所示。

表5-6 落叶乔木、常绿树、落叶灌木刨坑规格

落叶乔木胸径/cm	落叶灌木高度/m	常绿树高/m	坑径×坑深/（cm×cm）
		1.0～1.2	50×30
	1.2～1.5	1.2～1.5	60×40
3.0～5.0	1.5～1.8	1.5～2.0	70×50
5.0～7.0	1.8～2.0	2.0～2.5	80×60
7.0～10	2.0～2.5	2.5～3.0	100×70
		3.0～3.5	120×80

表5-7 绿篱刨槽规格

树木高度/m	单行式（坑径×坑深）/（cm×cm）	双行式（坑径×坑深）/（cm×cm）
1.0～1.2	50×30	80×40
1.2～1.5	60×40	100×40
1.5～2.0	100×50	120×50

栽植苗木用的坑一般为圆筒状，绿篱栽种所用为长方形槽，成片密植的小株灌木则用几何形状大块浅坑；平生根系的土坑要适当加大直径，直生根系的土坑要适当加大深度。竹类栽植穴，应比母竹根蔸大20～40cm，比竹鞭稍长，一般为长方形，长边以竹鞭长为依据。

2.5.2 栽植穴的操作规范

1. 坑形

以定植点为圆心，按规格在地面画一圆圈，从周边向下刨坑，垂直刨挖到指定深度，不能刨成上大下小的锅底形或V形（图5-4），否则栽植踩实时会使根系劈裂卷曲或上翘，造成根系不舒展且新根生长受阻而影响树木生长。在高地、土埂上刨坑，要平整植树点地面后适当深刨；在斜坡、山地上刨坑，要外堆土，里削土，坑面要平整；在低洼地坡底刨坑，要适当填土深刨。

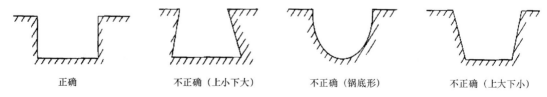

图5-4 栽植穴的式样

2. 土壤的堆放

刨坑时，对于质地良好的土壤，要将上部表层土和下部底层土分开堆放，表层土壤在栽种时要填在坑的底部，与树木根部直接接触。杂层土壤中的部分好土，也要和其他石渣土分开堆放。同时，土壤的堆放要有利于栽种操作，便于换土、运土和行人通行。

3. 地下物的处理

刨坑时发现电缆、管道等，应停止操作，及时找有关部门配合解决；当发现有严重影响操作的地下障碍物时，应与设计人员协商，适当改动位置。

2.6 栽植修剪

在起苗的过程中，无论怎样小心，总会弄伤一部分根系和干枝，进行一定程度的修剪可以提高成活率和培养良好的树形，也便于起挖和运输。修剪的内容主要有：修剪已经劈裂、严重磨损、生长不正常的偏根、过长根；在不影响树形美观的情况下修剪树枝，即用截枝、疏枝、剪半叶或疏去部分叶片的办法来减少蒸腾作用。

栽植过程中的修剪是为了培养树形，减少蒸腾作用和提高成活率，对于较高的树应于种植前进行树冠修剪，要用截枝、疏枝、剪半叶或疏去部分叶片的办法来减少蒸腾作用，保持树势，主要修剪徒长枝、交叉枝、断枝、病虫枝和有碍观瞻的其他枝条。修剪量依不同树种及景观要求有所不同，低矮树可于栽后修剪。栽植过程中的修剪量不宜太大，特别是对那些没有把握的枝条，尽量保留，以便栽植后结合环境情况再做决定。

2.7 树木栽植施工

栽植时先检查栽植穴，过深时回填部分土，树坑积水的必须挖排水沟，可在穴底铺10~15cm厚沙砾或渗水管、盲沟，以利排水。回填土应细心拣出石块，将混好肥料的表土一半填入坑中，培成丘状。在栽植苗木时，一般应施入一定量的有机肥料，将表土和一定量的农家肥混匀施入沟底或坑底作为底肥，施肥的树坑在肥料上覆盖土。

2.7.1 散苗

栽植前首先修枝修根，然后散苗或配苗。修根修枝后如果不能及时栽植，裸根苗根系要泡入水中或埋入土中保存，带土球苗将土球用湿草帘覆盖或将土球用土堆围住保存。栽植前还可用根宝、生根粉、保水剂等化学药剂处理根系，使移植后能更快成活生长，同时对苗木还要进行分级，将大小一致、树形完好的一批苗木分为一级，栽植在同一地块中。

栽植行道树要先排列好苗木，将树冠、分枝点基本一致的苗木依次放在一起，分段放入树坑内摆正，列队调整，做到横平竖直后再分层回填土，土回填到一半时检查列队是否整齐，树冠是否直立，进行调整后定植。长距栽植行道树可牵绳或用其他工具确定，相临树高低不得相差50cm，分枝点相差不得大于30cm，树冠基本在一条直线上。对于行道树和绿篱苗，栽植前要再一次按大小分级，使相邻的苗大小基本一致。按穴边木桩写明的树种配苗，边散边栽。较大规格的树木可用吊机进行吊载。配苗后还要及时核对设计图，检查调整。

2.7.2 栽植

裸根树木栽植，放入坑内时务必使根系均匀分布，校正位置，使根颈部高于地面5~10cm，珍贵树种或根系不完整的树木应向根系喷生根剂。最好每3人为一个作业小组，1人负责扶树、找直和掌握深浅度，2人负责埋土，将另外一半掺肥表土分层填入坑内，每填一层土都要将树体稍稍上下提动，使根系与土壤密切接触，并踏实。最后将心土填入栽植穴，直至填土略高于地表面。

带土球树木栽植前必须踏实穴底土层，先量好坑的深度与土球的高度是否一致。若有差别应及时将树坑挖深或填土，必须保证栽植深度适宜。应尽量将包装材料全部解开取出，即使不能全部取出也要尽量松绑，以免影响新根再生。回填土时必须随填土随夯实，但不得夯砸土球，最后用余土围好灌水堰。

特殊绿地的栽植如假山或岩缝间种植，应在种植土中掺入苔藓、泥炭等保湿透气材料。绿篱成块状群植时，应由中心向外顺序退植。坡式种植时应上向下种植。大型块植或不同色彩丛植时，宜分区分块栽植。

园林树木栽植的深度必须适当，栽植深度应以新土下沉后树木原来的土印与土面相平或稍低于土面为准。栽植过浅，根系容易失水干燥，抗旱性差；栽植过深，根系呼吸困难，树木生长不旺。乔木不得深于原土痕的10cm，带土球树种不得超过5cm，灌木及丛木不得过浅或过深。

对于主干较高的乔木，其栽植方向应保持原生长方向，以免冬季树皮被冻裂或夏季受日灼危害。栽植时除特殊要求外，树木应垂直于东西、南北两条轴线。行列式栽植时，要求每隔10~20株先栽好对齐用的"标杆树"。如有弯干的苗，应弯向行内，并与"标杆树"对齐，左右相差不超过树干的一半，做到整齐美观。

竹类栽植，填土分层压实时，靠近鞭芽处应轻压。栽种时不能摇动竹秆，以免竹蒂受伤脱落。栽植穴应用土填满，以防积水引起竹鞭腐烂。最后覆一层细土或铺草以减少水分蒸发。母竹断梢口用薄膜包裹，防止积水腐烂。

2.8 栽后管理

2.8.1 树体裹干

常绿乔木和干径较大的落叶乔木，应于栽植前或栽植后进行裹干，即用草绳、蒲包、苔藓等材料严密包裹主干和比较粗壮的分枝（图5-5）。上述包扎物具有一定的保湿性和保温性，经裹干处理后，一可避免强光直射和干风吹袭，减少树干、树枝的水分蒸发；二可储存一定量的水分，使枝干经常保持湿润；三可调节枝干温度，减少夏季高温和冬季低温对枝干的伤害。

目前，有些地方采用塑料薄膜裹干，此法在树体休眠阶

图5-5 树体裹干、立支柱

段使用效果较好，但在树体萌芽前应及时撤换。因为塑料薄膜的透气性能差，不利于被包裹枝干的呼吸作用，尤其在高温季节，内部热量难以及时散发而引起的高温，会灼伤枝干、嫩芽或隐芽，对树体造成伤害。树干皮孔较大而蒸腾量显著的树种（如樱花、鸡爪槭等）以及大多数常绿阔叶树种（如香樟、广玉兰等）栽植后宜用草绳等包裹缠绕树干达 1～2m 高度，以提高栽植成活率。

2.8.2 栽植后的养护管理

植树工程按设计要求定植完毕后，为了巩固绿化成果，提高植树成活率，还必须加强后期养护管理工作。

1. 立支柱

高大的树木，特别是带土球栽植的树木应当立支柱，这在多风地方尤其重要。立好支柱可以保证新植树木浇水后，不被大风吹斜倾倒或被人流活动损坏。支柱的材料，各地有所不同。例如，江苏地区多用坚固的竹竿及木棍，上海、杭州地区为防台风也有用钢筋水泥柱的。不同地区可根据需要和条件运用适宜的支撑材料，既要实用也要注意美观。

支柱的绑扎方法有直接捆绑与间接加固两种。直接捆绑是先用草绳把与支柱接触部位的树干缠绕几圈，以防支柱磨伤树皮，然后再立支柱，并用草绳或麻绳捆绑牢固。立支柱的形式多种多样，应根据需要和地形条件确定，一般可在下风方向支一根，还可用双柱加横梁及三角架形式等。支柱下部应深埋地下，支点尽可能高一些。间接加固主要用粗橡胶带将树与水泥杆连接牢固，水泥杆应立于上风方向，并注意保护树皮，防止磨破。

2. 围堰浇水

水是保证植树成活的重要条件，定植后必须连续浇灌几次水，尤其是气候干旱、蒸发量大的地区更为重要。单株树木定植埋土后，在栽植坑的外缘用细土培起 15～20cm 高的土埂，称为"开堰"。浇水堰应拍平踏实，防止漏水，如图 5-6 所示。株距很近、连片栽植的树木，如绿篱、色块、灌木丛等可将几棵树或呈条、块栽植树木联合起来集体围堰，称为"作畦"。作畦时必须保证畦内地势水平，确保畦内树木吃水均匀。

树木定植后必须连续浇灌 3 次水，以后视情况而定。第一次灌水应于定植后 24h 之内，水量不宜过大，浸入坑土 30cm 上下即可，主要目的是通过灌水使土壤缝隙填实，保证树根与土壤紧密结合。在第一次灌水后，应检查一次，发现树身倒歪应及时扶正，及时修整树堰被冲刷损坏之处。然后浇第二次水，水量仍以压土填缝为主要目的，第二次水距第一次水时间为 3～5 天，浇水后仍应扶直整堰。第三次水距第二次水 7～10 天，此次要浇透灌足，即水分渗透到全坑土壤和坑周围土壤内，水浸透后应及时扶直。

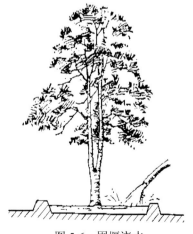

图 5-6 围堰浇水

3. 清理施工现场

植树工程竣工后（一般指定植灌完 3 次水后），应将施工现场彻底清理干净，其主要内容为封堰，单株浇水的应将树堰埋平，即将围堰土埂平整覆盖在植株根际周围。封堰土堆应稍高于地面，使在雨季中绿地的雨水能自行排出，不在树下堰内积水。全面清扫施工现场，将无用杂物处理干净，并注意保洁，真正做到"场光、地净、文明施工"。

2.8.3 验收、移交

植树工程竣工后，即可请上级领导单位或有关部门检查验收，交付使用。验收合格的标准主要为是否符合设计意图和植树成活率。设计意图是通过设计图纸直接表达的，施工人员必须按图施工，若有变动应纠清原因。成活率是验收合格的另一个重要指标。成活率就是定期内定植苗发芽株数与定植总株数的比例，其计算公式为

$$成活率 = （定期内定植苗发芽株数 / 定植总株数） \times 100\%$$

对成活率的要求各地区不尽相同，一般不低，要求在 80% 以上。经过验收合格后，签订正式验收证书，即移交给使用单位或养护单位进行正式的养护。

> **知识拓展**
>
> **园林树木的容器栽植**
>
> 由于现代城市建设的发展，在商业步行街、广场、停车场等城市中心区域，可供植树的地面空间往往有限，水泥地面、沥青路面或地面硬质铺装随处可见，有时地下管道及架空电线密密麻麻，还有的地段受到环境污染，极大地限制了园林树木的栽植。容器栽植树木成为营造城市景观的一种特殊措施。
>
> 1. 容器栽植的特点
>
> 容器栽植的最大特点是具有可移动性与临时性。在自然环境不适合树木栽植、空间狭小无法栽植或临时性栽植等情况下，可采用容器栽植进行环境绿化布置。
>
> 由于容器栽植可采用保护地设施培育，受气候或地理环境的限制较小，树木种类比自然立地条件下多很多。在北方，利用容器栽植技术，更可在春夏秋季节将原本不能露地栽植的热带、亚热带树种置于室外，丰富树木的应用范畴。容器栽植的树木，虽根系发育受容器制约，养护成本及技术要求高，但基质、肥料、水分条件易固定，并且方便管理与养护，栽植成活率高。
>
> 2. 栽植容器与基质
>
> 可供树木栽植的容器材质各异，常用的有陶、瓷、木、塑料等。在铺装地面上制作的各种栽植槽有砖砌、混凝土浇筑、钢制等，其也可广义理解为容器栽植的一种特殊类型，不过它固定于地面，不能移动。栽植容器的大小主要根据不同类型树木的大小确定，以容纳满足树体生长所需的土壤为度，并有足够的深度固定树体。一般情况下容器深度为：中等灌木 40~60cm，大灌木与小乔木至少应有 80~100cm。
>
> 容器栽植需要经常搬动，故以选用疏松肥沃、容重较轻的基质为佳，常见的基

质有木屑、稻壳、泥炭、草炭、腐熟堆肥等。

3. 树种的选择与栽植

容器栽植特别适合于生长缓慢、浅根性、耐旱性强的树种。乔木类常用的有桧柏、五针松、柳杉、银杏等；灌木的选择范围较大，常用的有罗汉松、花柏、刺柏、杜鹃、桂花、月季、山茶、红瑞木、榆叶梅、栀子等。地被树种在土层浅薄的容器中也可以生长，如铺地柏、八角金盘、菲白竹等。

自然环境条件下，树体生长发育过程中需要的多种养分大部分从土壤中吸取。容器栽植因受容器体积的限制，栽培基质所能供应的养分有限，一般无法满足树体生长的需要，施肥是容器栽植的重要措施。最有效的施肥方法是结合灌溉进行，将树体生长所需的营养元素溶于水中，根据树木生长阶段和季节的不同确定施肥量。此外，叶面施肥也是一种简单易行、效果明显的方法。

容器基质的封闭环境不利于根际水分平衡，遇暴雨时不易排水，干旱时又不易适时补充，故根据树体的生长情况适期给水是容器栽植养护技术的关键。由于容器内的培养条件固定，可比较容易地根据基质水分的蒸发量推算出补水需求。例如，一株胸径5cm的银杏栽植在直径1.5m、高1m的容器中，春夏平均蒸发量约为160L/天，一次浇水后保持在容器土壤中的有效水为427L，每3天就得浇足水一次。可采用在土壤中埋设湿度感应器，通过测量土壤含水量来确定灌溉量。

水分管理一般采用浇灌、喷灌、滴灌等方法，以滴灌设施最为经济、科学，并能实现计算机控制、自动管理。在裸地栽植树木困难的一些特殊立地环境，采用容器栽植可提高成活率。一些珍稀树木、新引种的树木、移植困难的树木可先采用容器培育，成活后再行移植。

城市商业区常见的乔木容器栽植系统若采用滴灌措施，可将连接水管的滴头直接埋在土壤中，水管与供水系统相连，供水量通过微机控制。在容器底部铺有排水层，主要由碎瓦等材料组成，底部中间开有排水孔。容器壁由两层组成，一层为外壁，另一层为隔热层（图 5-7）。隔热层对于外壁较薄的容器尤为重要，可有效减缓阳光直射、壁温升高对树木根系的伤害。

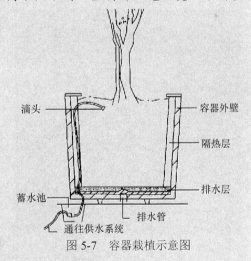

图 5-7 容器栽植示意图

屋顶绿化

屋顶绿化是指将植物栽植于建筑物顶部，不与大地土壤连接的绿化。屋顶绿化又可称为"空中花园"、"屋顶花园"或"空中绿洲"，即在屋顶、露台、天台或阳台上广植花木，铺植绿草，建造园林景观。作为一种不占用地面土地的绿化形式，屋顶绿化的应用越来越广泛。屋顶绿化不仅能为城市增添绿色，而且能减少建筑材料屋顶的辐射热，减弱城市的热岛效立。如果能很好地对屋顶绿化加以利用和推广,形成城市的空中绿化系统,对城市环境的改善作用是不可估量的。屋顶绿化已越来越受到许多城市园林绿化工作者的重视。

1. 屋顶绿化的特点

屋顶与大地隔离,因此供屋顶绿化的土壤不能与地下水连接,屋顶种植的植物所需水分完全依靠自然降水和浇灌。由于建筑荷重的限制,屋顶供种植的土层厚度较浅,有效土壤水的容量小,土壤易干燥。

1）温湿度条件差。由于屋顶种植土层薄,热容量小,土壤温度变化幅度大,植物根部在冬季易受冻害,在夏季易受灼伤。因屋顶位于高处,四周相对空旷,因此风速比地面大,水分蒸发快。屋顶距地面越高,绿化条件越差。

2）造园及植物选择有一定的局限性。因屋顶承重能力有限,无法具备与地面完全一致的土壤环境,因此在设计时应避免地貌高差过大,在植物的选择上一般应避免采用深根性或生长迅速的高大乔木。屋顶的风力比平地大,故屋顶栽植的植物所受风害的可能性比平地大。较大乔木及不抗风的植物在高层屋顶上种植受到一定限制。

3）管理费工。屋顶绿化种植层的土壤易失水,浇灌相对频繁,因而易造成养分流失,故需常补充肥料。

2. 屋顶绿化的种植设计

植物材料一般选择适应性强、耐干旱、耐瘠薄、喜光的花、草、地被植物、灌木、藤本和小乔木,不宜选用根系穿透能力强和抗风能力弱的乔、灌木,其形式主要有花园形式、色块图案形式和应季布置形式。

3. 屋顶绿化种的植床结构

屋顶绿化的种植床结构（图5-8）一般分为保温隔热层、防水层、排水层、过滤层、找水层、找平层等。种植床厚度应根据屋顶设计负荷载数值确定。

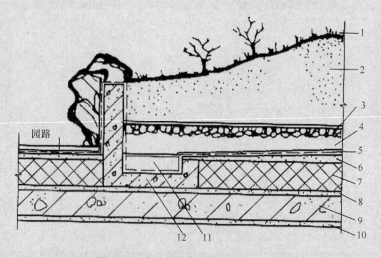

图5-8 屋顶绿化的种植床结构

1. 园林植物；2. 人工种植层；3. 过滤层；4. 排水层；5. 防水层；6. 找水层；
7. 保温隔热层；8. 找平层；9. 结构楼板；10. 抹灰层；11. 排水道；12. 排水沟

4. 植物材料的选择及养护管理

屋顶绿化植物材料的选择应符合屋顶立地条件和特点。植物应以阳性喜光、耐寒、抗旱、抗风力强的为主，如草坪、花卉等，可以穿插点缀一些花灌木、小乔木。常见屋顶绿化植物材料如下：

1）小乔木：红枫、木芙蓉、桂花、棕榈、蒲葵、龙爪槐、苏铁、玉兰、紫薇、樱花、垂丝海棠、紫叶李、罗汉松等小型树。

2）灌木：南天竹、紫荆、丝兰、栀子花、桃叶珊瑚、蜡梅、贴梗海棠、红花檵木、木槿、石楠、冬青、四季桂、榆叶梅、火棘、杜鹃、花石榴、黄花槐、小叶女贞、金叶女贞、迎春、紫叶小檗、含笑、伞房决明、海桐、山茶花、茶梅、月季。

3）竹类：凤尾竹、小观音竹、佛肚竹。

4）藤本：地锦、油麻藤、金银花、紫藤、常春藤、扶芳藤、七里香、三角梅、蔷薇、木香、葡萄等。

屋顶绿化的养护管理主要是定期检查构筑物的安全性，疏通排水管道，防止被枝叶、泥土等阻塞；注意防风、防倒伏。通过修枝整形，控制植物生长过大、过密、过高。屋顶植物施肥宜用复合型有机肥，要适时浇水以保持土壤湿润，确保植物正常生长，同时应注意检查和防治病虫害。

任务 3　大树移植

【知识点】了解大树移植的技术规程。
【能力点】在了解大树移栽的一般技术和方法的基础上，熟练掌握所在地区常见大树移栽的技术。

任务分析

本任务主要介绍大树移植的主要工序、大树移植的一般技术和方法。要完成本任务，必须具备熟悉常见园林树种、大树移植技术的基本能力，并具有严谨的科学态度及团队合作精神。

任务实施的相关专业知识

3.1　大树移植的意义及特点

大树移植是现代城市园林绿化建设所特有的工作项目，也是植树工程施工必须研究的课题。移植大树除有绿化、香化和美化环境等特有的绿化功能以外，对于城市园林具有特殊的作用。

大树移植即移栽大型树木的工程。大树是指树干和胸径为 10～40cm、树高为 5～12m、树龄为 10～50 年或更长的树木。近年来也有城市移植更大规格的树木，如胸径为 100cm 左右、树龄达 100 年以上的树木。大树移植按树木来源可分为人工培育大树移植木和天然生长大树移植木两类。人工培育大树移植木是经过各种技术措施培育的树木，移植后的树木能够适应各种生态环境，成活率较高。天然生长大树移植木大部分生长在森林生态环境中，移植后不太适应小气候生态环境，成活率较低。

大树移植条件较复杂，要求较高，一般农村和山区造林很少采用，经常用于城市园林布置和城市绿化。许多重点工程建设往往需要以最短的时间和最快的速度营建绿色景观，体现其绿化、美化的效果，这些目标可通过大树移植手段得以实现。所以，维持树木冠形完整或基本完整，保持其特定的优美树姿，是城市园林建设中大树移植的基本条件之一。

3.1.1 大树移植的意义

随着城市建设的发展，高楼大厦林立，新建和改建的道路宽阔，在绿化、美化中需要一部分体量较大的树木占据大的空间以营造立体景观效果，因此大树移植成为工程建设的重要组成部分。

1）移栽大树是绿化工程中质量高、见效快的一个重要手段。在园林建设工程中，种植适量的大树，能立即成荫，当即成林，效果突出。例如，在城市广场、道路、公园等建设和改造中栽植了大规格的雪松、香樟、女贞、广玉兰、悬铃木、银杏、白玉兰、石楠、榉树、马褂木、鸡爪槭、三角枫、桂花等，取得了很好的绿化效果。

2）大树移植是园林造景的重要内容，体现了园林艺术。园林需要选择理想的树形来体现景观的艺术内容，但很多幼龄树很难成形，而选用成形的大树成为创造理想作品的必然，使得大树移植在造园和造景中不可缺少。

3）大树移植是保存绿化成果的一项措施。城市绿化与保存绿化成果的矛盾日益突出，其中一个主要原因是人为损坏，特别是在繁华的街道、广场、车站乃至一些居民小区，人流量大，车辆多，再加上商摊、集市，对绿地和园林树木破坏极大，保存绿化成果相当困难。在这些地区栽种大规格树木，提高树木本身对外界的抵抗能力，可以较好地保存绿化成果。

3.1.2 大树移植的负面影响及在我国的应用与发展

大树移植的负面影响体现在以下方面：

1）经济投入大。大树移植虽然有助于改善城市的生态环境，但大树移植需要较高的栽植养护技术水平和雄厚的经济基础，技术难度也大，一些地区出现大树移植成活率过低的现象，大树费用占整个绿化费用的比例过高。因此，要因地制宜，不能盲目效仿。

2）破坏树木原生地生态环境和自然资源。目前，一些地方移植的大树来自郊区或山区，一定程度上破坏了大树原生地的森林生态环境和自然生态环境，移植失败将造成资源的浪费。因此，应有计划地加强苗圃对大规格苗木的培育工作。

3）部分大树移植后恢复太慢，景观效果差。一些地方在移植大树时，为了保证大树成活，忽视树木的生态习性和环境的要求，首先"砍头去膀"，对树木进行毫无景观价值的强修剪，造成树木在 5 年甚至更长的时间里都难以恢复正常的生长势，更不用说恢复优美的树冠和树形了。

我国早就有移植大规格树木进行城市绿化建设的历史，近年来，大树移植技术有了较大的发展，以北京为例，移植大树技术是在 1954 年北京展览馆施工中开创和应用的，当时北京仅有一支刚刚组建一年多、年轻的绿化专业队伍，没有移植大树的经验，也没有技术资料，开始用木箱包装的方法移植大树，边研究，边实践。当时移植的大树为胸径 10cm 左右、树高 4～5m 的常绿树和落叶树，木箱直径 1.5m×1.5m，高 1.2m，土球的直径 1.0m×1.0m，高 0.8m，从此开创了移植大树的历史。1958 年，天安门广场人民英雄纪念碑栽种的大油松林，有近 200 株树木胸径为 15～20cm，树高 6～8m 的大树，所用木箱加大到直径 2.0m×2.0m，高 1.0m，全部移植成功。1959 年建国十周年国庆工程，在天安门广场大批量栽植大树，移植树木规格又有所提高。20 世纪 80 年代以后，移植大树的规格又有大的发展，移植树木胸径为 20～35cm，树高 10～12m，用 2.5m×2.5m×1.2m 的木箱移植成功。

近些年不断研究和实践移植更大的树木乃至古树，树干直径在 40～50cm，百年以下树龄的古树用直径 3.0m×3.0m、高 1.2m 的木箱，当前的技术把大树起出来是没有问题的，只要具备起重 6t 以上的大型吊车，就近移植是完全可能的。土球规格也不断加大，由原来的土球直径 1.2m×1.2m、高 1.0m，发展到目前可以起到直径 1.6m×1.6m、高 1.2m 的大土球。掘苗工艺由原来的双股双轴的打法，改为四股双轴加腰绳的打法，可用大土球移植法代替小规格木箱移植，不仅大幅度降低了费用，而且成倍地提高了施工速度。

全国各大城市都有不少移植大树的成功经验，如深圳、上海、昆明、南京广泛应用大树移植技术，并在树种选择、大树移栽方法等方面取得了一些成果。进入 21 世纪以来，我国的大树移植现状呈现以下几个特点：树木规格偏大、无栽植时间限制、要求全冠移植修剪量降低、常绿和落叶树均有、苗源减少、大规格苗木的培育成为主流方向。

3.1.3 大树移植的特点

移植大树是专业性很强的一项技术工作，要认真研究其本身的特点，具备移植条件时方可进行。

1）大树年龄大，细胞的再生能力较弱，挖掘和移植过程中损伤的根系恢复慢，新根发生能力差。

2）树木的根系扩展范围大。由于大树离心生长的原因，根系一般超过树冠水平投影范围同时根系入土层很深，使有效的吸收根处于深层和树冠投影附近，造成挖掘大树时土球所带吸收根很少，而且根系木栓化严重，凯氏带阻止了水分的吸收，致使根系的吸收功能明显下降。

3）大树移植后难以尽快建立地上、地下的水分平衡。大树形体高大，枝叶的蒸腾面积大。为使其尽早发挥绿化效果和保持其原有优美姿态，一般不进行剪裁，避免给水分的输送带来一定的困难。

4）大树移植时易受到损伤。树木大，土球重，起挖、搬运、栽植过程中易造成树皮受损、土球破裂、树枝折断，从而危及大树成活。

3.2 大树移植前的准备与处理

大树移植是一个复杂繁重的系统工程。为了提高施工质量、保证大树移植成活，大树挖掘前必须做好充分的准备工作并采用有效的技术处理。

3.2.1 大树移植前的规划设计

任何形式的移植都会损伤树木的根系，为了提高大树移植的成活率，在移植前应保证所带土球内有足够吸收根，使栽植后很快达到水分平衡而成活。人们常采取提前断根、截干缩枝、包封截面、缩坨等技术措施。大树移植的准备工作主要包括以下几个方面。

1. 大树的选择

1）要进行立地条件的勘察和挑选。大树主要来自山区和郊外，必须充分了解大树原生长地的立地条件，树木原生长地的土壤性质、温度、光照等条件应和定植的立地条件相适应。树种不同，其生物学特性也有所不同，移植后的环境条件应尽量和该树种的生物学特性和环境条件相符。立地条件的好坏与树木移植成活率有关。通常在土壤肥沃深厚、水分充足的地区，树木根系分布较浅，主根发达，须根较少，土球容易松散，树木移植成活率较低；而在土壤浅薄贫瘠、缺少水分的地区，树木根系较深，主侧根均发达，须根也较多，移植时树木容易携带土球，虽然树木景观上较前者逊色，但树木移植成活率较高。认真勘察和了解树木的立地环境是确定后期处理措施的关键依据，也是根据定植地条件合理挑选树木的重要环节。

2）大树移植前必须用油漆在向阳方位的胸径部位做一个记号。所移植的大树最好选交通便利、郁闭度小的立地或孤树，平地生长的比斜坡地的好移植；在树木直径相同的条件下，树矮的比树高的一般好移植，树叶小的比树叶大的好移植，针叶树比阔叶树好移植，软阔叶树比硬阔叶树好移植。应选择生长强健、发育充实、无病虫害、符合绿化设计要求的苗木。

2. 移植前的断根缩坨

对于移植较难成活或规格较大的树木，在移植前2~3年，于树木的四周一定范围内预先挖掘、切断根系，预留土球，回填原土，促生须根，养护待移，一般每年只断预留土球周长的1/3~1/2，这个过程称为断根缩坨，或称回根法、盘根法。显然，断根缩坨只有在有计划性的大树移植中才采用。下面介绍一般情况下大树移植前的断根处理，即在移植前短时间内进行，而不是提前2~3年。

对于断根时间，我国北方地区应在栽植前的头一年春天断根；南方常绿乔木的断根时间为移植20~25天，落叶乔木为移植前约30天，视树龄大小适当调整，树龄大断根时间长些，树龄小断根时间短。断根时间会受到原地墒情、天气、季节等因素的影响，因此必须加强观察和总结，因时因地确定时间。

3. 修剪与整形

大树断根前，就要进行修剪和整形，修剪多余的枝条，以利于开挖和起吊。修剪是大树移植过程中，对地上部分进行处理的主要措施，是减少树木地上部分蒸腾作用、保证树木成活的重要措施，特别是在突击情况下的大树移植，此项工作显得尤其重要。修剪强度依树种而异，萌芽力强、树龄大、叶片稠密的应多剪；常绿树、萌芽力弱的宜轻剪。从修剪程度看，修剪可分为全苗式、截枝式和截干式3种。

1）全苗式修剪原则上保留原有的枝干树冠，只将徒长枝、交叉枝、病虫枝及过密枝剪除，适用于萌芽力弱的树种，如雪松、广玉兰等，栽后树冠恢复快，绿化效果好。

2）截枝式修剪只保留树冠的一级分枝，将其他枝条截去，适宜于一些生长较快、萌芽力较强的树种，如香樟等。

3）截干式修剪是将整个树冠截去，只留一定高度的主干，适宜生长很快、萌芽力特强的树种，如悬铃木等。对于截口较大易引起腐烂的树种，应将截口用蜡或沥青封口。

3.2.2 大树移植时间的确定

严格说来，如果掘起的大树带有较大的土块，植物根系损伤轻微，在移植过程中严格执行操作规程，移植后又注意保养，那么，在任何时间都可以移植大树。在实际中，大树移植时间应结合本地区的具体情况确定。大树移植适宜在3月下旬至4月上中旬进行，此时树木还在休眠，树液尚未流动，但根系已开始萌动处于活跃状态。移植大树要做到随起、随运、随栽、随浇。

北方最佳移植时期是早春，适宜大树带土球移植，较易成活的落叶乔木可裸根栽植。需带大土球移植且较难成活的大树，可在冬季土壤封冻时带冻土移植，但要避开严寒期并做好土面保护和防风防寒。春季以后尤其是盛夏季节，由于树木蒸腾量大，移植大树不易成活，如果移植必须加大土球，加强修剪、遮阴、保湿也可成活，但费用加大。雨季可带土球移植一些针叶树种，空气相对湿度大也可成活。落叶后至土壤封冻前的深秋，树体地上部分处于休眠状态，也可进行大树移植。

南方地区尤其是冬季气温较高的地区，一年四季均可移植，落叶树还可裸根移植。移植时间最好选择在树木休眠期，春季萌动前和秋季树木落叶后为最佳时间。在城市改建扩建工程中，大树移植可以长旺季（夏季）进行，最好选择树木新梢停长且连续阴天或降雨前后。

3.2.3 安排运输路线

在起树前，应把树干周围2～3cm以内的碎石、瓦砾、灌木丛及其他障碍物清除干净，并将地面大致整平，拟定起吊工具和运输工具的停放位置，为顺利移植大树创造条件。然后按树木移植的先后次序，合理安排运输路线，以使每棵树都能顺利运出。

1）编号定向。当移植大批大树时，为使施工有计划地顺利进行，可把定植坑及要移植的大树均编上一一对应的号码，使其移植时可以对号入座，以减少现场混乱。定向是在树干上标出南北方向，使其在移植时仍能保持它按原方位栽下，以满足它对蔽荫及阳光的要求；同时，树木长期在地球这个大磁场的作用下，植物细胞也有着一定的磁极性方位，维持树木原有方位有利于植物细胞的正常生理活动。

2）工具材料的准备运输大树时的包装方法不同，所需材料也不同，一般应准备草绳、木棒、木板、支撑杆、钳子、铁丝、铁锹、镐、手锯、兵工铲等。另外，还应准备好起重机、运输车等。

3）在移栽前 2～3 年的春季或秋季，在距离树干胸径 5 倍的地方，围绕树干挖一条宽 30～50cm、深 50～80cm 的沟。

① 第一年春季先将沟挖一半（沟呈不连续间隔的几小块），挖掘时碰到比较粗的侧根要用锋利的手锯锯断。如遇直径 5cm 以上的粗根，为防止大树倒伏，一般不切断，于土球壁处进行环状剥皮（剥皮宽约 10cm），涂抹 0.01％的生长素后保留。沟挖好后用掺有基肥的培养土填入并夯实，然后浇水。

② 第二年春天再挖剩下的几个小段。待第三年移植时，断根处已长出许多须根，易成活。

③ 移植较为名贵和较难移栽的树木，或定植地距树木生长地较远时，可采用在 5～8 年的时间内就近多次移植或逐步向定植地过渡移植的办法，以进一步促进树木须根发展和适应定植地环境，确保树木成活后，再进行定植。

④ 为了防止在挖掘时由于树身不稳、倒伏引起工伤事故及损坏树木，在挖掘前应对需移植的大树立支柱，一般使用 3 根直径 15cm 以上的大木桩，分立在树冠分支点的下方，然后再用粗绳将 3 根木桩和树干一起捆紧，与地面呈 60°左右的角度，形成三足支撑状。将树冠用草绳或麻绳轻轻捆扎，保护树冠。

⑤ 在移栽过程中对树干进行包裹保湿处理，减少水分蒸发，提高树木移植的成活率。裹干的方法有裹草绑膜、缠绳绑膜、捆草绑膜缠布等。

3.3 木箱包装移植大树

对于必须带土球移栽的树木，土球规格如果过大（直径超过 1.3m 时），很难保证吊装运输的安全和土球不散坨，此时可用方木箱包装，移植带土方木箱移植法移植胸径 15～30cm 或更大的树木以及沙性土壤中的大树，适用于雪松、桧柏、广玉兰、白皮松、龙柏、云杉、铅笔柏等常绿树的移植。

掘树前，应先按照绿化设计要求的树种、规格选苗，并在选好的树上做出明显标记（在树干上拴绳或在北侧点漆），将树木的品种、规格（高度、干径、分枝点高度、树形观赏面）分别记入卡片，以便分类，编出栽植顺序。对于所要掘取的大树，了解其所在土质、周围环境交通路线和有无障碍物等，以确定它能否移植。此外，还应准备好各种工具和材料。

1. 掘苗

掘苗时，应先根据树木的种类、株行距和干径的大小确定在植株根部留土球的大小。一般可按苗木胸径的 7～10 倍确定土球。不同胸径树木应视情况剪枝，其切口应留在土球里。各类胸径树木所用木箱规格见表 5-8。

表 5-8　各类胸径树木所用木箱规格

树木胸径/cm	15～17	18～24	25～27	28～30
木箱规格/（m×m）（上边长×高）	1.5×0.6	1.8×0.7	2.0×0.7	2.2×0.8

2. 装箱

修整好土球之后，应立即上箱板，其操作顺序和注意事项如下：

1）上侧板。先将土台的 4 个角用蒲包片包好，再将箱板围在土台四面，两块箱板的端部不要顶上，以免影响收紧。用木棍或锹把箱板临时顶住，经过检查、校正，要使箱板四周都放得合适，保证每块箱板的中心都与树干处于同一条线上，使箱板上边低于土台 1cm 左右，作为吊运土台的下沉系数，即可将经过检查合格的钢丝绳分上下两道绕在箱板外面。

2）上钢丝绳。上下两道钢丝绳应在距离箱板上下两边各 15～20cm 处。在钢丝绳的接口处装上紧线器，并将紧线器松到最大限度，上下两道钢丝绳上的紧线器应分别装在相反方向的箱板中央的带板上，并用木墩将钢丝绳支起，便于收紧。收紧紧线器时必须两道同时进行。钢丝绳的卡子不可放在箱角上或带板上，以免影响拉力。收紧紧线器，将钢丝绳收紧到一定程度时，应用锤子锤打钢丝绳，如发出"啫"之声，表明已收得很紧。

3）钉铁皮。先在两块箱板相交处，即土球的四角上钉铁皮，每个角的最上一道铁皮和最下一道铁皮距箱板的上下两个边各为 5cm。如 1.5m 长的箱板，每个角钉铁皮 7～8 道；1.8～2.0m 长的箱板，每个角钉铁皮 8～9 道；2.2m 长的箱板，每个角钉铁皮 9～10 道。铁皮通过每面箱板两边的带板时，最少应在带板上钉两个钉子，钉子应稍向外斜，以增强拉力；不可将钉子砸弯，如钉弯，应起出重钉。箱板四角与带板之间的铁皮必须绷紧、钉直。将箱板四角铁皮钉好之后，要用小锤轻轻敲打铁皮，如发出老弦声，表明已钉紧，即可旋松紧线器，取下钢丝绳，如图 5-9 所示。

4）掏底和上底板。将土球四周的箱板钉好之后，紧接着掏出土球底部的土，上底板和盖板。

备好底板，按土球底部的实际长度，确定底板的长度和需要的块数。然后在底板的两头各钉上一块铁皮，但应将铁皮空出一半，以便上底板时将剩下的一半铁皮钉在木箱侧板上。

先沿着箱板下端往下挖 35cm 深，然后用小板镐和小平铲掏挖土台下部的土，掏底土可在两侧同时进行。当土台下边能容纳一块底板时，应立即上一块底板，然后向里掏土。

上底板时，先将底板一端空出的铁皮钉在木箱板侧面的带板上，再在底板下面放一个木墩顶紧；在底板的另一端用油压千斤顶将底板顶起，使之与土球紧贴，再将底板另一端空出的铁皮钉在木箱板侧面的带板上，然后撤下千斤顶，再用木墩顶好。上好一块底板之后，再向土球内掏底，仍按照上述方法上其他底板。在最后掏土台中间的底土之前，要先用 4 根 10cm×10cm 的方木将木箱 4 个侧面的上部支撑住。先在坑边挖一小槽，槽内立一块小木板作为支垫，将方木的一头顶在小木板上，另一头顶在木箱板的中间带板上,并用钉子钉牢,可防止土球歪倒。然后再向中间掏出底土,使土球的底面呈凸出的弧形,以利于收紧底板。掏挖底土时,如遇树根,应用手锯锯断,锯口应留在土台内,不可使它凸起,以免妨碍收紧底板。掏挖中间底土要注意安全,不得将头伸入土球下面。在风力超过4级时,应停止掏底土作业。

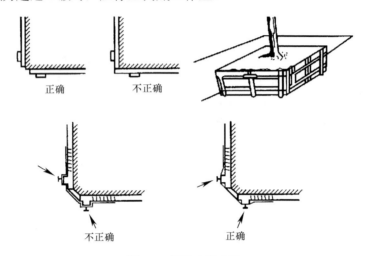

图 5-9　钉铁皮的方法

5)上盖板。于树干两侧的箱板上口钉一排板条,称上盖板。上盖板前,先修整土球表面,使中间部分稍高于四周;表层有缺土处,应用潮湿细土填实。土球应高出边板上口 1cm 左右。于土球表面铺一层蒲包片,再在上面钉盖板(图 5-10)。

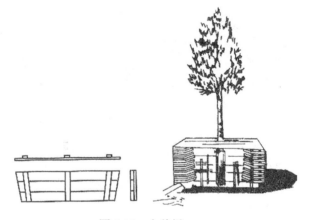

图 5-10　上盖板

3. 吊运与装车

吊运、装车(图 5-11)必须保证树木和木箱的完好以及人员的安全。其操作顺序和注意事项如下:

1)每株树的重量超过 2t 时,需用起重机吊装,用大型卡车运输。

2）吊装带木箱的大树，应先用一根较短的钢丝绳，横着将木箱围起，将钢丝绳的两端扣放在木箱的一侧，即可用吊钩钩好钢丝绳，缓缓起吊，使树身慢慢躺倒。在木箱尚未离地时，应暂时停吊，在树干上围好蒲包片，捆上脖绳，将绳的另一端也套在吊钩上，同时在树干分枝点上拴一根麻绳，以便吊装时用人力控制方向。拴好绳后，可继续将树缓缓起吊，准备装车。吊装时，应有专人指挥吊车，吊杆下面不得站人。

3）装车时，树冠应向后，土台上口应与卡车后轴在一条直线上，在车厢底板与木箱之间垫两块 10cm×10cm 的方木，分别放在捆钢丝绳处的前后。木箱在车厢中落实后，再用两根较粗的木棍交叉成支架，放在树干下面，用以支撑树干。在树干与支架相接处，应垫上蒲包片，以防磨损树皮。待树完全放稳后，再将钢丝绳取出，用紧线器将木箱与车厢刹紧。树干应捆在车厢后的尾钩上，树冠应用草绳围拢紧，以免树梢垂下拖地。

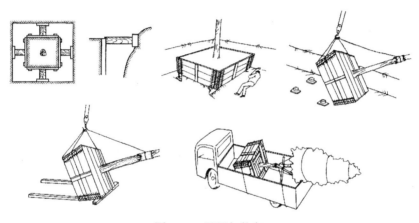

图 5-11 吊运与装车

4．大树栽植

1）挖坑。栽植前，应按设计要求定好点，放好线，测好标高，然后挖坑。栽植穴的直径一般应比大树的土台大 50～60cm；土质不好的，应是土台的一倍。需要换土的，应用沙质壤土，并施入充分腐熟的优质堆肥 50～100kg。坑的深度应比土台的高度大 20～25cm。在坑底中心部位要堆一个厚 70～80cm 的方形土堆，以便放置木箱。

2）吊树入坑。先在树干上包好麻包或草袋，然后用两根等长的钢丝绳兜住木箱底部，将钢丝绳的两头扣在吊钩上，即可将树直立吊入坑中。如果树木的土台较坚硬，可在树木移吊到坑的上面还未全部落地时，先将木箱中间的底板拆除，如土质松散，亦可不拆除中间底板。然后由 4 个人坐在坑的四面，用脚蹬木箱的上沿，校正栽植位置，使木箱正好落在坑中方形土台上。将木箱实放稳后，即可拆除两边的底板，慢慢抽出钢丝绳，并用长杆支稳树身。

3）拆除箱板、回填土。树身支稳后，先拆除上板，并向坑内填入拌入肥料的土壤，填至 1/3 时,拆除四面箱板,接着向坑内填土,每填 20~30cm 土后,应夯实一下,直至填满为止。按照土球大小和坑大小做双圈灌水堰。

5. 栽后管理

填完土之后,应立即开堰浇水。第一次水要浇足,隔一周后浇第二次水,以后根据不同树种需要和土质情况合理浇水。每次浇水之后,待水全部渗下,应中耕松土一次,中耕深度为 10cm 左右。

3.4 软包装土球移植

目前国内普遍采用的人工挖掘软包装土球移植法适用于白皮松、雪松、香樟、桧柏、龙柏、白玉兰等常绿树种以及银杏、榉树、白玉兰、国槐等落叶乔木,其方法比木箱移植法简单。

3.4.1 挖掘

掘苗时土球应比原断根范围向外扩大 10~20cm,对于胸径不超过 15cm 的树木,可挖掘修整成圆形,进行软包装,如橘络式包扎。土球规格也可按照树木胸径 8~10 倍来确定。

土球规格确定之后,以树干为中心,沿着比土球直径大 3~5cm 的尺寸圈挖一条宽 60~80cm 的操作沟,其深度应与确定的土球高度相等。当挖至深度的 1/2 时,应随挖随修整土球,将土球表面修平,使之上大下小,呈苹果状。

修整土球时如遇粗根,要用剪枝剪或手锯锯断,切不可用锹断根,以免将土球震散。

3.4.2 打包

将预先湿润过的草绳理顺,在土球中部缠腰绳,两人合作边缠边用木槌或砖石敲打草绳,使绳略嵌入土球为度。要使每圈草绳紧靠,总宽达土球高的 1/4~1/3 并系牢即可。在土球底部向内刨挖一圈底沟,宽度为 5~6cm,有利于草绳绕过草绳底沿不易松脱,然后用蒲包、草绳等材料包装。草绳包扎方式有 3 种方式。

1. 橘络式包扎

先将草绳的一头系在树干(或腰绳)上,在土球上斜向缠绕,绕过对面,向上约于球面一半处经树干折回,顺同一个方向按一定间隔缠绕至满球。绕第二遍时,与第一遍的每道于肩沿处的草绳整齐相压,缠绕至满球后系牢,再于内腰绳下部捆十几道外腰绳,而后将内外腰线呈锯齿状穿连绑紧。最后在计划将树推倒的方向上沿土球外沿挖一个弧形沟,并将树轻轻推倒,这样树干不会碰到穴沿而损伤。壤土和沙性土还需用蒲包垫于土球底部,并另用草绳与土球低沿纵向绳栓连系牢,如图 5-12 所示。

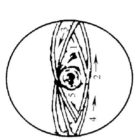
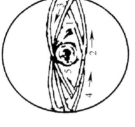

(a) 包扎顺序图　　　　(b) 包扎后的土球

图 5-12　橘络式包扎

2. 井字式包扎

先将草绳一端系于腰绳上，然后按图 5-12 所示的数字顺字，由 1 拉到 2，绕过土球的下面拉至 3，经 4 绕过土球下拉至 5，再经 6 绕过土球下面拉至 7，经 8 与 1 挨紧平行拉扎。按如此顺字包扎 6~7 道井字形。井字式包扎如图 5-13 所示。

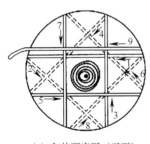

(a) 包扎顺序图（平面）　　　　(b) 包扎后的土球（立面）

图 5-13　井字式包扎

实线表示土球面绳；虚线表示土球底绳

3. 五角式包扎

先将草绳的一端系在腰箍上，然后按图 5-14 所示的数字顺序包扎，先由 1 拉到 2，绕过土球底，经 3 过土球面到 4，绕过土球底经 5 拉过土球面到 6，绕过土球底，由 7 过土球面到 8，绕过土球底，由 9 过土球面，绕过土球底回到 1。按如此顺序紧挨平扎 6~7 道五角星形。五角式包扎如图 5-14 所示。

井字式包扎和五角式包扎适用于黏性土和运距不远的落叶树或 1t 以下的常绿树；比较贵重的树木、运输距离远而土壤沙性强的树木则用橘子式包扎。

(a) 包扎顺序图（平面）

(b) 包扎后的土球（立面）

图 5-14　五角式包扎

实线表示土球面绳；虚线表示土球底绳

3.4.3　吊装与运输

因为在运输装卸过程中往往容易造成生理缺水、土球散落、树皮损伤等后果，因此，要尽量缩短运输装卸时间，运输前对树木进行适量修剪，运输过程中要慢装轻放，支垫稳固，适时喷水。大树吊运是大树移植中的重要环节之一，直接关系树的成活、施工质量及树形的美观等。

一般采用起重机吊装或滑车吊装、汽车运输的方法完成移植。采用机械吊装时，应准备相应的钢丝、绳索和垫底材料，钢丝的主绳应固定在土球上，在树干上搭绳要有软隔垫。由专人指挥，在吊车起吊的操作中要特别注意安全。

装车时用隔垫材料固定树干，枝条超宽、超高、超长的进行再次修剪，并用绳索捆扎牢固。树木装进汽车时，要使树冠向着汽车尾部。树干包上柔软材料放在木架上，用软绳扎紧，树冠也要用软绳适当缠拢，土球下垫木板，然后用木板将土球夹住或用绳子将土球缚紧在车厢两侧。一般一辆汽车只吊运一株树，若需装多株要尽量减少互相影响。无论是装、运、卸都要保证不损伤树干和树冠以及根部土球。

人工卸车应将跳板和支撑固定牢实，向外移动土球时，不得拖树干或树冠。用吊车卸下裸根大树时，先要确定树冠的朝向，一次性放在树坑中立稳；带土球的大树下车时，因土球重，不能一次定位，应斜放在树坑中，斜放时将树冠的朝向摆好。用吊车吊苗时，钢丝绳与土球接触面应放 1cm 厚的木块，以防止土球因局部受力过大而松散，钢丝绳与树干接触处应裹上麻布等，以免损伤树皮。

3.4.4　定植

大树运到后必须尽快定植。首先按照施工设计要求，按树种分别将大树轻轻斜吊于定植穴内，拆除缠扎树冠的绳子，配合吊车，将树冠立起扶正，仔细审视树形和环境，移动和调整树冠方位，要尽量符合原来的朝向，并将最佳观赏面朝向主要观赏方向。

栽植前要检查树坑的大小和深度是否符合要求，是否需要做排水设施，是否需要放通气管等。一般树坑的宽比土球大 50~60cm，深比土球高 30cm。土质黏重的坑应用河沙或沙壤土填垫底部，并设置呼吸管。对树冠进行修整时，剪口用泥浆封顶，再包上防水袋。如树木过高，在中上部系上辅助绳。按照树木的朝向放入树坑，用钢钎橇动土球将树木扶正，剪断草绳（若为麻绳必须取出），取出蒲包或麻袋片，土球周围喷洒生根粉溶液，分层填土，边埋土边夯实，用木棒将埋土分层捣实，填土比原印迹高出约 30cm。裸根树木栽植时，根系要舒展，不得窝根，当填土至坑的 1/2 时，将树干轻轻提几下，再填土、夯实，栽植深度略深于原来的 2～3cm。栽植时要保持树木直立，分层埋土踏实。

3.5 大树移植后的养护管理

日常养护在树木定植后的 1～3 年里很重要，尤其是移植后的第 1 年管理更为重要。主要工作包括浇水、排水、树干包扎、保湿防冻、大棚遮阴、除萌去蘖、病虫害防治等。

1. 支撑

要设立支架、防护栏，支撑树干，防止根部摇动、根土分离而影响成活，支撑形式因地制宜。由于树体较大，更要注意支柱与树干相接部分要垫上蒲包片或撑丝，以防磨伤树皮。大树的支撑形式应结合环境综合考虑，尤其是在园林绿地中更应考虑与环境的协调性，以及是否存在各种安全隐患等。一些绿地中移植的大树，支撑杂乱无章，对环境造成了一定程度的影响，而用钢丝绳做支撑影响较小。

2. 浇水、排水

大树移植后应立即围堰浇水，灌一次透水，浇足定根水，保证树根与土壤紧密结合，保持土壤湿润，促进根系发育。是否缠草绳、涂稀泥和支撑视具体情况而定。此后 3 周连续灌 3 次水，灌水后及时用细土封树盘或覆盖地膜保墒，防止表土开裂透风，以后根据土壤墒情变化注意浇水。在生长旺季栽植，因温度高，蒸腾量大，除定植时灌足饱水外，还要经常给移植树洒水和根部灌水。在夏季还要多对地面和树冠喷水，增加环境相对湿度，降低蒸腾。

新移植的大树的根系吸水功能减弱，对土壤水分的需求量较小。因此，只要保持土壤适当湿润即可。土壤含水量过大，反而会影响土壤的透气性能，抑制根系的呼吸，对发根不利，严重的会导致烂根死亡。为此，一方面要严格控制浇水量，移植时第一次浇透水，以后视天气情况、土壤质地，检查分析，谨慎浇水，同时要慎防对地上部分喷水过多，致使水滴进入根系区域；另一方面，要防止树穴内积水，种植时留下浇水穴，在第一次浇透水后即应填平或略高于周围地面，以防下雨或浇水时积水。同时，在地势低洼易积水处，要开排水沟，保证雨天及时排水，做到雨止水干。此外要保持适宜的地下水位高度。在地下水位较高时，要做到网沟排水；汛期水位上涨时，可在根系外围挖深井，用水泵将地下水排至场外，严防淹根。大树移植后，树种不同，对水分的要求也不同，如悬铃木喜湿润土壤，而雪松忌低洼湿涝和地下水位过高，故悬铃木移植后应适当多浇水，而雪松雨季要注意及时排水。

3. 包裹树干

为了保持树干湿度，减少树皮水分蒸发，可用浸湿的稻草绳、麻包、苔藓等材料严密包裹树干和比较粗壮的分枝，从树干基部密密缠绕至主干顶部，再将调制的黏土泥浆糊满草绳，以后还可经常向树干喷水保湿。盛夏也可在树干周围搭荫棚或挂草帘。北方冬季用草绳或塑料条缠绕树干还可以防风防冻。上述包扎物具有一定的保湿性和保温性，经包干处理后，一可避免强阳光直射和热风吹袭，减少树干、树枝的水分蒸发；二可储存一定量的水分，使枝干经常保持湿润；三可调节枝干温度，减少高温和低温对枝干的伤害，效果较好。

4. 遮阴

大树移植初期或高温干燥季节，要搭制荫棚遮阴，以降低棚内温度，减少树体的水分蒸发。在成行、成片种植，密度较大的区域，宜搭制大棚，省材又方便管理；孤植树宜按株搭制。要求全冠遮阴，荫棚上方及四周与树冠保持50cm左右距离，以保证棚内有一定的空气流动空间，防止树冠受日灼危害；遮阴度为70%左右，让树体接受一定的散射光，以保证树体光合作用的进行，以后视树木的生长情况和季节变化逐步去掉遮阴网。

5. 除萌去蘖

移栽后第一年秋季，应追施一次速效肥，次年早春和秋季也至少施肥2～3次，以提高树体营养水平，促进树体健壮生长。新芽萌发是新植大树进行生理活动的标志，是大树成活的希望。更重要的是，树体上部的萌发对根系具有自然而有效的刺激作用，能促进根系的萌发。因此，在移植初期，特别是移植时进行重修剪的树体所萌发的芽要适当加以保护，让其抽枝发叶，待树体成活后再行修剪、整形。同时，在体萌芽后，要特别加强喷水、遮阴、防病防虫等养护工作，保证嫩芽、嫩梢的正常生长。另一方面，某些去冠移植大树的萌芽、萌蘖迅速且密集，应及时根据树形要求摘除部分较弱嫩芽、梢，适当保留健壮的嫩芽、嫩梢，除去根部萌发的分蘖条，以免过多的嫩芽、嫩梢对水分和养分消耗。

6. 提高土壤通气性

保持土壤良好的透气性能有利于根系萌发。为此，一方面要做好中耕松工作，慎防土壤板结；另一方面，设置通气管，如PVC管。在土球外围5cm外斜放入6～8根管子，管上要打无数个小孔，以利透气。要经常检查土壤通气设施（如通气管），发现堵塞或积水的，要及时清除，以经常保持良好的透气性能。

技能训练13　园林树木栽植

一、训练目的

学习树木冬季栽植的方法，包括起苗的方法、挖坑的方法、苗木修剪的方法、栽植的方法、浇水的方法等。

二、材料用具

供栽植的树木，铁锹、尺子、修枝剪、手锯、镐头。

三、方法步骤

1）挖坑：先选好种树的地点，用铁锹挖坑，要求按设计规格来挖，四壁要垂直、坑底要水平。

2）起苗：用铁锹将苗木从原来生长的地方挖出，尽量多带根系，同时尽量不损伤苗木。

3）回填：用表土回填到挖好的树坑中，回填到离地表20cm处，边填边踩实，或填后浇水踏实。

4）苗木修剪：把苗木的伤残根剪去，把过长的根剪短，并将苗木的主干留一定长度截断，将侧枝剪去。

5）栽植：2人一组，其中1人扶苗，1人埋土，把树苗放在坑的中央，树干要直立，根系要舒展，放好后埋土，埋土到原埋土处止，边埋边踩实。

6）浇水：栽植后，整理场地，修好池堰，立即浇水，要求浇到水不下渗并灌满池堰为止。

7）树盘覆盖：等水下渗后，用干土覆盖树盘，厚度为5～10cm。

四、分析与讨论

各小组内同学之间相互讨论园林树木栽植注意事项，如何提高成活率。

五、训练作业

认真填写园林苗木移植技能训练评价表（表5-9），撰写园林树木栽植技术的报告。

表5-9 园林树木栽植技能训练评价表

学生姓名					
测评日期		测评地点			
测评内容	园林树木栽植				
考评标准	内容	分值	自评	互评	师评
	能正确挖掘栽植穴	20			
	能正确起苗和运输	30			
	能正确进行苗木处理	10			
	能正确进行苗木栽植	40			
	合计	100			
最终得分（自评30%+互评30%+师评40%）					

说明：测评满分为100分，60～74分为及格，75～84分为良好，85分以上为优秀。60分以下的学生，需重新进行知识学习、任务训练，直到任务完成达到合格为止

知识拓展

雪松大树移植

雪松的树冠呈塔形，姿态端庄，为园林绿化的重要观赏树种之一。雪松对气候的适应范围较广，对土壤要求不严，属浅根性乔木，在低洼积水或地下水位较高之处生长不良。华东地区长江中下游地区乃至华北地区均有成功移植雪松大树的经验。

1. 移植时间

雪松在中原、华东一带以春季移植最为适宜，成活率较高。2~3月份气温已开始回升，雪松体内树液也开始流动，但针叶还没有生长，蒸发量较小，容易成活；7~8月份正值雨季，雪松虽已进行了大量生长，但因空气相对湿度较高，蒸腾量相对降低，此时进行移栽成活率也高；10月前后栽植亦可。

2. 施工前的准备工作

1）挖栽植穴。该项工作可于挖球前或与挖球同时进行，栽植穴应比土球规格大20~30cm，例如，移植7.0~8.5m高的雪松树，栽植穴应挖成2.5m×2.5m×2.0m，去掉不良土壤，并备好足够的回填土。挖穴时表土和底土分开放置，土质不好的还要换成肥力较高的园土，清除树穴内部的大石块、砖头、白灰等建筑垃圾。

2）准备约9m长的竹竿若干根、铁丝若干斤及所需的工具、高压喷雾器、喷头（带杆）若干个、输水管若干米、喷灌机一台。

3）其他工作。提前做好场地的平整，计划好吊车及运输车辆的行车路线。

3. 起挖、运输

1）选树。起挖前做好选苗工作，要求所选苗木树形优美，树干通直，无机械损伤。尽量不要选用树冠偏大、枝条偏密的雪松，以增加成活率和降低运输、栽植的费用。提前做好记录，以便于苗木到场后对号入坑。起挖前先用支撑物撑好树木，防止歪倒，以保证安全。另外，还应标记好苗木的阴阳面，以便于栽植时定位。

2）挖土球。大树起苗前应喷防蒸腾剂，雪松移植应采用带土球移植法，土球的质量是影响雪松移栽成活的关键。土壤较干燥时，应提前3天灌水以保证根部土壤湿润。挖起树木时，根部土球不能松散。

① 土球规格。所挖土球的直径是树木胸径的7~10倍。土球形状为苹果形，底径约是上径的1/3，土球横径、纵径之比为5:4，这样可以保证移植时不致伤害过多的根系而缩短缓苗时间。

② 挖球程序。开始挖球之前应先用草绳把过长的影响施工的下部树枝绑缚起来，这样既便于施工又便于运输，但注意不要折断树枝。然后以树干为中心，根据土球直径画圈线，以决定挖土范围，挖球前先铲去土球上部浮土，再沿圈线向外挖60~80cm宽的环状沟。当挖到规定土球高度时，逐渐将土球底部的土掏去。切忌将土球底部掏空，以防树身倾斜，损坏土球，土球要边挖边修整，最后呈苹果形。挖掘用的工具要锋利，保证断面平整。

③ 缠草绳。土球挖好后，要进行打包，这是保证树木移栽质量的一个重要工序。

通常采用螺旋式纵向双层缠绕法。如土质疏松，应先在土球上铺一层蒲包或麻袋片等遮盖物，以防散球。缠草绳一般由两人配合进行，先缠腰绳，把草绳拴在树干基部，然后按顺时针方向斜向下将草绳拉紧，通过土球底部呈180°，从另一侧拉出草绳回到树干基部，再缠第二圈，直至缠满为止。草绳排列要紧密，如土质疏松，应缠两遍。土球缠完后，用草绳绕树干缠几圈，高30~50cm，防止装卸时捆绑处树皮损伤，然后用水喷湿草绳，以增加其柔韧性。

3）运输。根据土球大小选用合适的吊车装卸，7~8m高的大树应采用16t吊车吊装，土球用钢丝绳牵拉，钢丝绳之间用U形扣连接，钢丝绳与土球接触处垫厚木板，防止其勒入土球。用主钩挂住钢丝绳，副钩挂住树干的2/3处，挂钩处树干均应用麻袋片层层包裹，防止绳子勒入树皮。在树干的1/2处还应拴一条长绳子，以利于在吊运过程中靠人力保持运动方向。起吊时在树干基部垫一棉垫，以防损伤树皮。苗木上车后，保持土球朝前，树冠朝后。树干放在缠有草绳的三角支架上，防止树冠拖地。近距离运输时，要在树干及树冠上喷水；远途运输时，必须加盖篷布并定时喷水，以减少树木的水分蒸发。运输过程中，注意保护树头，因为树头折断将使雪松观赏价值大为降低。

4. 栽植、养护

1）栽植。栽植前在每个树穴内施有机肥20kg，并用回填土拌匀填至土球的预留高度。栽植的吊装方法与起挖吊装基本一致。苗木吊到树穴内在未落地前，用人力旋转土球，使其位置、朝向合理，随后将土回填，回填前应把所有的包裹物全部去除，最后分层夯实并做好水穴。为提高雪松成活率，应在雪松移入之前，先往穴内灌水，并将底土搅成泥浆，然后用吊车将树慢慢吊起，摆正树身，把树形好的一侧朝向主要观赏面。必要时可对树根喷施生根激素，迅速填土，先填表土，同时，可适当施入一些腐熟的有机肥，最后填底土，分层踏实，植树的深度与树木原有深度一致。填满后要围绕树做一圆形的围堰，踏实，为浇水做好准备。

2）浇水。苗木栽植后应立即扶架，为确保雪松成活，扶架完毕后应及时浇水。第一次浇水应浇透，并在3天后浇第二遍水，10天后浇第三遍水，每遍水后如有塌陷应及时补填土，待3遍透水后再行封堰。为保证成活率，有人在栽植的第四天结合浇水用100mg/L的ABT3号生根粉做灌根处理，3次浇水之后即可封穴，用地膜覆盖树穴并整出一定的排水坡度，防止因后期养护时喷雾造成根部积水。地膜可长期覆盖，以达到防寒和防止水分蒸发的作用。

3）支撑。栽后为防树身倾斜，一般用3根木杆呈等边或等角三角形支撑树身；支撑点要略高一些，杆与地面成60°~70°夹角为宜，最后剪掉损伤、折断的枝条，取下捆拢树冠的草绳，把现场清理干净。

4）疏枝提干。为减少树冠的水分蒸腾，应去掉一些过密的或有损伤的枝条，并通过疏枝保持树势平衡。为增加成活率，在支架完成后，配合苗木的整形做疏枝处理。先去除病枝、重叠枝、内膛枝及个别影响树形的大枝，然后修剪小枝。修剪过程中应勤看，分多次修剪，切勿一次修剪成形，以免错剪枝条。修剪完成后应及时用石蜡或防锈漆涂抹伤口,防止伤口遇水腐烂。为了不影响交通和树下花灌木的生长,雪松移植后应适当提干,一般提干高度不超过 1.2m。

5)养护。苗木栽植之后应立即用喷灌机做喷雾养护,以保证树冠所需的水分和空气相对湿度。为了减小劳动强度,增加养护效果,可以自行设计一套喷水养护系统:提前在每棵雪松上安装 3~4 个喷头,喷头的位置以水雾能将全树笼罩为原则。每天定时喷雾,实践证明效果非常好。雪松不耐烟尘,为减少蒸腾,增强叶片光合作用,保证其成活、美观,在栽后要及时对树冠进行喷水、施肥。喷水、施肥可结合进行,间隔 10 天左右喷一次,喷肥常采用 0.1%尿素。由于内陆地区春天风大且降水量少,苗木的水分蒸发量大,因此浇水、喷雾的次数应适当增加。当苗木安全地度过春天后,养护工作即可进入正常管理。

香樟大树带土球移植

香樟大树的树冠呈广卵形,四季常绿,冠大荫浓,病虫害少,广泛用于城市道路、庭院、小区绿化,是城市绿化的优良常绿阔叶树种。

1. 香樟大树移植

最佳时间为萌芽期,即清明前后 10~16 天,移植方法有 3 种。

1)截干法。截干法移植通常适用于胸径 10cm 以上的香樟大树,由于其常年在原地生长,根系分布较广而深,树冠冠幅大,不易移栽。为适于移栽并确保成活率,减少树冠水分和养分的消耗,一般采用截干进行移植,其优点是,可以控制树枝的分枝高度;吊装、运输方便;降低树叶的水分及养分的消耗,有利于提高成活率。其缺点是,近期绿化效果差,一般需要两年以上才能形成新的冠幅。

2)断根缩冠法。断根缩冠法移植是将计划要移植的香樟大树在原地进行断根缩冠。修剪时保持树形基本骨架,断根范围为树干地径的 5 倍,将粗根锯断,在根部喷洒 0.1%萘乙酸,然后覆土。两年后根据需要进行移栽。其优点是,移栽成活率高,树木恢复生长快,绿化效果也较好。其缺点是,周期长,投入费用较高。

3)带冠移植法。带冠移植法基本上是保持原有树冠进行移植,往往是为了立竿见影的景观和特定的要求必须带冠移植。移植时技术难度较高,特别是胸径 15cm 以上的大树必须要用起吊设备。在起挖前应进行树冠重剪,去除弱枝,保留 50%的树叶,减少水分蒸腾散失和养分的消耗,土球的直径为树干地径的 8 倍以上,然后进行土球包扎移植。

2. 香樟大树移植措施

树穴底部施腐熟有机肥,穴内换疏松的土壤,以补充养分。移植时根部喷施 0.1%萘乙酸或生根粉溶液,以促进新根生长。伤口修复用 0.1%萘乙酸和羊毛酯混合物涂抹枝干、根系伤口,可防止腐烂。种植宁浅勿深,根据地下水位的情况,以土球露地表 1/4~1/2 为宜,过深则易烂根。应用细土使树穴与土球贴实,浇大水,然后在根部地表覆膜,防止水分蒸发或过多的水分渗入根部,造成烂根。用草绳绕干,然后浇湿、浇透,再用薄膜绕干,这样既可保持树干湿润,又可防止树干水分蒸发和烈日灼伤树皮，但切忌因草绳腐烂而损伤树皮。

对于带冠的大树，可在树冠顶安装喷淋装置，晴天进行叶面喷雾。对于带冠移植的大树，考虑到叶面水分蒸发量过大，可搭遮光棚，降低光照强度，从而减少水分的蒸发。待新叶萌发革质化后用0.1%尿素进行叶面喷施，以补充根部养分的不足，同时有利于新叶的生长，但切忌秋天喷施。待新枝萌发后，进行整形、修剪，剪除弱枝，保留粗壮枝，培育新枝，及时抹除树干上萌发的不定芽。

上述香樟大树移植的技术措施要点要根据实际情况辩证使用，也可用于其他大树的移植，但必须依据不同树种的生物学特性合理使用。总之，为确保大树移植成活，要坚持"三分栽、七分养"的原则。

归纳总结

本项目主要介绍园林栽植成活原理、园林树木栽植的季节、栽植技术、大树移植等基本内容，假植、定植、大树、土球、栽植穴等基本概念，园林树木栽植施工的主要工序，园林苗木的挖掘、包扎、树木栽植、大树移植技术等基本技能；着重阐述了大树移植前的准备和处理工作、大树移植的技术要求、大树断根处理的方法及作用、大树带土球（或土台）的挖掘和包装方法，以及大树移植后的养护管理及提高大树移植成活率的技术措施等，重点是大树移植挖、运、栽及养护管理技能。

思考题

简答题

1）简述园林树木栽植的成活原理。
2）树木栽植成活的关键是什么？
3）树木带土球栽植有什么好处？
4）园林树木栽植的主要技术环节包括哪些？
5）总结容器栽植的优缺点。
6）什么是假植？
7）怎样才能保证大树移植成活？
8）如何对大树进行移植前的断根和修剪处理？
9）怎样对移植大树进行养护管理？
10）如何在反季节移植园林树木？
11）怎样理解大树移植的支撑方法？

项目6　园林树木养护技术

☞ **学习目标**

本项目主要介绍园林树木的日常养护技术、病虫害防治技术、古树和名木的养护技术及园林树木修剪与整形技术；明确园林树木栽植后的养护管理是保证成活率、实现绿化美化效果的重要措施，并且充分考虑园林树木的年生长周期和生命周期的变化规律，适时、长期地进行养护管理，使树木维持较好的生长势，预防早期转衰，延长绿化效果，并发挥其多功能效益。

能够：

◆ 掌握园林树木的日常养护技术的基本理论和方法，根据不同土壤类型、特点，进行改良土壤，并根据树木生长需要进行合理的灌排水，施肥；

◆ 掌握园林树木病虫害防治的原则，对常见病虫害进行合理的防治；

◆ 能够利用树体保护和修补的常用方法，对受伤树体进行保护，能实地调查古树、名木的分布状况和养护管理情况，针对各树体生长状况，进行科学管理，制定管理保护对策；

◆ 熟练对常见园林树木进行合理修剪，掌握20种常见园林树木的修剪与整形方法。

☞ **项目导入**

园林树木以其独特的生态、景观和人文效益造福于城市居民，维护城市的生态平衡，成为城市的绿色屏障。人们总希望树木的效益能正常而持久地发挥。但是，树木是活的有机体，它的生长受到各种环境条件和人为因素的制约。由于环境城市的特殊性，与其他地方的树木相比，园林树木更容易受到各种不良因素的影响。园林树木养护管理的任务是通过有效的栽培措施，给树木生长发育创造一个适宜的条件，避免或减轻各种不利因素对树木生长的伤害，确保园林树木各种有效功能的稳定发挥。

值得指出的是，我国许多城市在园林绿化中，普遍存在"重栽轻抚"现象，对于一个绿化工程来说，营造在短时间内就可以完成，而管理却是一个长期的任务。应该说，抚育管理工作比营造更艰巨，任务更持久，"三分栽，七分养"就是这个道理。

过去，在城市总绿量很少的情况下，在营造上多花一些工夫是可以理解的；现在，随着城市绿化覆盖率的不断提高，抚育养护的任务将越来越繁重。树木栽后成活率的高低，是否能尽快达到很好的效果，取决于养护水平。养护工作是一项长期而细致的工作，根据树木的生长习性、气候、土壤、栽植环境等条件，采取科学的养护方法，主要内容包括土壤管理、浇水、排水、中耕除草、施肥、修剪与整形、补植与防护、病虫害防治等养护管理方面。

项目 6　园林树木养护技术

任务 1　园林树木日常养护技术

【知识点】正确描述园林树木形态并进行识别，学会植物检索表的使用，能完成腊叶标本的制作。

【能力点】能进行日常养护技术的实际操作。

任务分析

本任务主要介绍园林树木养护技术的基本理论和基础知识，以及实际操作的方法技术。要完成本任务，必须具备土肥水管理方法和园林植物保护技术基础知识，熟知园林树木生长发育特性的理论条件，掌握园林树木养护方法，具备园林树木养护的操作技术和管理能力。

任务实施的相关专业知识

严格来说，园林树木的日常养护就是根据不同园林树木的生长需要和某些特定的要求，及时对树木采取土壤管理、灌排水、施肥等技术措施，使树木维持较好的生长势，延长绿化效果，并发挥其多种功能效益。

园林树木日常养护的根本任务是要创造优越的环境条件，满足树木生长发育对水、肥、气、热的需求，充分发挥树木的功能效益。土、肥、水管理的关键是从土壤管理入手，通过松土、除草、施肥、灌溉和排水等措施，改良土壤的理化性质，创造水、肥、气、热协调共存的环境，提高土壤的肥力水平。

1.1　养护管理概述

园林树木需要精细的养护管理，这是由以下一些因素决定的。

1. 培育目标的多样性与养护管理

园林树木的功能是多种多样的，从生态功能上可以保护环境、净化空气、维持生态平衡；从景观功能上可以美化环境；同时，许多园林树木还具有丰富的文化内涵。园林树木与人的距离很近，与人的关系密切，人们对树木多种有益功能的需求是全天候的、持久的，且随季节的变换而变换。因此，养护管理的首要任务是保证园林树木正常生长，这是树木发挥多种有益功能的前提，其次要采取人为措施调整树木的生长状况，使其符合人们的观赏要求。

2. 园林树木生长周期的长期性与养护管理

园林树木的生长周期非常长，短的几十年，长的数百年，甚至上千年。只有通过细致的养护管理,才能培育健壮的树势,以克服衰老、延长寿命,同时提高对各种自然灾害的抵抗力,达到防灾减灾的目的。

3. 生长环境的特殊性与养护管理

园林树木的生长环境远不及其他地方的树木。从树木地上部分的生长环境看,园林树木经常处在不利的环境中,城市特有的各种有毒气体、粉尘、热辐射、酸雨、生活垃圾和工业废弃物等严重影响树木的生长,还要经常遭受人为践踏和机械磨损。同时,根系的生长还经常受到城市底下管道的阻碍,大量的水泥地面使树木得不到正常的水分供应。因此,园林树木养护管理的任务非常艰巨,需要长期、精细的养护管理,其养护管理成本比其他地方的树木要高得多。

1.2 园林树木土壤管理

土壤是树木生长的基础,是水分、养分供应的机质,也是许多微生物活动的场所。土壤的好坏直接关系树木能否正常生长发育,各种功能效益能否正常发挥,能否抵抗各种不良环境的干扰。因此,土壤管理的任务是要为树木的生长提供良好的土壤条件,同时有利于涵养水源和保持水土。

1.2.1 树木栽植前土壤类型的鉴别

园林树木生长地的土壤类型和条件十分复杂,不同树种对土壤的要求也是不同的。栽植前,弄清栽植地的土壤类型,对于树种的选择具有十分重要的意义。据调查,园林树木生长地的土壤大致可分为以下几种类型。

1. 荒山荒地

荒山荒地的土壤尚未开发利用,未经深翻熟化,肥力低。

2. 平原肥土

平原肥土的养分丰富,理化性质良好,最适合园林树木生长,但这种条件不多。

3. 水边低湿地

水边低湿地一般土壤紧实,水分多,通气不良,土质多带盐碱(北方)。

4. 垃圾土

垃圾土指在居住区,由生活活动产生的废物,如煤灰、垃圾、瓦砾、动植物残骸等形成的煤灰土以及建筑后留下的灰槽、灰渣、煤屑、砂石、砖瓦块、碎木等建筑垃圾堆积而成的土壤。

5. 市政工程施工后的场地

在城市中,如地铁、人防工程等处,由于施工将未熟化的心土翻到表层,使土壤肥力降低。若因机械施工,碾压土地,会造成土壤坚硬、通气不良。

6. 人工土层

人工土层是针对城市建筑过密现象而解决土地利用问题的一种途径和方法,即人工修造的,代替天然地基的构筑物。例如,建筑的屋顶花园、地下停车场、地下铁道、地下储水槽等建筑物均可视为人工土层的载体。人工土层的土壤容易干燥,温度变化大,土壤微生物的活动易受影响,腐殖质的形成速度缓慢,因此人工土层的土壤选择很重要。特别是屋顶花园,要选择保水和保肥能力强的土壤,同时应施用腐熟的肥料。如果保水保肥能力不强,灌水后易漏走流失,其中的养分也随着流失。为减轻建筑的负荷,减少经济开支,采用的土壤要轻,并混合多孔性轻量材料,如混合蛭石、珍珠岩、煤灰渣、泥炭等。

7. 沿海地区的土壤

滨海填筑地受填筑土的来源和海潮及海潮风的影响,如果是沙质土壤,盐分被雨水溶解后能够迅速排出;如果是黏性土壤,因透水性小,便会长期残留盐分。为此,应设法排洗盐分,如"淡水淡盐"和施有机肥等。

8. 酸性红壤

酸性土壤是pH<7的土壤总称,包括砖红壤、赤红壤、红壤、黄壤等土类。在我国长江以南地区常常遇到红壤。红壤呈酸性,土粒细,结构不良。水分过多时,土粒吸水成糊状;干旱时,水分容易蒸发散失,土块易变得紧实坚硬,常缺乏氮、磷、钾等元素。许多植物不能适应这种土壤,因此需要改良。例如,施用有机肥、磷肥、石灰,矿大种植面,并将种植面连通,开挖排水沟或早种植面下层设排水层等。

9. 工矿污染地

由矿山和工厂排出的废水里面所含的有害成分污染土地,致使树木不能生长。此类情况,除选择抗污染的树种以外,还可进行土壤替换。

10. 紧实土壤

园林绿地常常受人流的践踏和车辆的碾压,使土壤密度增加,孔隙度降低,通透性不良,因而对树木生长发育相当不良。

除上述几种类型以外,园林绿地的土壤还可能是盐碱土、重黏土、砂砾土等。因此在种植前应做好土壤类型的鉴别,有的放矢地进行树种选择与土壤改良。

1.2.2 肥沃土壤的基本特征

园林树木生长的土壤条件十分复杂,既有平原肥土,更有大量的荒山荒地、建筑废弃地、水边低湿地、人工土层、工矿污染地、盐碱地等,这些土壤大多需要经过适当调整改造,才能适合园林树木生长。不同的园林树木对土壤的要求是不同的,但良好的土壤要求

能协调土壤的水、热、气、肥。一般说来,高度肥沃的土壤应具备以下几个基本特征:

1)土壤养分均衡:肥沃土壤的养分状况应该是缓效养分、速效养分,大量、中量和微量养分比例适宜,养分配比相对均衡。一般而言,对于比例适宜的肥沃土壤,树木根系生长的土层中应养分储量丰富,有机质含量高,应在1.5%~2%以上,肥效长,心土层、底土层也应有较高的养分含量。

2)土体构造适宜:与其他土壤类型比较,园林树木生长的土壤大多经过人工改造,因而没有明显完好的垂直结构。有利于园林树木生长的土体构造应该是,在1~1.5m深度范围内,土体为上松下实结构,特别是在40~60cm的树木大多数吸收根分布区内,土层要疏松,质地较轻;心土层较坚实,质地较重。这样,既有利于通气、透水、增温,又有利于保水、保肥。

3)物理性质良好:物理性质主要指土壤的固、液、气三相物质组成及其比例,它们是土壤通气性、保水性、热性状、养分含量高低等各种性质发生变化的物质基础。通常情况下,大多数园林树木要求土壤质地适中,耕性好,有较多的水稳性和临时性的团聚体,适宜的三相比例为,固相物质40%~57%,液相物质20%~40%,气相物质15%~37%,土壤容重为$1\sim1.3\text{g/cm}^3$。

1.2.3 土壤耕作改良

在城市里,人流量大,游客践踏严重,大多数城市园林绿地土壤的物理性能较差,水、气矛盾十分突出,土壤性质向恶化方向发展,主要表现是土壤板结、黏重、土壤耕性极差、通气透水不良。在城市园林中,许多绿地因人踩压实土壤厚度达3~10cm,土壤硬度达$14\sim70\text{kg/cm}^2$,机车压实土壤厚度为20~30cm,在经过多层压实后其厚度可达80cm以上,土壤硬度为$12\sim110\text{kg/cm}^2$。通常当土壤硬度在14kg/cm^2以上,通气孔穴度在10%以下时,会严重妨碍微生物活动与树木根系伸展,影响园林树木生长。

通过合理的土壤耕作,可以改善土壤的水分和通气条件,促进微生物的活动,加快土壤的熟化进程,使难溶性营养物质转化为可溶性养分,从而提高土壤肥力;同时,由于大多数园林树木是深根性植物,根系活动旺盛,分布深广,通过土壤耕作,特别是对重点地段或重点树种适时深耕,为根系提供更广的伸展空间,以保证树木随着年龄的增长对水、肥、气、热的不断需要。

1. 深翻熟化

深翻就是对园林树木根区范围内的土壤进行深度翻垦。深翻的主要目的是,加快土壤的熟化,使"死土"变"活土","活土"变"细土","细土"变"肥土"。这是因为,通过深耕增加了土壤孔隙度,改善理化性状,促进微生物的活动,加速土壤熟化,使难溶性营养物质转化为可溶性养分,提高了土壤肥力,从而为树木根系向纵深伸展创造了有利条件,增强了树木的抵抗力,使树体健壮、新梢长、叶色浓、花色艳。

(1)深翻时期

总体上讲,深翻时期包括园林树木栽植前的深翻与栽植后的深翻。前者是在栽植树木前,配合园林地形改造、杂物清除等工作,对栽植场地进行全面或局部的深翻,并暴晒土壤，打碎土块，填施有机肥，为树木后期生长奠定基础；后者是在树木生长过程中的土壤深翻。

实践证明，园林树木土壤一年四季均可深翻，但应根据各地的气候、土壤条件以及园林树木的类型适时深翻，才会收到良好效果。就一般情况而言，深翻主要在以下两个时期进行：

1）秋末。此时，树木地上部分基本停止生长，养分开始回流，转入积累，同化产物的消耗减少，如结合施基肥，更有利于损伤根系的恢复生长，甚至还有可能刺激长出部分新根，对树木来年的生长十分有益；同时，秋耕可松土保墒，因为秋耕有利于雪水的下渗，一般秋耕比未秋耕的土壤含水量要高 3%～7%；此外，秋耕后，经过大量灌水，使土壤下沉，根系与土壤进一步密接，有助根系生长。

2）早春。早春深翻应在土壤解冻后及时进行。此时，树木地上部分尚处于休眠状态，根系则刚开始活动，生长较为缓慢，伤根后容易愈合和再生。从土壤养分季节变化规律看，春季土壤解冻后，土壤水分开始向上移动，土质疏松，操作省工，但土壤蒸发量大，易导致树木干旱缺水，因此，在多春旱、多风地区，春季翻耕后需及时灌水，或采取措施覆盖根系，耕后耙平、镇压，春翻深度也比秋耕浅。

（2）翻次数与深度

1）深翻次数。土壤深翻的效果能保持多年，因此，没有必要每年都进行深翻。深翻作用持续时间的长短与土壤特性有关。一般情况下，黏土、涝洼地深翻后容易恢复紧实，因而保持年限较短，可每 1～2 年深翻耕一次；而地下水位低，排水良好，疏松透气的沙壤土，保持时间较长，则可每 3～4 年深翻耕一次。

2）深翻深度。理论上讲，深翻深度以稍深于园林树木主要根系垂直分布层为度，这样有利于引导根系向下生长，但具体的深翻深度与土壤结构、土质状况以及树种特性等有关。例如，山地土层薄，下部为半风化岩石，或土质黏重，浅层有砾石层和黏土夹层，地下水位较低的土壤以及深根性树种，深翻深度较深，可达 50～70cm，相反，则可适当浅些。

（3）深翻方式

园林树木土壤深翻方式主要有树盘深翻与行间深翻两种。树盘深翻是在树木树冠边缘，于地面的垂直投影线附近挖取环状深翻沟，有利于树木根系向外扩展，适用于园林草坪中的孤植树和株间距大的树木；行间深翻则是在两排树木的行中间，沿列方向挖取长条形深翻沟，用一条深翻沟，达到了对两行树木同时深翻的目的，这种方式多适用于呈行列布置的树木，如风景林、防护林带、园林苗圃等。

此外，还有全面深翻、隔行深翻等形式，应根据具体情况灵活运用。各种深翻均应结合进行施肥和灌溉。深翻后，最好将上层肥沃土壤与腐熟有机肥拌和，填入深翻沟的底部，以改良根层附近的土壤结构，为根系生长创造有利条件，而将心土放在上面，促使心土迅速熟化。

2. 中耕通气

中耕不但可以切断土壤表层的毛细管，减少土壤水分蒸发，防止土壤泛碱，改良土壤通气状况，促进土壤微生物活动，有利于难溶性养分的分解，提高土壤肥力；而且，通过中耕能尽快恢复土壤的疏松度，改进通气和水分状态，使土壤水、气关系趋于协调，因而生产上有"地湿锄干，地干锄湿"之说；此外，早春季进行中耕，还能明显提高土壤温度，使树木的根系尽快开始生长，并及早进入吸收功能状态，以满足地上部分对水分、营养的需求。当然，中耕也是清除杂草的有效办法，减少杂草对水分、养分的竞争，使树木生长的地面环境更清洁、美观，同时阻止病虫害的滋生蔓延。

与深翻不同，中耕是一项经常性工作。中耕次数应根据当地的气候条件、树种特性以及杂草生长状况而定。通常各地城市园林主管部门对当地各类绿地中的园林树木土壤中耕次数都有明确的要求，有条件的地方或单位，一般每年土壤的中耕次数要达到 2～3 次。土壤中耕大多在生长季节进行，如以消除杂草为主要目的的中耕，中耕时间在杂草出苗期和结实期效果较好，这样能消灭大量杂草，减少除草次数。具体时间应选择在土壤不过于干又不过于湿时，如天气晴朗，或初晴之后进行，可以获得最大的保墒效果。

中耕深度一般为 6～10cm，大苗的中耕深度为 6～9cm，小苗的中耕深度为 2～3cm，过深伤根，过浅起不到中耕的作用。中耕时，尽量不要碰伤树皮，对于生长在土壤表层的树木须根，则可适当截断。

3. 客、培土

（1）客土

培土实际上就是在栽植园林树木时，对栽植地实行局部换土。通常在土壤完全不适宜园林树木生长的情况下需进行客土。当在岩石裸露，人工爆破坑栽植，或土壤十分黏重、土壤过酸过碱以及土壤已被工业废水、废弃物严重污染等情况下，这时应在栽植地一定范围内全部或部分换入肥沃土壤。例如，在我国北方种植杜鹃、茶花等酸性土植物时，就常将栽植穴附近的土壤全部换成山泥、泥炭土、腐叶土等酸性土壤，以符合酸性土树种的生长要求。

（2）培土

培土就是在园林树木生长过程中，根据需要，在树木生长地添加入部分土壤基质，以增加土层厚度，保护根系，补充营养，改良土壤结构。

在我国南方高温多雨的山地区域，常采取培土措施。在这些地方，降雨量大，强度高，土壤淋洗流失严重，土层变得十分浅薄，树木的根系大量裸露，树木既缺水又缺肥，生长势差，甚至可能导致树木整株倒伏或死亡，这时就需要及时进行培土。

培土工作要经常进行，并根据土质确定培土基质类型。土质黏重的应培含沙较多的疏松肥土，甚至河沙，含沙质较多的可培塘泥、河泥等较黏重的肥土以及腐殖土。培土量视植株的大小、土源、成本等条件而定，但一次培土不宜太厚，以免影响树木根系生长。

1.2.4 土壤化学改良

土壤化学改良包括以下两方面。

1）施肥改良。土壤的施肥改良以有机肥为主。一方面，有机肥所含的营养元素全面，除含有各种大量元素外，还含有微量元素和多种生理活性物质，包括激素、维生素、氨基酸、葡萄糖、DNA、RNA、酶等，能有效地供给树木生长需要的营养；另一方面，有机肥还能增加土壤的腐殖质，其有机胶体又可改良沙土，增加土壤的孔隙度，改良黏土的结构，提高土壤保水保肥能力，缓冲土壤的酸碱度，从而改善土壤的水、肥、气、热状况。

施肥改良常与土壤的深翻工作结合进行。一般在土壤深翻时，将有机肥和土壤以分层的方式填入深翻沟。生产上常用的有机肥料有厩肥、堆肥、禽肥、鱼肥、饼肥、人粪尿、土杂肥、绿肥以及城市中的垃圾等，这些有机肥均需经过腐熟发酵才可使用。

2）土壤酸碱度调节。土壤的酸碱度主要影响土壤养分物质的转化与有效性、土壤微生物的活动和土壤的理化性质，因此，与园林树木的生长发育密切相关。通常情况下，当土壤 pH 过低时，土壤中活性铁、铝增多，磷酸根易与它们结合形成不溶性的沉淀，造成磷素养分的无效化，同时，由于土壤吸附性氢离子多，黏粒矿物易被分解，盐基离子大部分遭受淋失，不利于良好土壤结构的形成；相反，当土壤 pH 过高时，则发生明显的钙对磷酸的固定，使土粒分散，结构被破坏。

绝大多数园林树木适宜中性至微酸性的土壤。然而，我国许多城市的园林绿地酸性和碱性土面积较大。例如，据重庆市园林科研所的有关人员调查，该市主要公园、苗圃、风景区土壤 pH＜6.5 的酸性土壤占 40%，pH 为 6.5～7.5 的中性土占 20%，pH＞7.5 的碱性土占 40%。一般说来，我国南方城市的土壤 pH 偏低，北方偏高，所以，土壤酸碱度的调节是一项十分重要的土壤管理工作。

① 土壤酸化。土壤酸化是指对偏碱性的土壤进行必要的处理，使其 pH 有所降低，符合酸性园林树种生长需要。目前，土壤酸化主要通过施用释酸物质进行调节，如施用有机肥料、生理酸性肥料、硫黄等，通过这些物质在土壤中的转化，产生酸性物质，降低土壤的 pH。据试验，每亩施用 30kg 硫黄粉，可使土壤 pH 从 8.0 降到 6.5 左右。硫黄粉的酸化效果较持久，但见效缓慢。对盆栽园林树木也可用 1∶50 的硫酸铝钾，或 1∶180 的硫酸亚铁水溶液浇灌植株来降低 pH。

② 土壤碱化。土壤碱化是指对偏酸的土壤进行必要的处理，使其土壤 pH 有所提高，符合一些碱性树种生长需要。土壤碱化的常用方法是向土壤中施加石灰、草木灰等碱性物质，但以石灰应用较普遍。调节土壤酸度的石灰是农业上用的"农业石灰"（agricultural limestone），并非工业建筑用的熟石灰（hydrated lime）。农业石灰石实际上是石灰石粉（碳酸钙粉）。使用时，石灰石粉越细越好，这样可增加土壤内的离子交换强度，以达到调节土壤 pH 的目的。市面上石灰石粉有几十到几千目的细粉，目数越大，见效越快，价格也越贵，生产上一般用 300～450 目的较适宜。

石灰石粉的施用量（把酸性土壤调节到要求的 pH 范围所需要的石灰石粉用量）应根据土壤中交换性酸的数量确定。石灰石粉需要量的理论值可按以下公式计算：

石灰施用量理论值＝土壤体积×土壤容重×阳离子交换量×（1－盐基饱和度）

在实际应用过程中，石灰施用量理论值还应根据石灰的化学形态不同乘以一个相应的经验系数。石灰石粉的经验系数一般取 1.3～1.5。

1.2.5 疏松剂改良

近年来，有不少国家已开始大量使用疏松剂来改良土壤结构和生物学活性，调节土壤酸碱度，提高土壤肥力，并有专门的疏松剂商品销售。例如，国外生产上广泛使用的聚丙烯酰胺为人工合成的高分子化合物，使用时，先把干粉溶于80℃以上的热水，制成2%的母液，再稀释10倍浇灌至5cm深土层中，通过其离子键、氢键的吸引，使土壤连接形成团粒结构，从而优化土壤水、肥、气、热条件，其效果可达3年以上。

土壤疏松剂可大致分为有机、无机和高分子3种类型，它们的功能分别表现在，膨松土壤，提高置换容量，促进微生物活动；增多孔穴，协调保水与通气、透水性；使土壤粒子团粒化。

1.2.6 土壤生物改良

在城市园林中，植物改良是指通过有计划的主要种植地被植物来达到改良土壤的目的。地被植物是指那些低矮的，通常高度在50cm以内，铺展能力强，能生长在城市园林绿地植物群落底层的一类植物。地被植物在园林绿地中的应用，一方面能增加土壤可给态养分与有机质的含量，改善土壤结构，降低蒸发，控制杂草丛生，减少水、土、肥流失与土温的日变幅，有利于园林树木根系生长；另一方面，地面有地被植物覆盖，可以增加绿化量值，避免地表裸露，防止尘土飞扬，丰富园林景观。因此，植物改良是一项行之有效的生物改良土壤措施，该项措施已在农业果园土壤管理中得到了广泛运用，效果显著。

地被植物种类繁多，按植物学科，可分为豆科植物和非豆科植物；按栽培年限长短，可分为一年生植物、二年生植物和多年生植物。在城市园林中，对以改良土壤为主要目的，结合增加园林景观效果需要的地被植物要求是，适应性强，有一定的耐阴、耐践踏能力，根系有一定的固氮力，枯枝落叶易于腐熟分解，覆盖面大，繁殖容易，有一定的观赏价值。常见种类有五加、地瓜藤、胡枝子、金银花、常春藤、金丝桃、金丝梅、地锦、络石、扶芳藤、荆条、三叶草、马蹄金、萱草、麦冬、玉簪、百合、鸢尾、酢浆草、二月兰、虞美人、羽扇豆、草木犀、香豌豆等，各地可根据实际情况灵活选用。在实践中，要正确处理好种间关系，应根据习性互补的原则选用物种，否则可能对园林树木的生长造成负面影响。一些多年生深根性地被植物（如紫花苜蓿等）消耗水分、养分较多，对园林树木影响较大，除注意肥、水管理外，不宜长期选种，当植株和根系生长量大时，可及时翻耕，达到培肥的目的，而且根系分泌物皂角苷对蔷薇科植物的根系生长不利，需特别注意。此外，国外有人认为，在土壤结构差的粉沙、黏重土壤中种植禾本科地被植物改良土壤的效果尤其明显。

在自然土壤中，常常有大量的昆虫、原生动物、线虫、环虫、软体动物、节肢动物、细菌、真菌、放线菌等生存，它们对土壤改良具有积极意义。例如，土壤中的蚯蚓对土壤混合、团粒结构的形成及土壤通气状况的改善都有很大益处；又如，一些微生物，它们数量大，繁殖快，活动性强，能促进岩石风化和养分释放，加快动植物残体的分解，有助于土壤的形成和营养物质转化，所以，利用有益动物种类也不失为一种改良土壤的好办法。

利用动物改良土壤，可以从以下两方面入手。一方面是加强土壤中现有有益动物种类的保护，对土壤施肥、农药使用、土壤与水体污染等进行严格控制，为动物创造一个良好的生存环境；另一方面，推广使用根瘤菌、固氮菌、磷细菌、钾细菌等生物肥料，这些生物肥料含有多种微生物，它们生命活动的分泌物与代谢产物既能直接给园林树木提供某些营养元素、激素类物质、各种酶等，刺激树木根系生长，又能改善土壤的理化性能。

1.2.7 土壤污染防治

1. 土壤污染的概念及危害

土壤污染是指土壤中积累的有毒或有害物质超过了土壤自净能力，从而对园林树木的正常生长发育造成伤害。土壤污染一方面直接影响园林树木的生长，如通常当土壤中砷、汞等重金属元素含量达到 2.2~2.8mg/kg 土壤时，就有可能使许多园林树木的根系中毒，丧失吸收功能；另一方面，土壤污染导致土壤结构破坏，肥力衰竭，引发地下水、地表水及大气等连锁污染，因此，土壤污染是一个不容忽视的环境问题。

2. 土壤污染的途径

城市园林土壤污染主要来自工业和生活两大方面，根据土壤污染的途径不同，可分为以下几种：

1）水质污染：由工业污水与生活污水排放、灌溉而引起的土壤污染。污水中含有大量的汞、镉、铜、锌、铬、铅、镍、砷、硒等有毒重金属元素，对树木根系造成直接毒害。

2）固体废弃物污染：包括工业废弃物、城市生活垃圾及污泥等。固体废弃物不仅占用大片土地，并随运输迁移不断扩大污染面，而且含有重金属及有毒化学物质。

3）大气污染：即工业废气、家庭燃气以及汽车尾气对土壤造成的污染。大气污染中常见的是二氧化硫或氟化氢，它们分别以硫酸和氢氟酸随降水进入土壤，前者可形成酸雨，导致土壤不同程度的酸化，破坏土壤理化性质，后者则使土壤中可溶性氟含量增高，对树木造成毒害。

4）其他污染：包括石油污染、放射性物质污染、化肥、农药等。

3. 防治土壤污染的措施

1）管理措施。严格控制污染源，禁止工业、生活污染物向城市园林绿地排放，加强污水灌溉区的监测与管理，各类污水必须净化后方可用于园林树木的灌溉；加大园林绿地中各类固体废弃物的清理力度，及时清除、运走有毒垃圾、污泥等。

2）生产措施。合理施用化肥和农药，执行科学的施肥制度，大力发展复活肥、可控释放型等新型肥料，增施有机肥，提高土壤环境容量；在某些重金属污染的土壤中，加入石灰、膨润土、沸石等土壤改良剂，控制重金属元素的迁移与转化，降低土壤污染物的水溶性、扩散性和生物有效性；采用低量或超低量喷洒农药方法，使用药量少、药效高的农药,严格控制剧毒及有机磷、有机氯农药的使用范围;广泛选用吸毒、抗毒能力强的园林树种。

3)工程措施。常见的工程措施有客土、换土、去表土、翻土等。客土法就是向污染土壤中加入大量的干净土壤,在表层混合,使污染物浓度降到临界浓度以下;换土就是把污染土壤去除,换入干净的土壤。除此之外,工程措施还有隔离法、清洗法、热处理法以及近年来为国外采用的电化法等。工程措施治理土壤污染效果彻底,是一种治本措施,但投资较大。

1.3 园林树木水分管理

1.3.1 水分管理的意义

园林树木的水分管理,实际上就是根据各类园林树木自身习性差异,通过多种技术措施和管理手段来满足树木对水分的科学、合理需求,保障水分的有效供给,达到园林树木健康生长和节约水资源的目的,包括园林树木的灌溉与排水两方面的内容。园林树木水分科学管理的意义具体体现在以下3方面:

1)确保园林树木的健康生长及其园林功能的正常发挥。众所周知,水分是园林树木生存不可缺少的基本生活因子,对园林树木的生长、发育、繁殖、休眠、观赏品质等有很大影响,园林树木的光合作用、蒸腾作用、物质运输、养分代谢等均必须在适宜的水环境中进行。水分过多会造成植株徒长,引起倒伏,抑制花芽分化,延迟开花期,易出现烂花、落蕾、落果现象,特别是当土壤水分过多时,使土壤缺氧,可引起厌氧细菌大肆活动,有毒物质大量积累,导致根系发霉腐烂,窒息死亡;水分缺乏则会使树木处于萎蔫状态,受旱植株,轻者叶色暗浅,干边无光泽,叶面出现枯焦斑点,新芽、幼蕾、幼花干尖、干瓣,早期脱落,重者新梢停止生长,往往自下而上发黄变枯、落叶,甚至整株干枯死亡。

2)改善园林树木的生长环境。水分不但对城市园林绿地的土壤和气候环境有良好的调节作用,而且与园林植物病虫害的发生密切相关。例如,由于水的比热容较大,在高温季节进行喷灌,除降低土温外,树木还可借助蒸腾作用来调节温度,提高空气相对湿度,使叶片和花果不致因强光的照射而引起"日烧",避免了强光、高温对树木的伤害;在干旱的土壤上灌水,可以改善微生物的生活状况,促进土壤有机质的分解;水分过多则会造成树木枝叶徒长,使树体的通风透光性变差,为病菌的滋生蔓延创造了条件;在生产中,不合理的灌溉还有可能给园林绿地带来地面侵蚀、土壤结构破坏、营养物质淋失、土壤盐渍化加剧等一系列生态恶果,不利于园林树木的生长。

3)节约水资源,降低养护成本。我国是一个缺乏水的国家,水资源十分有限,节约并合理利用每一滴水是全社会的共同职责。目前,我国城市园林绿地中树木的灌溉用水大多来自于生产、居民生活水源,水的供需矛盾更加突出。因此,制定科学合理的园林树木水分管理方案,实施先进的灌排技术,以确保园林树木的水分需求,减少水资源的损失浪费,降低园林的养护管理费用,是我国城市园林现阶段的客观需要和必然选择。

1.3.2 园林树木的灌水

1. 灌溉水的质量

灌溉水的好坏直接影响园林树木的生长。用于园林绿地树木灌溉的水源有雨水、河水、地表径流水、自来水、井水及泉水等，由于这些水中的可溶性物质、悬浮物质以及水温等的差异，对园林树木生长及水的使用有不同影响。例如，雨水含有较多的二氧化碳、氨和硝酸，自来水中含有氯，这些物质不利于树木生长，且费用高；地表径流水则含有较多的树木可利用的有机质及矿质元素；而河水中常含有泥沙和藻类植物，若用于喷、滴灌水，容易堵塞喷头和滴头；井水和泉水温度较低，伤害树木根系，需储于蓄水池中，经过一段时间增温充气后方可利用。总之，园林树木灌溉用水以软水为宜，不能含有过多的对树木生长有害的有机、无机盐类和有毒元素及其化合物，一般有毒可溶性盐类含量不超过 1.8g/L（具体可参照 2005 年国家颁布的《农业灌溉水质标准》，执行中根据实际情况可适当放宽），水温与气温或地温接近。

2. 灌水时期

正确的灌水时期对灌溉效果以及水资源的合理利用都有很大影响。理论上讲，科学的灌水是适时灌溉，即在树木最需要水的时候及时灌溉。根据园林生产管理实际，可将树木灌水时期分为以下两种类型。

（1）干旱性灌溉

干旱性灌溉是指在发生土壤、大气严重干旱，土壤水分难以满足树木需要时进行的灌水。在我国，这种灌溉大多在久旱无雨、高温的夏季和早春等缺水时节进行，此时若不及时供水就有可能导致树木死亡。

根据土壤含水量和树木的萎蔫系数确定具体的灌水时间是较可靠的方法。一般认为，当土壤含水量为最大持水量的 60%～80%时，土壤中的空气与水分状况符合大多数树木生长需要，因此，当土壤含水量低于最大持水量的 60%以下，就应根据具体情况决定是否需要灌水。随着科学技术和工业生产的发展，用仪器测定土壤中的水分状况来指导灌水时间和灌水量已成为可能。国外在果园水分管理中早已使用土壤水分张力计，可以简便、快速、准确反映土壤水分状况，从而确定科学的灌水时间，此法值得推广。萎蔫系数就是因干旱而导致园林树木外观出现明显伤害症状时的树木体内含水量。萎蔫系数因树种和生长环境不同而异。可以通过栽培观察试验，很简单地测定各种树木的萎蔫系数，为确定灌水时间提供依据。

（2）管理性灌溉

管理性灌溉是根据园林树木生长发育需要，而在某个特殊时段进行的灌水，实际上就是在树木需水临界期的灌水。例如，在栽植树木时，要浇大量的定根水；在我国北方地区，树木休眠前要灌"冻水"或"封冻水"；许多树木在生长期间，要浇展叶水、抽梢水、花芽分化水、花蕾水、花前水、花后水等。管理性灌溉的时间主要根据树种自身的生长发育规律而定。总之，灌水的时期应根据树种、气候、土壤等条件而定，具体灌溉时间则因季节而异。夏季灌溉应在清晨和傍晚进行，此时水温与地温接近，对根系生长影响小，冬季因晨夕气温较低，灌溉宜在中午前后进行。此外，还值得注意的是，不能等到树木已从形态上显露出缺水受害症状时才灌溉，而是要在树木从生理上受到缺水影响时就开始灌水。

3. 灌溉制度

（1）树木需水量

需水量是制定灌溉制度的核心问题，因为灌溉与节水都必须有一个基本标准，这个标准的基本依据就是需水量，它决定了在一定的气候、水文、土壤等条件下，植物生长所需要的水量和灌溉需水量等。虽然对植物需水量，国内外还没有一个技术权威的定义，但对需水量的估算和测定，多数学者有着较为一致的方法，其一般的计算公式为

$$E_{tc} = K_c \cdot E_{to}$$

式中，E_{tc} 为植物需水量；K_c 为作物系数，是计算植物需水量的重要参数，反映了植物本身的生物学特征、土壤条件等对植物需水量的影响；E_{to} 为参考作物腾发量，代表气象条件对植物需水量的影响。

（2）灌水定额

灌水定额是指一次灌水的水层深度（单位为 mm），或一次灌水单位面积的用水量（单位为 m³/ha，其中 1ha＝10000m²）。目前，大多根据土壤田间持水量来计算灌水定额。其计算公式为

$$m = 0.1 \times rh (P_1 - P_2) / \eta$$

式中，m 为设计灌水定额（mm）；r 为土壤容重（g/cm³）；h 为植物主要根系活动层深度，树木一般取 40～100cm；P_1 为适宜的土壤含水率上限（重量%），可取田间持水量的 80%～100%；P_2 为适宜的土壤含水率下限（重量%），可取田间持水量的 60%～70%；η 为喷灌水的利用系数，一般为 0.7～0.9。

应用此公式计算出的灌水定额还可根据树种、品种、生命周期、物候期以及气候、土壤等因素进行调整，酌情增减，以符合实际需要。

（3）灌水周期

灌水周期又叫轮灌期，在喷灌中，可按以下公式估算：

$$T = m\eta / W$$

式中，T 为灌溉周期（d）；m 为灌水定额（mm）；η 为喷灌水的利用系数，取 0.7～0.9；W 为土壤水分消耗速率（mm/d）。

以上公式计算的结果只能为设计提供粗略估算依据，最好能对土壤水分的经常性变动进行测定，以掌握适宜的灌水时间。

4. 灌水方法

灌水方法正确与否，不但关系灌水效果好坏，而且影响土壤的结构。正确的灌水方法，要有利水分在土壤中均匀分布，充分发挥水效，节约用水量，降低灌水成本，减少土壤冲刷，保持土壤的良好结构。随着科学技术的发展，灌水方法也在不断改进，正朝

机械化、自动化方向发展，使灌水效率和灌水效果均大幅度提高。根据供水方式的不同，将园林树木的灌水方法分为以下3种。

（1）地上灌水

1）机械喷灌。机械喷灌是一种比较先进的灌水技术，目前已广泛用于园林苗圃、园林草坪、果园等的灌溉。机械喷灌的优点是，由于灌溉水首先是以雾化状洒落在树体上，然后再通过树木枝叶逐渐下渗至地表，避免了对土壤的直接打击、冲刷，因此，基本上不产生深层渗漏和地表径流，既节约用水量，又减少了对土壤结构的破坏，可保持原有土壤的疏松状态，而且，机械喷灌还能迅速提高树木周围的空气相对湿度，控制局部环境温度的急剧变化，为树木生长创造良好条件，此外，机械喷灌对土地的平整度要求不高，可以节约劳力，提高工作效率。机械喷灌的缺点是，有可能加重某些园林树木感染真菌病害；灌水的均匀性受风影响很大，风力过大，会增加水量损失；同时，喷灌的设备价格和管理维护费用较高，使其应用范围受到一定限制。总体上讲，机械喷灌是一种发展潜力巨大的灌溉技术，值得大力推广应用。机械喷灌系统一般由水源、动力、水泵、输水管道及喷头等部分组成。

2）汽车喷灌。汽车喷灌实际上是一座小型的移动式机械喷灌系统，目前，它多由城市洒水车改建而成，在汽车上安装储水箱、水泵、水管及喷头组成一个完整的喷灌系统，灌溉的效果与机械喷灌相似。由于汽车喷灌具有移动灵活的优点，因此常用于城市街道行道树的灌水。

3）人工浇灌。虽然人工浇灌费工多，效率低，但在交通不便、水源较远、设施条件较差的情况下，仍不失为一种有效的灌水方法。人工浇灌大致有人工挑水浇灌与人工水管浇灌两种，并大多采用树盘灌水形式。灌溉时，以树干为圆心，在树冠边缘投影处，用土壤围成圆形树堰，灌水在树堰中缓慢渗入地下。人工浇灌属于局部灌溉，灌水前最好应疏松树堰内土壤，使水容易渗透，灌溉后耙松表土，以减少水分蒸发。

（2）地面灌水

地面灌水可分为漫灌与滴灌两种形式。漫灌是一种大面积的表面灌水方式，因用水极不经济，生产上很少采用；滴灌是近年来发展起来的机械化与自动化的先进灌溉技术，它是将灌溉用水以水滴或细小水流形式，缓慢地施于植物根域的灌水方法。滴灌的效果与机械喷灌相似，但比机械喷灌更节约用水。不过滴灌对小气候的调节作用较差，而且耗管材多，对用水要求严格，容易堵塞管道和滴头。目前国内外已发展到自动化滴灌装置，其自动控制方法可分时间控制法、电力抵抗法和土壤水分张力计自动控制法等，广泛用于蔬菜、花卉的设施栽培生产中。滴灌系统的主要组成部分包括水泵、化肥罐、过滤器、输水管、灌水管和滴水管等。

（3）地下灌水

地下灌水是借助于地下的管道系统，使灌溉水在土壤毛细管作用下，向周围扩散浸润植物根区土壤的灌溉方法。地下灌水具有地表蒸发小、节省灌溉用水、不破坏土壤结构、地下管道系统在雨季还可用于排水等优点。

地下灌水分为沟灌与渗灌两种。沟灌用高畦低沟方法，引水沿沟底流动来浸润周围土壤。灌溉沟有明沟与暗沟、土沟与石沟之分。对于石沟，沟壁应设有小型渗漏孔。渗灌是目前应用较普遍的一种地下灌水方式，其主要组成部分是地下管道系统。地下管道系统包括输水管道和渗水管道两大部分。输水管道两端分别与水源和渗水管道连接，将灌溉水输送至灌溉地的渗水管道，它做成暗渠和明渠均可，但应有一定坡度。渗水管道的作用在于通过管道上的小孔，使管道中的水渗入土壤中。管道的种类众多，制作材料也多种多样，如专门烧制的多孔瓦管、多孔水泥管、竹管以及波纹塑料管等，生产上应用较多的是多孔瓦管。

1.3.3　园林树木的排水

1. 排水的必要性

土壤中的水分与空气是互为消长的。排水的作用是减少土壤中多余的水分，增加土壤空气的含量，促进土壤空气与大气的交流，提高土壤温度，激发好气性微生物活动，加快有机质的分解，改善树木的营养状况，使土壤的理化性状全面改善。

2. 排水的条件

在有下列情况之一时，需要进行排水。

1）树木生长在低洼地，当降雨强度大时，汇集大量地表径流，且不能及时宣泄，而形成季节性涝湿地。

2）土壤结构不良，渗水性差，特别是土壤下面有坚实的不透水层，阻止水分下渗，形成过高的假地下水位。

3）园林绿地临近江河湖海，地下水位高或雨季易遭淹没，形成周期性的土壤过湿现象。

4）平原与山地城市，在洪水季节有可能因排水不畅，形成大量积水，或造成山洪暴发。

5）在一些盐碱地区，土壤下层含盐量高，不及时排水洗盐，盐分会随水的上升而到达表层，造成土壤次生盐渍化，对树木生长很不利。

3. 排水方法

应该说，园林绿地的排水是一项专业性基础工程，在园林规划及土建施工时就应统筹安排，建好畅通的排水系统。园林树木的排水通常有以下4种方法：

1）明沟排水：明沟排水是在地面上挖掘明沟，排除径流。它常由小排水沟、支排水沟以及主排水沟等组成一个完整的排水系统，在地势最低处设置总排水沟。这种排水系统的布局多与道路走向一致，各级排水沟的走向最好相互垂直，但在两沟相交处应成锐角（45°～60°）相交，以利于水流畅通，防止相交处沟道淤塞，且各级排水沟的纵向比降应大小有别。

2）暗沟排水：暗沟排水是在地下埋设管道，形成地下排水系统，将地下水降到要求的深度。暗沟排水系统与明沟排水系统基本相同，也有干管、支管和排水管之别。暗沟排水的管道多由塑料管、混凝土管或瓦管做成。建设时，各级管道需按水力学要求的指标组合施工，以确保水流畅通，防止淤塞。

3）滤水层排水：滤水层排水实际就是一种地下排水方法。它是在低洼积水地以及透水性极差的地方栽种树木，或对一些极不耐水湿的树种，在当初栽植树木时，就在树木生长的土壤下面填埋一定深度的煤渣、碎石等材料，形成滤水层，并在周围设置排水孔，当遇有积水时，就能及时排除。这种排水方法只能小范围使用，起到局部排水的作用。

4）地面排水：这是目前使用较广泛、经济的一种排水方法。它是通过道路、广场等地面，汇聚雨水，然后集中到排水沟，从而避免绿地树木遭受水淹。不过，地面排水方法需要设计者经过精心设计安排，才能达到预期效果。

1.4 园林树木的营养管理

1.4.1 园林树木营养管理的重要性

营养是园林树木生长的物质基础。树木的营养管理实际上就是进行园林树木的合理施肥。施肥是改善树木营养状况、提高土壤肥力的积极措施。俗话说，"地凭肥养，苗凭肥长。"

园林树木和所有的绿色植物一样，在生长过程中，需要多种营养元素，并不断从周围环境，特别是土壤中摄取各种营养成分。与草本植物相比，园林树木多为根深、体大的木本植物，生长期和寿命长，生长发育需要的养分量很大；再加之树木长期生长于一地，根系不断从土壤中选择性吸收某些元素，常使土壤环境恶化，造成某些营养元素贫乏；此外，城市园林绿地土壤受人流践踏严重，土壤密实度大，密封度高，水气矛盾突出，使得土壤养分的有效性大大降低；同时城市园林绿地中的枯枝落叶常被彻底清除，营养物质被带离绿地，极易造成养分的枯竭。如据重庆市园林科研所调查，重庆园林绿地土壤养分含量普遍偏低，近一半土壤保肥供肥力较弱，碱解氮和速效磷含量水平尤其低，若碱解氮和速效磷分别以60mg/kg和5mg/kg作为缺素临界值，调查区土壤有58%缺氮，45%缺磷。因此，只有正确地施肥，才能确保园林树木健康生长，增强树木抗逆性，延缓树木衰老，达到花繁叶茂、提高土壤肥力的目的。

1.4.2 科学施肥的依据

1. 树木种类

树木种类不同，习性各异，需肥特性有别。例如，泡桐、杨树、重阳木、香樟、桂花、茉莉、月季、茶花等生长速度快、生长量大的种类就比柏木、马尾松、油松、小叶黄杨等慢生耐瘠树种的需肥量要大；又如，在我国传统花木种植中，"矾肥水"就是养植牡丹的最好用肥等。

2. 生长发育阶段

总体上讲，随着树木生长旺盛期的到来，需肥量逐渐增加，生长旺盛期以前或以后需肥量相对较少，在休眠期甚至不需要施肥；在抽枝展叶的营养生长阶段，树木对氮素的需求量大，而生殖生长阶段则以磷、钾及其他微量元素为主。根据园林树木物候期差异，施肥方案有萌芽肥、抽枝肥、花前肥、壮花稳果肥以及花后肥等。就生命周期而言，一般处于幼年期的树种，尤其是幼年的针叶树种生长需要大量的化肥，到成年阶段，对氮素的需要量减少；对古大树供给更多的微量元素有助于增强其对不良环境因子的抵抗力。

3. 树木用途

树木的观赏特性以及园林用途影响其施肥方案。一般说来，观叶、观形树种需要较多的氮肥，而观花观果树种对磷、钾肥的需求量大。有调查表明，城市里的行道树大多缺少钾、镁、磷、硼、锰、硝态氮等元素，而钙、钠等元素又常过量，这对制定施肥方案有参考价值。也有人认为，对行道树、庭荫树、绿篱树种施肥，应以饼肥、化肥为主，郊区绿化树种可更多地施用人粪尿和土杂肥。

4. 土壤条件

土壤厚度、土壤水分与有机质含量、酸碱度高低、土壤结构以及三相比例等均对树木的施肥有很大影响。例如，土壤水分含量和酸碱度与肥效直接相关。土壤水分缺乏时施肥有害无利。由于肥分浓度过高，树木不能吸收利用而遭毒害；积水或多雨时又容易使养分被淋洗流失，降低肥料利用率。土壤酸碱度直接影响营养元素的溶解度。有些元素（如铁、硼、锌、铜）在酸性条件下易溶解，有效性高，当土壤呈中性或碱性时，有效性降低，另一些元素（如钼）则相反，其有效性随碱性的提高而增强。

5. 气候条件

气温和降雨量是影响施肥的主要气候因子。如低温，一方面减慢土壤养分的转化，另一方面削弱树木对养分的吸收功能。试验表明，在各种元素中，磷是受低温抑制最大的一种元素。雨量多少主要通过土壤过干过湿决定营养元素的释放、淋失及固定。干旱常导致树木缺硼、钾及磷，多雨则容易促发树木缺镁。

6. 营养诊断

根据营养诊断结果进行施肥，是实现园林树木栽培科学化的一个重要标志，能使树木的施肥达到合理化、指标化和规范化，完全做到树木缺什么就施什么，缺多少就施多少。目前，园林树木施肥的营养诊断方法主要有叶样分析、土样分析、植株叶片颜色诊断以及植株外观综合诊断等，但是叶样与土样分析均需要一定的仪器设备条件，而其在生产上的广泛应用受到一定限制，植株叶片颜色诊断和植株外观综合诊断则需有一定的实践经验。

7. 养分性质

养分性质不同，不但影响施肥的时期、方法、施肥量，而且还关系到土壤的理化性状。一些易流失挥发的速效性肥料（如碳酸氢铵、过磷酸钙等）宜在树木需肥期稍前施入，而迟效性肥料（如有机肥）因腐烂分解后才能被树木吸收利用，故应提前施入。氮肥在土壤中的移动性强，即使浅施也能渗透到根系分布层内，供树木吸收利用，磷、钾肥的移动性差，故宜深施，尤其磷肥需施在根系分布层内，才有利于根系吸收。对于化肥类肥料，施肥用量应本着宜淡不宜浓的原则，否则容易烧伤树木根系。事实上，任何一种肥料都不是"十全十美"的，因此，生产上，我们应该将有机与无机、速效性与缓效性、酸性与碱性、大量元素与微量元素等结合施用，提倡复合配方施肥，以扬长避短、优势互补。

1.4.3 园林树木施肥的类型

根据肥料的性质以及施用时期，园林树木的施肥包括以下两种类型。

1. 基肥

基肥以有机肥为主，是较长时期供给树木多种养分的基础性肥料，如腐殖酸类肥料、堆肥、厩肥、圈肥、粪肥、鱼肥、骨粉、血肥、复合肥、长效肥以及植物枯枝落叶等。基肥一般在树木生长期开始前施用，通常有栽植前基肥、春季基肥和秋季基肥。适时施入基肥，不但有利于提高土壤孔隙度，疏松土壤，改善土壤中水、肥、气、热状况，有利微生物活动，而且还能在相当长的一段时间内源源不断地供给树木所需的大量元素和微量元素。春季基肥与秋季基肥大多结合土壤深翻进行。基肥施用的次数较少，但用量较大。

2. 追肥

追肥又叫补肥。基肥肥效发挥平稳缓慢，当树木需肥急迫时必须及时补充肥料，才能满足树木生长发育的需要。追肥一般多为速效性无机肥，并根据园林树木一年中各物候期特点来施用。具体追肥时间，则与树种、品种习性以及气候、树龄、用途等有关。例如，对于观花、观果树木而言，花芽分化期和花后追肥尤为重要，而对于大多数园林树木来说，一年中生长旺期的抽梢追肥常常是必不可少的。天气情况也影响追肥效果，晴天土壤干燥时追肥好于雨天追肥，而且重要风景点还宜在傍晚游人稀少时追肥。与基肥相比，追肥施用的次数较多，但一次性用肥量较少。对于观花灌木、庭荫树、行道树以及重点观赏树种，每年在生长期进行2～3次追肥是十分必要的，且土壤追肥与根外追肥均可。

1.4.4 园林树木用肥种类

根据肥料的性质及使用效果，园林树木用肥大致包括化学肥料、有机肥料及微生物肥料3大类。

1. 化学肥料

化学肥料由物理或化学工业方法制成，其养分形态为无机盐或化合物，又称为化肥、矿质肥料、无机肥料。有些农业上有肥料价值的无机物质（如草木灰）虽然不属于商品性化学肥料,习惯上也列为化学肥料,还有些有机化合物及其缔结产品(如硫氰酸化钙、尿素等)也常称为化学肥料。化学肥料的种类很多,按植物生长所需要的营养元素种类可分为氮肥、磷肥、钾肥、钙肥、镁肥、硫肥、微量元素肥料、复合肥料、草木灰、农用盐等。化学肥料大多属于速效性肥料,供肥快,能及时满足树木生长的需要,因此,化学肥料一般以追肥形式使用,同时,化学肥料还有养分含量高、施用量少的优点。但化学肥料只能供给植物矿质养分,一般无改土作用,养分种类也比较单一,肥效不能持久,而且容易挥发、淋失或发生强烈的固定,降低肥料的利用率。所以,生产上不宜长期单一施用化学肥料,必须贯彻化学肥料与有机肥料配合施用的方针,否则,对树木、土壤都是不利的。

2. 有机肥料

有机肥料是指含有丰富有机质,既能提供植物多种无机养分和有机养分,又能培肥改良土壤的一类肥料,其中绝大部分为农家就地取材,自行积制的。由于有机肥料来源极为广泛,因此品种相当繁多,常用的有粪尿肥、堆沤肥、饼肥、泥炭、绿肥、腐殖酸类肥料等。虽然不同种类有机肥的成分、性质及肥效各不相同,但有机肥大多有机质含量高,有显著的改土作用;含有多种养分,有完全肥料之称,既能促进树木生长,又能保水保肥;而且其养分大多为有机态,供肥时间较长。不过,大多数有机肥的养分含量有限,尤其是氮含量低,肥效慢,施用量也相当大,因而需要较多的劳力和运输力量。此外,有机肥施用时对环境卫生也有一定的不利影响。针对以上特点,有机肥一般以基肥形式施用,并在施用前必须采取堆积方式使之腐熟,其目的是释放养分,提高肥料质量及肥效,避免肥料在土壤中腐熟时产生某些对树木不利的影响。

3. 微生物肥料

微生物肥料也称生物肥、菌肥、细菌肥及接种剂等。确切地说,微生物肥料是菌而不是肥,因为它本身并不含有植物需要的营养元素,而是含有大量的微生物,它通过这些微生物的生命活动来改善植物的营养条件。依据生产菌株的种类和性能,生产上使用的微生物肥料大致有根瘤菌肥料、固氮菌肥料、磷细菌肥料及复合微生物肥料等几大类。根据微生物肥料的特点,使用时需注意,一是使用菌肥要具备一定的条件,才能确保菌种的生命活力和菌肥的功效,如强光照射、高温、接触农药等,都有可能会杀死微生物,又如固氮菌肥,要在土壤通气条件好、水分充足、有机质含量稍高的条件下,才能保证细菌的生长和繁殖;二是微生物肥料一般不宜单施,一定要与化学肥料、有机肥料配合施用,才能充分发挥其应有作用,而且微生物生长、繁殖也需要一定的营养物质。

1.4.5 园林树木的施肥量

施肥量过多或不足,对园林树木均有不利影响。显然,施肥过多,树木不能吸收,既造成肥料的浪费,还有可能使树木遭受肥害;肥料用量不足就达不到施肥的目的。

对施肥量含义的全面理解应包括肥料中各种营养元素的比例、一次性施肥的用量和浓度以及全年施肥的次数等数量指标。施肥量受树种习性、物候期、树体大小、树龄、土壤与气候条件、肥料的种类、施肥时间与方法、管理技术等诸多因素影响，难以制定统一的施肥量标准。目前，关于施肥量指标有许多不同的观点。Ruge 建议，园林树木施肥时氮、磷、钾、镁的比例按 10∶15∶20∶2，再适当添加硼、锰等微量元素较为合理；而 Pirone 认为，氮、磷、钾按 2∶1∶2 更恰当。应该说，根据树干的直径来确定施肥量较为科学可行。德国学者 Bettes 指出，树干直径的平方除以 3 得出的商，即为施肥量的磅数，但他并未说明测定直径的部位以及直径的度量单位。在我国一些地方，也有以树木每厘米胸高直径 0.5kg 的标准作为计算施肥量依据的，如直径 3cm 左右的树木，可施入 1.5kg 肥料。就同一树木而言，一般化学肥料、追肥、根外施肥的施肥浓度分别比有机肥料、基肥和土壤施肥要低，而且要求更严格。化学肥料的施用浓度一般不宜超过 3%，而在进行叶面施肥时，多为 0.1%～0.3%，一些微量元素的浓度应更低。

近年来，国内外已开始应用计算机技术、营养诊断技术等先进手段，在对肥料成分、土壤及植株营养状况等给以综合分析判断的基础上，进行数据处理，很快计算出最佳的施肥量，使科学施肥、经济用肥发展到了一个新阶段。

1.4.6 园林树木施肥方法

依肥料元素被树木吸收的部位，园林树木施肥主要有以下两大类方法。

1. 土壤施肥

土壤施肥就是将肥料直接施入土壤中，然后通过树木根系进行吸收的施肥，它是园林树木主要的施肥方法。

土壤施肥必须根据根系分布特点，将肥料施在吸收根集中分布区附近，才能被根系吸收利用，充分发挥肥效，并引导根系向外扩展。理论上讲，在正常情况下，树木的多数根集中分布在地下 40～80cm 深范围内，有吸收功能的根则分布在 20cm 左右深的土层内；根系的水平分布范围多数与树木的冠幅大小相一致，即主要分布在树冠外围边缘的圆周内，所以，应在树冠外围于地面的水平投影处附近挖掘施肥沟或施肥坑。由于许多园林树木常常都经过了造型修剪，树冠冠幅大大缩小，这就给确定施肥范围带来困难。有人建议，在这种情况下，可以将离地面 30cm 高处的树干直径值扩大 10 倍，以此数据为半径，以树干为圆心，在地面做出的圆周边即为吸收根的分布区，也就是说该圆周附近处即为施肥范围。

事实上，具体的施肥深度和范围还与树种、树龄、土壤和肥料种类等有关。深根性树种、沙地、坡地、基肥以及移动性差的肥料等，施肥时，宜深不宜浅，相反，可适当浅施；随着树龄增加，施肥时要逐年加深，并扩大施肥范围，以满足树木根系不断扩大的需要。

下面对生产上常见的土壤施肥方法进行介绍。

（1）全面施肥

全面施肥分撒施与水施两种。撒施是将肥料均匀地撒布于园林树木生长的地面，然后再翻入土中。这种施肥的优点是，方法简单，操作方便，肥效均匀，但因施入较浅，养分流失严重，用肥量大，并诱导根系上浮，降低根系抗性，此法若与其他方法交替使用，则可取长补短，发挥肥料的更大功效。水施主要与喷灌、滴灌结合进行施肥。水施供肥及时，肥效分布均匀，既不伤根系，又能保护耕作层的土壤结构，节省劳力，肥料利用率高，是一种很有发展潜力的施肥方式。

（2）沟状施肥

沟状施肥包括环状沟施肥、放射状沟施肥和条状沟施肥，其中以环状沟施肥较为普遍。环状沟施肥是在树冠外围稍远处挖环状沟施肥，一般施肥沟宽 30～40cm，深 30～60cm，它具有操作简便、用肥经济的优点，但易伤水平根，多适用于园林孤植树；放射状沟施肥比环状沟施肥伤根要少，但施肥部位也有一定局限性；条状沟施肥是在树木行间或株间开沟施肥，多适合苗圃里的树木或呈行列式布置的树木。

（3）穴状施肥

穴状施肥与沟状施肥很相似，若将沟状施肥中的施肥沟变为施肥穴或坑就成了穴状施肥，栽植树木时的基肥施入实际上就是穴状施肥。生产上，以环状穴施居多。施肥时，施肥穴同样沿树冠在地面投影线附近分布，不过，施肥穴可为 2～4 圈，呈同心圆环状，内外圈中的施肥穴应交错排列，因此，该种方法伤根较少，而且肥效较均匀。目前，国外穴状施肥已实现了机械化操作，把配制好的肥料装入特制容器内，依靠空气压缩机，通过钢钻直接将肥料送入土壤中，供树木根系吸收利用。这种方法快速省工，对地面破坏小，特别适合城市里铺装地面中树木的施肥。

2. 根外施肥

（1）叶面施肥

叶面施肥实际上就是水施，采用机械的方法，将按一定浓度要求配制好的肥料溶液，直接喷雾到树木的叶面上，再通过叶面气孔和角质层吸收后，转移运输到树体各个器官。叶面施肥具有用肥量小、吸收见效快、避免了营养元素在土壤中的化学或生物固定等优点，因此，在早春树木根系恢复吸收功能前、在缺水季节或缺水地区以及不便土壤施肥的地方，均可采用叶面施肥，同时，该方法还特别适合于微量元素的施用以及对树体高大、根系吸收能力衰竭的古树、大树的施肥。

叶面施肥的效果与叶龄、叶面结构、肥料性质、气温、相对湿度、风速等密切相关。幼叶生理机能旺盛，气孔所占比例较大，比老叶吸收速度快，效率高；叶背气孔比叶面多，且表皮层下具有较疏松的海绵组织，细胞间隙大而多，利于渗透和吸收，因此，应对树叶正反两面进行喷雾。肥料种类不同，进入叶内的速度有差异。例如，硝态氮、氯化镁喷后 15s 进入叶内，而硫酸镁需 30s，氯化镁需 15min，氯化钾需 30min，硝酸钾需 1h，铵态氮 2h 才进入叶内。试验表明，叶面施肥适宜温度为 18～25℃，相对湿度大些效果好，因而夏季最好在上午 10 时以前和下午 4 时以后喷雾。

叶面施肥多做追肥施用，生产上常与病虫害的防止结合进行，因而喷雾液的浓度至关重要。在没有足够把握的情况下，应宁淡勿浓。喷施前需做小型试验，确定不引起药害后方可大面积喷施。

（2）枝干施肥

枝干施肥就是通过树木枝、茎的韧皮部来吸收肥料营养，吸肥机理和效果与叶面施肥基本相似。枝干施肥又大致有枝干涂抹和枝干注射两种方法，枝干涂抹法是先将树木枝干刻伤，然后在刻伤处加上固体药棉；枝干注射法是用专门的仪器来注射枝干，目前国内已有专用的树干注射器。枝干施肥主要可用于衰老古大树、珍稀树种、树桩盆景以及观花树木和大树移植时的营养供给。例如，有人分别用浓度 2%的柠檬酸铁溶液注射和用浓度 1%的硫酸亚铁加尿素药棉涂抹栀子花枝干，在短期内就治愈了栀子花的缺绿症，效果十分明显。

 技能训练

技能训练 14　园林树木日常养护技术

一、训练目的

熟悉和掌握园林树木养护管理的技术和方法，以发挥树木的绿化效益。

二、材料用具

锄头、铲、钻、斗车、枝剪、手锯、水管等。

三、方法步骤

1. 土壤管理

土壤管理主要包括除草、修剪、适当松土、改良及草皮更新。

2. 养分管理

1）土壤施肥：土壤施肥就是将肥料直接施入土壤中，然后通过树木根系进行吸收的施肥，它是园林树木主要的施肥方法。

2）根外施肥：包括叶面施肥、枝干施肥。

3. 水分管理

园林树木栽植后要加强肥水管理，使树木生长旺盛、生机勃勃，增加绿化效果。在地下水位很低的城区，在盛夏酷暑天气，或干旱秋冬季要进行适当灌水，尤其是对根系浅的灌水或草本植物。可以用洒水车，也可以在绿化带埋滴管或喷洒水管进行灌水。在地下水位高的地方，主要在特别干旱时对根系很浅的树种进行灌水。

四、分析与讨论

园林树木由于其生态习性具有个体差异性，同种树木也因其生长的立地环境不同，采取的日常养护管理措施也不尽相同，分析与讨论两到三种园林树木的日常养护管理注意事项。

五、训练作业

1）校园内园林树木的土壤管理。
2）校园内园林树木的养分管理。
3）校园内园林树木的水分管理。

园 林 树 木

任务 2　园林树木病虫害防治技术

【知识点】了解园林树木病虫害的类型与防治方法。
【能力点】能在园林树木病虫害调查的基础上，遵循一定的原则，制定出园林树木病虫害防治方法。

 任务分析

本任务主要研究园林树木的病原菌及害虫的生物学特性，以便认识病虫害并进行有效防治，确保园林树木茁壮成长，使叶、花、果等利用部分高产优质，更好地美化人们的生存环境。

 任务实施的相关专业知识

为了观赏的目的，园林中常栽培许多种类及品种的观赏植物，乔、灌、草一应具备，这样为害虫、病菌创造了更多的生存机会和多种寄主。在园林中一旦发生病虫害，不但影响树木的正常生长，而且降低其观赏价值和经济效益。因此，病虫害的防治是一件非常重要的工作。

对病虫害的防治，"防重于治"是一个不可动摇的原则。在园林管理工作上经常注意预防工作，就可以避免不应有的损失。处理预防工作，也应懂得"治"的一般知识，做好充分准备以防万一，有计划地消灭既已发生的病虫害。

防治病虫害首先要了解病虫害的发生原因、侵染循环及其生态环境，掌握危害的时间、部位、程度等规律，才能找出较好的防治措施。

2.1　园林树木病虫害防治在园林绿化中的重要性

园林植物可美化、绿化和香化城市环境，提高人们的生活质量。但是园林树木在生长发育过程中，往往受到各种病虫的危害，导致园林树木生长不良，叶、花、果、茎、根常出现坏死斑或发生畸形、变色、腐烂、凋萎及落叶等现象，失去观赏价值及绿化效果，甚至引起整株死亡，给城市绿化和景区造成很大的损失。因此，园林树木的病虫害防治是园林树木养护管理工作中的一项重要工作。

2.2　病虫害的种类及病原生物的类型

园林树木的病害可分为生理伤害引起的非传染性（非侵染性）病害和病原菌引起的传染性（侵染性）病害两大类。

1. 传染性病原

传染性病原是指除了生物以外的，一切不利于园林植物正常生长发育的因素，包括气候、土壤和营养元素以及有毒物质的污染等因素。如果同一地区有多种作物同时发生相类似的症状，而没有扩大的情况，一般是冻害、霜害、烟害或空气污染所引起的。同一栽培地的同一种植物，其一部分可全部发生相类似的症状，又没有继续扩大的情形时，可能是营养水平不平衡或缺少某种养分所引起的，这些都是非传染性的生理病。

2. 传染性病害

由生物性病原引起的病害能相互传染，称为传染性病害或侵染性病害，也称寄生性病害，如真菌、细菌、病毒、线虫等，此外还有少数放线菌、藻类和菟丝子。如果病害从栽培地的某地方发生，且渐次扩展到其他地方，或者病害株掺杂在健康植株中发生，并有增多的情形；或者在某地区，只有一种作物发生病害，并有增加情形，这些都可能是由病原菌引起的传染性病害。

2.3 病害发生过程和侵染循环

病害是寄主、病原和环境条件 3 个因素相互作用的产物，这种三元关系称"病害三角"。

2.3.1 病害发生过程

病害的发生过程包括侵入期、潜育期和发病期 3 个阶段。

1）侵入期：指病原菌从接触植物到侵入植物体内开始营养生长时期。该时期是病原菌生活中的薄弱环节，容易受到环境条件的影响而死亡，因此是防治的最佳时期。

2）潜育期：指病原菌与寄主建立寄生关系起到症状出现时止，一般 5~10 天。可以通过改变栽培技术，加强水肥管理，培育健康苗木，使病原菌在植物体内受到抑制，减轻病害发生程度。

3）发病期：指病害症状出现到停止发展时止。该时期已较难防治，必须加大防治力度。

2.3.2 病害侵染循环

侵染循环是指病原菌在植物一个生长季第一次发病到下一个生长季第一次发病的整个过程，包括病原菌的越冬或越夏、传播、初侵染与再侵染等几个环节。病原菌种类不同，越冬或越夏的场所和方式也不同，有的在枝叶等活的寄生体内越冬、越夏，有的以孢子或菌核的方式越冬、越夏，因此应有针对性地采取措施加以防治。病原菌必须经过一定的传播途径，才能与寄主接触，实现侵染。传播途径主要有空气、水、土壤、种子、昆虫等。了解其传播方式，切断其传播途径，便能达到防治的目的。病原菌传播后侵染寄主的过程有初侵染和再侵染之分。初侵染是指植物在一个生长季节里受到病原菌的第一次侵染。再侵染是指在同一季节内病原菌再次侵染寄主植物，再侵染的次数与病菌的种类和环境条件有关。无再侵染的病害比较容易防治，主要通过消灭初侵染的病菌来源或阻断侵入的手段来进行。存在再侵染的病害，必须根据再侵染的次数和特点，重复进行防治。绝大多数的树木花卉病害都属于再侵染的病害。

2.3.3 树木病害的主要症状

植物染病以后，一切不正常的外部表现称为症状（symptom），包括病状和病症两个方面。

病状是指染病植物本身所表现的不正常状态。植物病害的病状归纳起来，有变色、坏死、腐烂、萎蔫、畸形等几种类型。

1）变色。变色症状有两种形式。一种是整个植株、整张叶片或者叶片的一部分均匀地变色，主要表现为褪绿和黄化。这种变色有时局限于叶片的一定部位，如单子叶植物的叶尖或双子叶植物的叶缘。除表现为褪绿和黄化外，叶片变为紫色或红色。另一种形式是叶片不是均匀均变色，例如，花叶是指叶片黄绿相间，不同部分之间轮廓明显的变色；斑驳是指各部分轮廓不清的变色；沿着叶脉的变色称为沿脉变色，主脉和次脉为半透明状的称为脉明。病毒病或缺素症往往表现为变色的症状。

2）坏死。坏死是一类常见的病状，表现为植物局部细胞和组织的死亡。常见的有斑点、穿孔、猝倒和立枯，坏死还表现为溃疡和疮痂的症状。坏死现象一般不改变植物原来的结构。

3）腐烂。腐烂是在细胞或组织坏死的同时，伴随着组织结构的破坏和分解。腐烂按照腐败组织的质地分为干腐、湿腐和软腐3种。组织腐烂时，水分能及时消失则形成干腐；如细胞消解得很快，腐烂组织不能失水则形成湿腐；而如果组织中的中胶层受到破坏，腐烂的组织细胞离析，以后再发生细胞的消解则形成软腐。

4）萎蔫。萎蔫是指植物由于失水导致枝叶凋萎下垂的一种现象，通常是全株性的。萎蔫有两种情况：一种是因干旱引起的植株生理性萎蔫，另一种是由于病菌侵染维管束组织引起的病理性萎蔫。

5）畸形。植物被侵染后，细胞数目增多或减少，体积增大或变少，导致局部或全株呈畸形，表现类型很多，如矮化、丛枝，此外还有卷叶、皱叶、蕨叶、扁枝、叶片肥厚、扭曲等。畸形的病状在病毒病中较为常见。

植物发病后，除表现出以上的病状外，在发病部位往往伴随着出现各种病原物形成的特征性结构，称为病症。常见的有霉状物、粉状物、粒状物、脓状物。

1）霉状物。霉是真菌性病害常见的病症，不同的病害，霉层的颜色、结构、疏密等变化较大。霉可分为霜霉、黑霉、灰霉、青霉、白霉等。

2）粉状物。粉状物是某些真菌的孢子密集地聚集在一起所表现的特征，根据颜色的不同又可分为白粉、锈粉、黑粉等。

3）粒状物。病菌常在病部产生一些大小、形状、颜色各异的粒状物。这些粒状物有的着生在寄主的表皮下，部分露出，不易与寄主组织分离，如真菌的分子孢子盘、分子孢子器、子囊壳、子座等；有的则长在寄主植物表面，如白粉菌的闭囊壳、菌核等。

4）脓状物。脓状物是细菌特有的特征性结构。在病部表面溢出含有许多细菌和胶质物的液滴，称为菌脓或菌胶团。病症一般在植物发病的后期才出现，气候潮湿有利于病症的形成。

症状是识别病害的重要依据。多数病害的症状都具有相对的稳定性，但症状的表现也不是固定不变的，例如，花叶常伴随着器官的畸形；苹果轮纹病菌侵害枝干时造成瘤突状的病斑，侵害果实时造成具同心轮纹的腐败等。因此，对某些病害不能单凭症状进行识别，特别是对于不常见的病害，更不能只根据一般症状下结论，必要时应进行病原的鉴定。

2.4 害虫的种类及其生活习性

对植物有害的昆虫都称为害虫。害虫按其口器结构分为咀嚼式口器和刺吸式口器两种。前者对植物的伤害主要是使植物产生许多缺刻、枯习、蛀孔、苗木折断及器官受损或死亡症状，而后者使植物的生理受损，植株常出现卷缩、畸形、斑点等。

1. 害虫的主要生活习性

不同的害虫有不同的生活习性只有掌握害虫的生活习性，才能把握时机有效地加以防治。害虫的主要生活习性主要有以下几类。

1）食性：按害虫取食植物种类的多少，可分为单食性、寡食性和多食性3类。单食性害虫只危害一种植物，寡食性害虫可危害同科或亲缘关系较近的植物，多食性害虫可危害许多植物。

2）趋性：指害虫对某种刺激有趋向（正趋向）或背向（负趋向）。防治是利用害虫的正趋向实施的，如利用黑光灯诱杀害虫。

3）假死性：指当害虫受到刺激或惊吓时，即从植株上落到地面上装死不动，如金龟子的成虫。对于这类害虫，可采取震落捕杀方式加以防治。

4）群集性：指害虫群集生活共同危害植物的习性，一般幼虫有此特性。该时期进行化学防治或人工防治将能达到很好的效果。

5）休眠：指在不良环境下，虫体暂时停止发育的现象。害虫的休眠有特定的场所，因此可集中力量在该时期加以消灭。

2. 害虫的主要为害方式

食叶性害虫的口器多为咀嚼式，以食用叶片为主，使叶片出现孔洞、缺刻等，如天牛、金龟子的幼虫。

刺吸性害虫口器多为刺吸式，以吸取花卉的汁液为食，被害叶片常发黄化、萎蔫、卷缩等，如蚜虫、白粉虱、蓟马等。

钻蛀性害虫以蛀食花卉的茎干、枝等造成蛀孔，使花木因此枯萎而死亡，如天牛木蛾幼虫等。

食根性害虫在土壤中以食用花木的根部为食，被害花木的营养运输受到抑制，造成植株枯黄或死亡，如蝼蛄、蛴螬等。

2.5 病虫害的防治原则和措施

病虫害防治的原则是"预防为主，综合防治"。在综合防治中应以耕作防治法为基础，将各种经济有效、切实可行的方法协调起来，取长补短，组成一个比较完整的防治体系。

树木花卉病虫害防治的方法多种多样，归纳起来可以分为耕作防治、物理机械防治、生物防治、化学防治、植物检疫等。

2.5.1 耕作防治法

耕作防治法主要从以下几方面开展。

1）选用抗病虫害的优良品种。利用抗病虫害的种质资源，选择或培育适于当地栽培的抗病虫害品种，是防治树木病虫害最经济、有效的重要途径。

2）选用无病健康苗。在育苗上应注意选择无病状、强壮的苗，或用组织培养的方法大量繁殖无病苗。

3）轮作。林木花卉中不少害虫和病原菌在土壤或带病残株上越冬，如果连年在同一块地上种植同一种树种或花卉，则易发生严重的病虫害。实行轮作可使病原菌和害虫得不到合适的寄主，从而使病虫害显著减少。

4）改变栽种时期。病虫害的发生与环境条件（如温度、湿度）有密切关系，因此可把播种、栽种期提早或推迟，避开病虫害发生的旺季，以减少病虫害的发生。

5）肥水管理。改善植株的营养条件，增施磷、钾肥，使植株生长健壮，提高抗病虫害能力，可减少病虫害的发生。土壤过分潮湿，不但对植物根系生长不利，而且容易使根部腐烂或发生一些根部病害。合理的灌溉对地下害虫具有驱除和杀灭作用，排水对喜湿性根病具有显著防治效果。

6）中耕除草。中耕除草可以为树木创造良好的生长条件，增加其抵抗能力，也可以消灭地下害虫。冬季中耕可以使潜伏土中的害虫和病菌冻死，除草可以清除或破坏病菌和害虫的潜伏场所。

2.5.2 物理机械防治法

物理机械防治法又可分为以下几类。

1）人工或机械的方法。利用人工或简单的工具捕杀害虫和清除发病部分，如人工捕杀小地老虎幼虫，人工摘除病叶、剪除病枝等。

2）诱杀。很多夜间活动的昆虫具有趋光性，可以利用灯光诱杀，如黑光灯可诱杀夜蛾类、螟蛾类、毒蛾类等700种昆虫。有的昆虫对某种色彩有敏感性，可利用该昆虫喜欢的色彩胶带吊挂在栽培场所进行诱杀。

3）热力处理法。不适宜的温度会影响害虫的代谢，从而抑制它们的活动和繁殖。因此，可通过调节温度进行病虫害防治，如温水（40～60℃）浸种、浸苗、浸球根等可杀死附着在种苗、花卉球根外部及潜伏在内部的病原菌和害虫，温室大棚内短期升温，可大大减少粉虱的数量。

此外，还可以通过超声波、紫外线、红外线、晒种、熏土、高温或变温土壤消毒等物理方法防治病虫害。

2.5.3 生物防治法

生物防治法是利用生物来控制病虫害的方法。生物防治的效果持久、经济、安全，是一种很有发展前途的防治方法。

1. 以菌治病

以菌治病是利用有益微生物和病原菌的拮抗作用，或者某些微生物的代谢产物来达到抑制病原菌的生长发育甚至死亡的方法。例如，"五四零六"菌肥（一种抗生素）能防治某些真菌病、细菌病及花叶型病毒病。

2. 以菌治虫

以菌治虫是利用害虫的病原微生物使害虫染病致死的一种防治方法。害虫的病原微生物主要有细菌、真菌、病毒等，例如，青虫菌能有效防治柑橘凤蝶、刺蛾等，白僵菌可以寄生鳞翅目、鞘翅目等昆虫。

3. 以虫治虫和以鸟治虫

以虫治虫和以鸟治虫是指利用捕食性或寄生性天敌昆虫和益鸟防治害虫的方法。例如，利用草蛉捕食蚜虫，利用红点唇捕食紫薇绒蚧、日本龟蜡蚧，利用伞裙追寄蝇寄生大蓑蛾、红蜡蚧等。

4. 生物工程

生物工程防治病虫害是防治领域一个新的研究方向，近年来已取得一定的进展。如将一种能使夜盗蛾产生致命毒素的基因导入植物根系附近生长的一些细菌内，夜盗蛾吃根系的同时也将带有该基因的细菌吃下，从而产生毒素致死。

2.5.4 化学防治法

化学防治法是利用化学药剂的毒性来防治病虫害的方法。其优点是具有较高的防治效力，收效快，急效性强，适用范围广，不受地区和季节的限制，使用方便。化学防治也有一些缺点，如使用不当会引起植物药害和人畜中毒，长期使用会对环境造成污染，易引起病虫害的抗药性，易伤害天敌等。化学防治虽然是综合防治中一项重要的组成部分，但只有与其他防治措施相互配合，才能收到理想的防治效果。

在化学防治中，使用的化学药剂种类很多，根据对防治对象的作用可分为杀虫剂和杀菌剂两大类。杀虫剂根据其性质作用方式分为胃毒剂、触杀剂、熏蒸剂和内吸剂等。常用的杀虫剂主要有敌百虫、敌敌畏、乐果、氧化乐果、三氯杀螨砜等。杀菌剂一般分为保护剂和内吸剂，常用的杀菌剂有波尔多液、石硫合剂、多菌灵、托布津、百菌灵等。

在采用化学药剂进行病虫害防治时，必须注意防治对象、用药种类、使用浓度、使用方法、用药时间和环境条件等，根据不同防治对象选择适宜的药剂。药剂使用浓度以最低的有效浓度获得最好的防治效果为原则，不可盲目增加浓度以免植物产生药害。喷药时应对准病虫害发生和分布的部位，仔细认真地进行，阴雨天气和中午前后一般不进行喷药，喷药后如遇雨必须在晴天再补喷一次。

2.5.5 植物检疫措施

为了防止病虫害随种子、植株或其产品在国际或国内不同地区造成人为的传播，国家设立了专门的检疫机构，对引进或输出的植物材料及产品进行全面检疫，一旦发现有病虫害的材料及产品则就地销毁。在花卉上，目前还没有明确的检疫对象，但从国外进口花卉和植物材料时，常常带进不少病菌和害虫。例如，荷兰进口的风信子带有黄瓜花叶病等，香石竹带有蚀环病毒等。在局部地区已发生危险病虫害时，应采取措施将其封闭在一定范围内，并在病区消灭它们，不让它们蔓延传播到无病区。当发现危险性病虫害已经传播到新的地区时，应积极防治、彻底消灭，限制病区扩大。

2.6 园林植物病虫害综合治理

2.6.1 病虫害综合治理的含义

园林植物病虫害的防治方法很多，各种方法均有其优点和局限性，单靠其中一种措施往往不能达到目的，有的还会引起不良反应。联合国粮农组织有害生物综合治理专家组对综合治理有如下定义：病虫害综合治理是一种方案，它能控制病虫的发生，避免相互矛盾，尽量发挥有机的调和作用，保持经济允许水平之下的防治体系。

有害生物综合治理是对病虫害进行科学管理的体系。它从园林生态系的总体出发，根据病虫和环境之间的相互关系，充分发挥自然控制因素的作用，因地制宜、协调应用必要的措施，将病虫害的危害控制在经济损失水平之下，以获得最佳的经济效益、生态效益和社会效益，达到"经济、安全、简便、有效"的准则。

2.6.2 害虫综合治理的原则

病虫害综合治理的原则包括生态原则、控制原则、综合原则和客观原则。

1. 生态原则

从园林生态系的总体出发，根据病虫和环境之间的相互关系，通过全面分析各个生态因子之间的相互关系，全面考虑生态平衡及防治效果之间的关系，综合解决病虫危害问题。

2. 控制原则

在综合治理过程中，要充分发挥自然控制因素（如气候、天敌等）的作用，预防病虫害的发生，将病虫害的危害控制在经济损失水平之下，不要求完全彻底地消灭病虫。

3. 综合原则

在实施综合治理时，要协调运用多种防治措施，做到以植物检疫为前提、以园林技术防治为基础、以生物防治为主导、以化学防治为重点、以物理机械防治为辅助，以便有效地控制病虫害的危害。

4. 客观原则

在进行病虫害综合治理时，要考虑当时、当地的客观条件，采取切实可行的防治措施，如喷雾、喷粉、熏烟等，避免盲目操作所造成的不良影响。

任务 3　古树、名木的养护技术

【知识点】了解古树、名木的养护技术与方法。
【能力点】能在掌握古树衰老原因的基础上，遵循一定原则，制定出古树、名木的养护管理措施。

任务分析

本任务主要介绍古树、名木衰老基本理论和基础知识，以及古树、名木养护的方法技术。要完成本任务，必须具备园林树木日常养护技术方法、病虫害防治技术的基础知识，熟知古树、名木更新复壮的理论条件，掌握古树、名木养护方法，具备古树、名木养护的操作技术和管理能力。

任务实施的相关专业知识

古树、名木是历史遗留在风景名胜、古典园林、坛庙寺院及居民院落中的中国传统文化的瑰宝，是珍贵的"活文物"，也是我国园林中独特的瑰丽风景。随着树龄增加，古树、名木的生理机能逐渐下降，逐渐枯萎死亡，损失巨大。因此，只有通过实地调查，熟知古树、名木的现状与衰老成因，才能制定出对古树、名木有效的日常养护与更新复壮等养护管理措施，为我国风格独特的文化艺术增光添彩。

3.1　保护古树、名木的意义

古树是指树龄在一百年以上的树木。凡树龄在三百年以上，或者特别珍贵稀有，具有重要历史价值和纪念意义、重要科研价值的古树名木，为一级古树名木；其余为二级古树名木（《城市古树名木保护管理办法》，中华人民共和国住房和城乡建设部，2000年）。

名木是指国内外稀有的、具有历史价值和纪念意义以及重要科研价值的树木。

古树、名木往往"一身二任",当然也有名木不古或古树未名的,都应加以保护和研究。

1)古树、名木是历史的见证。古树记载着一个国家、一个民族的文化发展史,是国家、民族、地区文明程度的标志,是"活"历史。我国传说的周柏、秦松、汉槐、隋梅、唐杏(银杏)等均可以作为历史的见证。例如,北京景山公园内明代崇祯皇帝上吊的槐树(目前已非原树),是记载李自成农民起义军作用的丰碑;北京颐和园东宫门内有两排古柏,八国联军火烧颐和园时曾被烧烤,靠近建筑物的一面从此没有了树皮,它是帝国主义侵华罪行的见证。

2)古树、名木为文化艺术增光添彩。不少古树曾使历代文人、学士为之倾倒,吟咏抒怀,作诗作画。例如,扬州八怪中的李蝉的名画"五大夫松",是泰山名木的艺术再现。此类为古树、名木而作的诗画为数极多,是我国文化艺术宝库中的珍品。

3)古树、名木是历代陵园、名胜古迹的佳景之一,可以组建高质量的园林景观。它们苍劲古老、姿态奇特,万千中外游客流连忘返,如北京天坛公园的"九龙柏"、团城上的"遮阴侯"。又如,山西晋祠的"卧龙柏"据说为西周所植,已有3000年的历史,树高18m,干围5.6m,直径1.8m,向南倾斜45°,使游人看到奇特的风姿,听到美好的传说,大大增加了游兴。再如,陕西黄陵轩辕庙的黄帝手植柏树高20m,干周长10m,是我国当前最大的古柏,至今枝叶繁茂,郁郁葱葱,毫无老态,堪称世界奇景。

4)古树对于树种规划有很大的参考价值。例如,在干旱瘠薄的土地上栽树,20世纪50年代初认为刺槐比较合适,不久证明刺槐虽然耐干旱,幼苗易速生,但对土壤肥力反应敏感,很快出现生长停滞现象,长不成材;20世纪60年代认为油松最有前景,因为20世纪50年代初栽的油松当时正处于速生阶段,山坡上一片葱绿,可是不久后生长停止,而幼年时不速生的侧柏却能稳定生长。我国的古侧柏很多,是经受了历史考验的干旱瘠薄土地上的适生树种,为园林树种规划提供了很多参考价值。

5)古树是研究古自然史的重要资料。古树是进行科学研究的宝贵资料,对研究一个地区千百年来气象、水文、地质和植被的演变,有着重要的参考价值。其复杂的年轮结构和生长情况,既反映出历史上的气候变化轨迹,又可追溯树木生长、发育的若干规律。

3.2 古树、名木衰老的原因

随着树龄增加,古树、名木的生理机能逐渐下降,加之环境污染、生长环境日趋恶化以及各地重视程度、保护意识或资金投入情况不一等,导致部分古树、名木逐渐枯萎死亡,损失巨大。为此有必要探讨古树、名木衰老的原因,以便采取有效措施。

1. 土壤密实度过高

城市公园里游人密集,地面受到大量践踏,土壤板结,密实度高,透气性降低,机械阻抗增加,对树木的生长十分不利。据测定,北京中山公园在人流密集的古柏林中土壤容重达$1.7g/cm^3$,非毛管孔隙度为2.2%;天坛"九龙柏"周围土壤容重为$1.59g/cm^3$,非毛管孔隙度为2%,在这样的土壤中,根生长受抑制。

2. 透气性差

树干周围铺装过大，有些地段地面用水泥砖或其他材料铺装，仅留很小的树池，影响了地上部分与地下部分气体交换，使古树、名木根系处于透气性极差的环境中。

3. 土壤理化性质恶化

风景区各种文化、商业活动等急剧增加、设置临时厕所、倾倒污水等人为原因使土壤中的盐分含量过高是某些局部地段古树、名木致死的原因。

4. 根部营养不足

肥分不足是古树、名木生长衰弱的原因之一。氮、磷、钾等元素不足，使古树、名木生长缓慢，树叶稀疏，抗性减弱。

5. 人为损害

由于各种原因，人为的刻画钉钉、缠绕绳索、攀树折枝、剥损树皮，借用树干做支撑物，在树冠外缘3m内挖坑取土、动用明火、排放烟气等，都会对古树造成伤害。例如，不少公园在追求商业利益的驱使下，在古树附近开各式各样的展销会、演出会或开辟场地供周围居民（游客）进行操练，随意排放人为活动的废弃物、污水，造成土壤的理化性质发生改变，一般情况下土壤的含盐量增加、pH增高的直接后果是致使树木缺少微量元素、营养生理平衡失调等。

3.3 古树、名木的调查、登记、存档

古树、名木是在特定的地理条件下形成的生态景观，是历史的见证、人类文明的象征，是城市人文景观和自然景观的综合载体。国家对保护古树、名木十分重视，2000年住房和城乡建设部颁发的《城市古树名木保护管理办法》对古树、名木的管分类、保护管理部门、监督管理部门、保护管理的界限制定了详尽的规定，包括古树、名木的品种数量、分布情况、生长状况和周边环境状况等。

古树、名木的系统调查是为了详细了解情况，彻底掌握古树、名木资源，各地应组织专门人员开展调查工作。调查内容根据《城市古树名木保护管理办法》的规定，包括树种、树龄、树高、立地条、生长势、保护现状及建议、古树历史传说或名木来历等有关资料。在调查的基础上加以分级，对于各级古树、名木，都需要设置永久性的标牌，进行编号，并采取架设护栏等保护管理的措施。对于年代久远、树姿奇特、观赏价值高、兼有文史及其他研究价值的古树、名木，要列入专门档案，尤其加以特殊保护，必要时要拨出专款派专人养护，并随时记录备案。建立完整的古树、名木档案，才能更有效地进行养护管理工作。

3.4 古树、名木的复壮措施

古树、名木的复壮措施包括以下几种。

1. 施腐叶土

如果古树、名木的病害、衰老是由于土壤营养不良、土壤紧实等原因引起的，可以采用施腐叶土的方法解决。腐叶土用松树、栎树、紫穗槐等落叶（60%叶＋40%半腐熟落叶混合），再加少量N、P、Fe、Mn等元素配制而成。腐叶土可促进古树根系生长，同时有机物逐年分解与土粒胶合成团粒结构，从而改善了土壤的物理化学性状，促进土壤微生物活动，将土壤中固定的多种元素逐年释放出来，施腐叶土后3～5年内土壤的通气孔隙度保持在12%以上，从而提高了根系的吸收、合成和输导功能，为地上部分的复壮生长打下良好的基础。

2. 长条沟施法

沟长2m以上，宽40～70cm，深60～80cm，做法同放射沟施法。应该注意的是埋土应高出地面，不能凹下，以免积水，如有积水要增设排水措施。

3. 穴施法

如果条件受到限制可采用穴施法。在树冠的投影下，距树干1.5～2.0m或更远的地方挖穴，穴直径40～80cm，深80cm。填入的物质可以与沟施相同，也可以不同，可以施入松针土，再加入少量的豆饼或尿素即可。

4. 埋条法

埋条法分放射沟埋条和长沟埋条。放射沟埋条是以古树、名木为圆心，在树冠投影外侧挖4～12条放射沟，每条沟长120cm左右，宽为10～70cm，深80cm。沟内先垫放10cm厚的松土，再把剪好的树枝缚成捆，平铺一层，每捆直径20cm左右，上撒少量松土，同时施入有机肥和尿素，每沟施有机肥1kg（干重），尿素150g，为了补充磷肥，可放少量脱脂骨粉，覆土10cm后放第二层树枝捆，最后覆土踏平。

5. 铺装梯形砖块和草皮

在地面上铺置上大下小的特制梯形砖，砖与砖之间不勾缝，留有通气道，下面用石灰砂浆衬砌，砂浆用石灰、沙子、锯末配制，比例为1∶1∶0.5。同时还可以在埋树条的上面种上花草，并围栏以禁止游人践踏。

6. 土壤反晒

如果老树衰老是由于周围地上铺冷季型草坪导致水分过多通气不良而引起的，必须将树冠投影下面的草坪移走，先将表土起出，放在一边，然后顺着主根深挖，将其土放在另一边，深度20cm以下，注意树穴不能被雨淋，下雨时要用塑料布将树穴盖上，土壤经过晾晒4～7天，将原土加松针土（1∶1）拌匀，再加入五氯硝基苯（5g/m²）或托布津（2.5g/m²）等，与50～100倍细土拌匀，如有菌剂最好一起填入。

7. 松土、培土

在生长季节对景区内的古树进行多次中耕松土，冬季进行深翻，施有机肥料，以改善土壤的结构及透气性。对树冠投影范围内进行40cm以上的中耕松土，不能深耕的，通过松土结合客土（可用沙土、腐叶土、大粪、锯末等和少量化肥均匀混合）覆盖保护根系。对树木根基水土流失地域用种植土填埋，厚度40cm以上，以树根全部埋入土中为准。填土范围一般不少于树冠投影面积，并在四周建挡土墙，同时用活力素或生根粉配水浇根部。古树几百年甚至上千年在一个地方生长，土壤里的养分有限，时间长了会出现缺肥症状；再加上人为踏实，使土壤通气不良，排水也不好，对根系生长也极为不利，如果古树生长地的土壤条件太差，又不能采用上述复壮措施，可以采用更新土壤的方法加以复壮。换土时挖深半米（随时将暴露出来的根系用浸湿的草袋子盖上），原土与沙土、腐叶土、大粪、锯末、少量化肥混合均匀之后回填，其中还放一些动物骨头和贝壳。

8. 设置复壮沟、通气管、渗水井

有些古树生长不良是由于地下积水影响通气造成的，这时可采取挖复壮沟、铺设通气管、砌渗水井的方法来增加土壤通透性，使积水通过管道、渗水井排出或用水泵抽出。

（1）复壮沟的设置

复壮沟深80～100cm，宽80～100cm，长度和形状因地形而定。复壮沟的位置在古树树冠投影的外侧，有时是直沟，有时是半圆形或U字开沟，沟内回填物大多数是腐叶土和各种树枝及增补的营养元素等。回填树枝多为紫穗槐、杨树等阔叶树种的枝条，或是冬季修剪下来的各种树木的枝条，将其剪成40cm的枝段后埋入沟内，树枝之间以及树枝与土壤之间形成大的空隙，古树的根系可以在枝间穿行生长。回填处从沟底开始，共分4层，沟底部先垫20cm厚粗砂（或陶粒、砾石），其上铺10cm厚树枝，在树枝上再填入腐叶土20cm，最上一层为10cm厚素土。对于北方的许多古树，应以铁元素为主再施少量的氮、磷元素。硫酸亚铁使用剂量按长1m、宽0.8m复壮沟施入100～200g，最好掺入少量麻酱渣，以更好地满足古树对营养的要求。

（2）通气管的安装

安装的通气管通常为金属、陶土或塑料制品，管径10cm，管长80～100cm，管壁有孔，外面包棕片等物，以防堵塞。每棵树安装2～4根通气管，垂直埋设，下端与复壮沟内树枝层相连，上部开口加上带孔的铁盖，既便于开启通气、施肥、灌水，又不会堵塞。

（3）渗水井的设置

渗水井设置在复壮沟的一端或中间，井深1.3～1.7m，直径1.2m，四周用砖砌成，下部不勾缝，井口周围抹水泥，上面加带孔的铁盖。井深比复壮沟深30～50cm，可以向四周渗水，因而可以保证古树根系的分布层内无积水。雨季水多时，如积水不能尽快下渗，可用水泵抽出。井底有时还向下埋设80～100cm的渗漏管。

3.5 古树、名木的养护管理措施

3.5.1 养护管理的基本原则

恢复和保持古树原有的生境条件：养护措施必须符合树种的生物学特性，每一树种都有其自身生长发育规律和生态特性，在养护中应顺其自然，满足生理要求，将古树生长的各项环境指标控制在允许范围内；养护措施必须有利于提高树木生活力，有利于增加树体抗逆性，这类措施包括灌水、排水、松土、施肥、支撑、防病虫害等。

3.5.2 养护管理措施

1. 保持生态环境，改善土壤通透性

古树、名木不要随意搬迁，不应在其周围修建房屋、挖土、架设电线，以及倾倒废土、垃圾及废水，这些人为活动都会改变其原有的光照、水分、土壤等现状，破坏其原有的生态环境，势必影响古树的正常生长，甚至引起死亡。

由于古树冠大荫浓，游人喜欢在其荫下休息、纳凉，易造成树周围土壤板结，通透性差，根系的呼吸及萌发能力受到严重影响，因此，应在生长季节进行多次松土，施有机肥，或按比例加入草屑、腐殖质来改善土壤的结构及透气性，使根系和好气性微生物能够正常地生长和活动。土壤质地恶化时，可进行换土。为防止人为破坏树体，应设立栅栏以隔离游人，避免践踏。

2. 整形与修剪

对于一般古树、名木，可将弱枝进行缩剪或锯去枯枝、死枝，通过改变根冠之比达到养分集中供应，有利于发出新枝。对于特别有价值的珍贵古树、名木，以少整枝、少短截，轻剪、疏剪为主，以基本保持原有树形为原则。对于萌芽力和成枝力强的树种，当树冠外围枝条衰弱枯梢时，可回剪截去枯弱枝，修剪后应加强肥水管理，以促发新壮枝，形成茂盛的树冠。对于萌蘖能力强的树种，当树木地上部分死亡后，根颈处仍能萌发健壮的根蘖枝时，可截除死亡或濒临死亡而无法抢救的古树干，由根蘖枝进行更新。

3. 加强日常管理

根据树木的需要，及时进行施肥，并掌握"薄肥勤施"的原则。当土壤质地恶化、不利于树木生长时，可进行换土。在地势低洼或地下水位过高处，要注意排水。当土壤干旱时，应及时灌水。

春季、夏季、灌水防旱，秋季、冬季浇水防冻，平时应注意给古树灌水，灌水后应松土，可防止水分蒸发，同时增加通透性。古树施肥方法各异，可以在树冠投影部分开沟（深0.3m，宽0.7m，长2m或深0.7m，宽1m或2m），沟内施腐殖土加粪肥，有的施化肥，有的在沟内施马蹄掌或酱渣。但要注意，施肥一定在科学判断或化验测定的基础上进行，应"对症下药，有的放矢"，施肥后要及时灌水。

古树生长地应经常进行松土，特别是经常有人践踏的古树林土壤，更应该经常进行耕翻，春耕、夏耕、秋耕都要进行。有很多古树经常被踩压，古树根系因得不到足够的氧气而生长衰弱，甚至死亡。有的古树下面还可以种上花草或铺草坪，一方面阻止游人践踏，另一方面可以防止地表径流，以免水土和养分流失。

由于城市空气、浮尘污染，古树树体截留灰尘极多，影响观赏效果和光合作用，北京北海公园和中山公园常用喷水方法清洗树体，此项措施费用较高，所以过去只在公园的重点区采用。现在有不少的公园设置了高喷设施，从而可大面积地洗树。

4. 防治病虫害

苹桧病、双条杉天牛、白蚁、红蜘蛛、蚜虫等病虫害常危害古树、名木，要及时防治，定期检查，掌握病虫害习性，一旦发现立即进行防治。

树年老体衰，容易招致病虫害。病虫害是古树生长衰弱的重要原因之一。古树的蛀干害虫十分严重，用药剂注射和堵虫孔的办法效果都不理想。北京市中山公园经过试验，认为用药剂熏蒸效果较好。其方法是用塑料薄膜分段包好树干，用黏泥等封好塑料薄膜上下两端与树木的接口，并用细绳捆好以防漏气，从塑料薄膜交口处放入药剂，边放边用胶带封好，熏蒸数天。

5. 补洞防治

树木枝干因病虫危害、冻害、机械损伤所造成的伤口，经过长期的雨水浸蚀和病菌寄生危害，易使内部腐烂形成树洞。应根据树洞的大小分别采用开放法、封闭法、填充法，及时进行修补，防止树洞继续扩大和发展。其方法有以下几种。

1）开放。树洞不深或不大时，可采用这种方法。首先应彻底清除洞内腐烂木质部，刮去洞口边缘的死组织，直至露出新的组织为止，用药剂消毒并涂防，每半年左右涂一次防护剂。同时改变树洞形状，以利于排水，也可在树洞最下端插入排水管，以后经常检查防水层和排水情况。如果树洞很大，给人奇特的观感，也可采用此法处理以供观赏。

2）封闭法。先把树洞内的腐烂木质部清理干净，刮去洞口边缘的死组织，用药处理后，在洞口表面覆以金属薄片，待其愈合后嵌入树体封闭洞口。也可以在洞口表面钉上板条，以油灰（生石灰和熟桐油比例为1∶0.35）、麻刀灰封闭（也可直接用安装玻璃的油灰，俗称腻子），再用白灰乳胶颜料粉面涂抹，可增加美观，还可以在上面压树皮状的花纹，钉一层新树皮。

3）填充法。填充物可用和水泥小石砾的混合物，如无水泥，也可就地取材。填充材料必须压实，为加强填充材料与木质部的连接，洞内可钉电镀铁钉，并在洞口内两侧挖一道深约4cm凹槽。填充从底部开始，每20～25cm为一层，用油毡隔开，每层表面向外倾斜，以利于排水。外层表面用石灰、乳胶、颜色粉涂抹，为增加美观、富有真实感，在最外面钉一层真树皮。堵树洞时一定要注意使洞口填充材料的外表面不高于形成层，这样有利于愈伤组织的形成。

具体措施：

① 清理树洞。扒除尘土，刮除洞内朽木。可用钢丝刷或毛刷进行清理，并用1∶30

倍的硫酸铜水溶液喷洒树洞内壁2次，间隔30min。若洞壁有虫孔，可用50倍氧化乐果溶液注射，然后在空洞内壁涂水柏油（木焦油）防腐剂。

② 浇灌补洞填充材料。可用聚氨酯和聚硫密封剂修补树体。将聚醚和聚氨酯按1：1.35的比例进行搅拌，从混合至溶液开始发泡后（在19℃以上的气温条件下）20s内即可发泡成型。

③ 外表修饰。为提高古树的观赏价值，按照随坡就势、因树作形的原则，采用粘树皮或局部造型等方法，对修补完的树洞进行修饰处理，恢复其原有的风貌。

为了增加美感和与周围园林环境相协调，在树洞比较低的情况下，堵补好树洞之后，可以在洞前布以山石遮挡。

6. 支架支撑

古树、名木年代久远，主干、主枝常有中空或死亡现象，造成树冠失去均衡，树体倾斜；又因树体衰老，枝条容易下垂。对于有枝干下垂、折断、劈裂或树体倾斜有被风刮倒危险的古树、名木，应及时设立支架支撑，并在支撑物与枝干接触处用胶皮做衬垫。

根据树体倾斜程度与枝条下垂程度的不同，可采用单支柱支撑或双支柱支撑。有的古树不单纯有一个树枝下垂，有2～3个甚至更多的枝条下垂，在这种情况下用一根支柱支撑的效果不好，最好采用棚架式支撑。支柱可以用金属、木材、竹竿等材料制成，有的也可以因地制宜采用其他材料和支撑措施，其颜色应与周围环境协调。

堆土、筑台可起保护作用，也有防涝效果。砌台比堆土收效尤佳，可在台边留孔排水。

7. 设避雷针

目前古树多数未设避雷针，古木高耸且电荷量大，易遭雷电袭击。据调查，千年古银杏大部分曾遭过雷击。有的古树因遭雷击后未得到很好的治疗和抢救，甚至很快死亡，所以，高大的古树必须设置避雷针。如古树已遭受雷击，应立即将伤口刮平，涂上保护剂，并将劈裂枝条打箍或支撑。如果有树洞，要及时堵好树洞，并加强养护管理。

实践中，对古树的复壮和养护不是单一进行的，而是综合进行的。各地应根据当地实际情况，进行试验、研究，为保护、复壮、抢救古树做出贡献。

 技能训练

技能训练15　古树、名木调查分析

一、训练目的

了解古树、名木的历史价值，认识做好古树、名木养护管理的意义，调查学校所在城市现存古树、名木的数量和生长状况。

二、材料用具

测高器、卡尺、皮尺、卷尺等。

三、方法步骤

1）实地调查：抽样调查城市公园及其周边等地的古树、名木的生长状况，调查内容包括树种、树龄、树高、冠幅、胸径、生长势、生长地点及其环境、观赏及研究价值、养护措施等。

2）古树、名木资料的搜集：有关古树、名木的数量及分布，古树、名木的生长现状及养护措施，有关古树、名木的诗、画、图片、神话传说等。

3）对相关资料进行整理与分级，提出有益的养护措施。

四、分析与讨论

讨论与分析引起古树、名木衰老的原因，并给出合理的养护措施。

五、训练作业

1）实地调查。
2）了解古树、名木概况。
3）实施古树、名木保护措施。

任务 4　园林树木修剪与整形技术

【知识点】了解园林树木修剪、整形的基础知识和方法技术。
【能力点】根据园林树木自身的形态特征、用途，根据一定的原则，制定出园林树木修剪、整形的可操作性方案。

任务分析

本任务主要介绍园林树木修剪与整形的基本理论、基础知识以及方法技术。要完成本任务，必须掌握园林树木树冠的质量评价方法，熟知树木发芽特性的理论条件，掌握园林树木修剪与整形方法，具备树木修剪与整形的操作技术和管理能力。

任务实施的相关专业知识

在绿化管理中，对园林树木进行适当的修剪、整形，是一项很重要的养护管理技术。

修剪、整形可以调节树势,创建合理的树冠结构,并保持这种结构,形成优美的树姿,构成有一定特色的植物景观。

在城市道路绿化中,由于电缆和管道纵横交错,经常要通过修剪、整形措施来解决其与树木之间的矛盾。在高密汛期因为多雨,有时风也特别大,采取修剪、整形措施可以减少风害,防止树木倒伏。对于观赏树木、经济树种等,如红叶桃、各种果树、杨树用材树种等,修剪、整形措施更具有促进丰产、优质的作用。

整形是目的,修剪是手段。整形是通过一定的修剪措施来完成的,而修剪又是在整形的基础上,根据某种树形的要求而施行的技术措施,二者紧密相关,统一于一定的栽培管理的目的要求下。

4.1 园林树木的树冠结构

对于森林中的树木,由于接受上方光照,因此向高处生长,使主干高大、侧枝短小、树冠瘦长。因此,森林中的树木通常是单干,主枝多在树冠上部。

园林景观中的树木通过连续的修剪、整形手段,树冠中主枝分布较为合理(图6-1)。在园林景观中,为了发挥园林树木的观赏价值,避免对车辆、行人产生安全隐患,要求其具有良好的树冠结构:树形骨架基础良好,主枝配备合理,结合牢固。要使园林树木维持良好的树冠结构,就必须要通过一定的整形与修剪手段来实现。

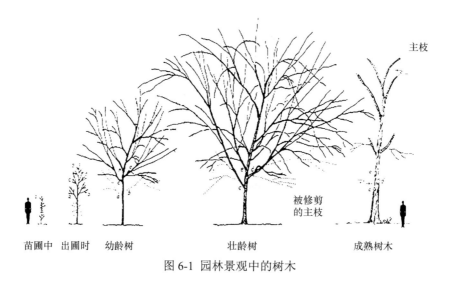

图 6-1 园林景观中的树木

4.2 修剪与整形

4.2.1 修剪与整形的概念

树木修剪是在树木成形后,为维持和发展既定树形,通过枝芽的除留来调节树木器官的数量、性质、年龄及分布上的协调关系,促进树木均衡生长。修剪工作包括对长期放任生长树木的树形改造。

树木整形是在树木幼龄期通过修整树姿将其培养成骨架结构配备合理、具有较高观赏价值的树形。一般要求树冠形成快，具有充分的有效光合作用面积，无效枝叶少，能充分利用光能，树冠骨架牢固，适应栽植地的立地条件，树体大小、高矮便于栽培管理。

4.2.2 修剪与整形的作用

园林树木栽培通常讲究观赏效果，一方面强调绿化布局中的树木配置，另一方面重视树形结构。任何树木如未采取整形与修剪措施，放任其生长，则难以达到园林绿化的立意要求。修剪与整形的作用实际上就是一种调节作用，调节到能满足人们的要求为止。

1. 充分利用空间

根据环境条件和树木的特性，合理选择树形和修剪方法，有利于树木与环境的统一，使树木占有最大的空间，产生最大的效应。通过整形还能在一定程度上克服不利环境条件对城市的影响。

2. 提高树木栽植成活率

城市树木大多数是移栽种植的，在移栽过程中对枝叶的修剪，可以提高栽植的成活率。树木在栽植过程中枝叶受伤，根系受损，为了提高成活率，对枝叶、根系伤口进行修剪有利于愈合，同时去除一部分枝叶，可减少养分消耗和水分损失，也有利于提高栽植成活率。

3. 培养各种艺术造型

城市树木具备一定的观赏价值，特别是公园、居民小区、建筑物周围、道路两旁的树木通过整形能塑造出树形多姿、形态特异、树冠多娇的景观效果，如几何图形、人物图形、动物图形，更能创造引人入胜的景观。在道路、公路中，可通过整形将树木修剪成与园林相配合的宝塔形、圆球形等几何图案，形成协调一致的景观。

4. 美化环境

通过修剪把树木个体和群体与建筑、山水、园林小品相匹配，美化环境。通过整形、修剪创造高低错落的景观，增强室内的采光，创造优美的道路、小径绿化景观；对于一个城市，还可以创造一个整体的绿化景观。

5. 促使城市树木的健康生长

通过整形、修剪可及时取出病虫害枝条，减轻病虫害的危害，合理调整树体的均匀生长，使其及时更新复壮，保持树势旺盛生长状态，疏去过密生长的枝条，既可以改善树体的生长条件，又可减少树体不必要的养分消耗。对于老树，促使更新复壮、培养新树冠、延长寿命都需要通过整形与修剪来完成。

6. 促进开花结果

对于以观花、观果为目的的树木，通过整形与修剪能促进其提早开花结果。通过调整生长枝与结果枝的比例，控制花芽、花和果实的数量，以促进开花、结果。通过整形与修剪还能提高果实的品质，控制果树的结果量，改善果实周边树冠的通风、光照条件，能较显著地提高果品质量。

4.3 修剪与整形的原则

1. 满足园林绿化要求

不同的修剪、整形措施会带来不同的效果，不同的绿化目的各有其特别的修剪、整形要求，因此，首先应明确某一具体树木在园林绿化中的目的要求。例如，同一种龙柏，它在草坪上独植用作观赏或者用于培育用材林，有完全不同的修剪、整形要求，因而具体的修剪、整形方法也不同，用于独植观赏就要培育龙柏龙飞凤舞的形态，用于培育用材林就要培育主干。

2. 符合树种的生长发育习性

明确目的要求后，具体修剪、整形时还必须根据该树种的生长发育习性来实施，否则很可能事与愿违。一般地，应注意以下两方面问题。

（1）树种的生长发育和开花习性

不同树种的生长习性有很大差异，必须采用各不相同的修剪、整形措施。例如，很多呈尖塔形、圆锥形树冠的乔木，如毛白杨、蜀桧、银杏等，其顶端优势特别强，形成明显的主干与主侧枝的从属关系。对于具有此类习性的树种，应该采用保留中央主干的整形方式，使之呈成圆柱形、圆锥形。对于一些顶端优势不很强，但发枝力很强，易于形成丛状树冠的树种，诸如榆叶梅、紫荆等，可修剪、整形成圆球形、半球形等形状。

对于喜光的阳性树种，如梅花、桃树、樱花、李子等，目的是让其多开花，则宜采用自然开心形的修剪、整形方式。而像龙爪槐、垂榆等，则应采用盘扎主枝为水平圆盘状的方式，以使树冠呈开张的伞形。

各种树种所具有的萌芽发枝力和愈伤能力的强弱，与耐整剪力有着很大的关系。萌芽发枝力强的树种，大多能耐多次修剪，如法桐、冬青、龙柏、女贞等。萌芽发枝力弱或愈伤能力弱的树种，如青桐、玉兰等，则应少修剪或轻修剪。

园林中要经常运用修剪、整形技术来调节各部位枝条的生长状况，以保持均衡的树冠，这就必须根据植株上主枝和侧枝的生长关系来运作。

按照树木枝条间的生长规律，在同一植株上，主枝越粗壮则新梢就越多，新梢多则叶面积大，制造有机养分及吸收无机养分的能力亦越强，因而使该主枝生长粗壮。反之，相对较弱的主枝则因新梢少、营养条件差而生长越渐衰弱。欲借修剪措施来使各主枝间的生长势近于均衡时，则应对强主枝加以抑制，使养分转至弱主枝上。故修剪、整形的原则是强主枝强剪（即留得短些）、弱主枝弱剪（即留得长些），这样可调节树木生长，使之逐渐趋于均衡的效果。对于调节侧枝的生长势而言，应掌握的原则是强侧枝弱剪、弱侧枝强剪。这是由于侧枝是开花结果的基础，侧枝如生长过强或过弱，均不易转变为花枝，所以强者弱剪可起到适当抑制生长的作用，集中养分使之有利于花芽的分化。

同时，花和果的生长发育也亦对强侧枝的生长产生抑制作用。对弱侧枝行强剪，则可使养分高度集中，并借顶端优势的刺激而发出强壮的枝条，从而获得调节侧枝生长的效果。树种的花芽着生和开花习性有很大差异，有的是先花后叶（如樱花、迎春、连翘、紫荆、榆叶梅、碧桃），有的是先叶后花（牡丹、丁香、百日红、木槿），有的是单纯的花芽，有的是混合芽，有的花芽着生于枝的中下部，有的着生于枝梢。这些差异均是在进行修剪时应予以考虑的因素，否则很可能造成不利后果。

（2）植株的年龄（生命周期）

植株处于幼年期时，由于具有旺盛的生长势，因此不宜进行强度修剪，否则会使枝条不能在秋季充分成熟，降低抗寒力，亦会带来延迟开花年龄的后果。所以对幼龄小树除特殊需要外，只宜轻剪，不宜强剪。

成年期树木正处于旺盛的开花结实阶段，此期树木具有优美完整的树冠，这个时期的修剪、整形目的在于保持植株的健壮完美，使开花结果能稳定地持续下去。关键在于配合其他管理措施，综合运用各种修剪方法以达到调节均衡的目的。

衰老期树木因生长势衰弱，每年的生长量小于死亡量，修剪时应以强剪为主，以刺激其恢复生长势，并应善于利用徒长枝来达到更新复壮的目的。

3. 考虑树木生长的环境条件特点

由于树木的生长发育与环境条件间具有密切关系，因此即使具有相同的园林绿化目的要求，但由于条件的不同，在进行具体修剪、整形时也会有所不同。例如，同是在一大片草坪上的一棵法桐，在土地肥沃处以整剪成自然式为佳；而在土壤瘠薄时则应适当降低分枝点，使主枝在较低处即开始构成树冠；而在多风处，主干也要适当降低高度，并对树冠适当稀疏。

4.4 修剪与整形的时期

树木的修剪与整形，因树种不同、修剪的目的不同和修剪性质的不同，各有其相宜的修剪季节。因此，要根据具体要求选择适宜季节修剪，才能达到目的。

1. 从树木类型来讲

一般说来，落叶树木自晚秋至早春，即在树木休眠期的任何时段皆可进行修剪，但从伤口愈合速度上来考虑，则以早春树液开始流动，生理机能即将开始时进行修剪为佳。

有些落叶阔叶树，如柿树、杨树等，冬春修剪伤流不止，极易引发病害。所以此类树木的修剪、整形宜于在生长旺盛季节进行，伤流能很快停止。绿篱、造型树的修剪、整形通常也应在晚春和生长季节的前期或后期进行。

常绿树木，尤其是常绿花果树，如桂花、山茶、栀子花之类，不存在真正意义的休眠期，根与枝叶终年活动代谢不止。故叶片制造的养分不完全用于储藏，当剪去枝叶时，其中所含养分也同时丢失，且对日后树木生长发育及营养状况有较大影响。因此，修剪时除了要控制强度，尽可能使树木多保留叶片外，还要选择好修剪时期，力求让修剪给树木带来的不良影响降至最低。通常认为在晚春，树木即将发芽萌动之前是常绿树修剪的适宜期。

2. 从结合生产来讲

对于一般花木（如月季等）除更新修剪外，通常应结合嫩枝扦插在生长初期或花后进行修剪。为培养合轴分枝类树木的高干树形，要经常控制竞争枝生长而对它重度短截，最好在6～7月份新梢生长旺盛时期进行。

为了促进某些花果树的新梢生长充实，形成混合芽或花芽，则应在树木生长后期进行修剪。具体修剪时期选择合宜，既能避免二次枝的发生，又能使剪口及时愈合。

常绿针叶树类的修剪，早春进行可获得部分扦插材料。6～7月份生长期内进行的短截修剪，则可培养紧密丰满的圆柱形、圆锥形或尖塔形树冠，同时剪下的嫩枝尚可用于嫩枝扦插。至于树冠内的细密枝、干枯枝、病虫枝等的修剪，则在一年四季中的任何时候都可进行。

不同树种的抗寒性、生长特性及物候期，对它们的修剪时期也有着一定的影响。

3. 从具体季节来讲

（1）休眠期修剪（冬季修剪）

落叶树从落叶开始至春季萌发前，树木生长停滞，树体内的营养物质大多回归根部储藏，修剪后养分损失最少，且修剪的伤口不易被细菌感染腐烂，对树木生长影响较小，大部分树木的修剪工作在此时间内进行。

冬季修剪对树冠构成、枝梢生长、花果枝的形成等有重要作用，一般采用截、疏、放等修剪方法。

凡剪后易成伤流（剪除枝条后，从剪口流出液汁）的，如葡萄，必须在落叶后防寒前修剪，核桃、枫杨、元宝枫等在10月落叶前修剪为宜。

（2）生长期修剪

在植物的生长期进行修剪。此期花木枝叶茂盛，影响树体内部的通风和采光，因此需要进行修剪。一般采用抹芽、除蘖、摘心、环剥、扭梢、曲枝、疏剪等修剪方法。

（3）随时修剪

树木要控制竞争枝，随时修剪内膛枝、直立枝、细枝、病虫枝，控制徒长枝的发育和长势，以集中营养供给主要骨干枝，使其生长旺盛。

花灌木生长旺盛，应随时修剪生长过长的枝条，使剪口下叶芽萌发。

对于绿篱，既要注意保持其整齐美观，又要注意改变通风透光条件。

4.5 修剪与整形技术

4.5.1 修剪技法

修剪技法归纳起来基本是截、疏、伤、变、除蘖等，可根据修剪的目的灵活采用。

1. 短剪

把1年生枝条剪去一部分称短剪（短截）。修剪后，树木养分集中在留下的芽和枝上，可使树叶茂盛。短剪有轻剪、中剪、重剪、极重剪4种剪法。重剪，则促使萌发强壮的枝条；轻剪，则萌发出来的枝条弱。所以强枝要轻剪，弱枝要重剪，以调整树势，如图6-2所示。

1) 轻剪：剪去枝条的顶梢，也可剪去顶大芽，促进产生更多的中短枝和形发枝。
2) 中剪：剪到枝条的中部或中上部的上方，便顶端优势转移，刺激发枝。
3) 重剪：剪至枝条下部2/3～3/4处，适用于弱枝、老树、老弱枝的更新。
4) 极重剪：基本将枝条全部剪除，或留2～3个芽。

2. 疏剪

从枝条的基部将整个枝条全部剪除称为疏剪（疏删、删剪）。疏剪不会刺激母枝上的腋芽萌发，使分枝数减少，主要疏去内膛过密枝、苦老枝、病虫枝、衰老下垂枝、竞争枝、徒长枝、根蘖条等。疏大枝、强枝和多年生枝，会削弱伤口以上枝条的生长，有利于伤口以下枝条的生长。但疏剪枝条不宜过多，多了会减少树体总叶面积，削弱母树生长力，如图6-3所示。

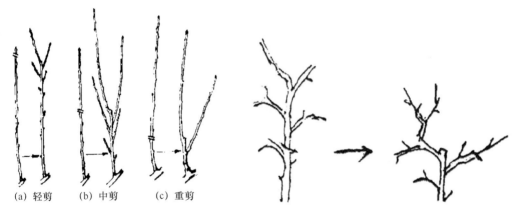

图6-2 枝梢的短剪反应　　　　图6-3 疏剪

3. 缩剪

短截多年生枝称缩剪（回缩修剪）。缩剪可降低顶端优势位置，改善光照条件，使多年生枝基部更新复壮。缩剪切口方向与切口下枝条伸展方向一致。

4. 摘心

为了使枝叶成长健全，在树枝成长前期用剪刀或者手摘去当年新梢的生长点，称为摘心（摘芽）。摘心一般在生长季节进行，摘心后可以刺激下面1～2芽发生二次生枝。早摘心枝条的腋芽多在立秋前后萌发成二次枝，从而加快幼树树冠的形成。一般二次枝以上不再进行摘心。

5. 除萌

将树木主干、主枝基部或大枝伤口附近长出的嫩枝剪掉，称为除萌。除萌能减少树木本身养分的消耗，有利于树冠通风透光，宜在早春进行。

6. 合理处理竞争枝

树体生长速度较快时，则削去竞争枝，以保持树势的平衡。两根较大的侧枝从母枝上同时发生且平行向前生长时，修剪去一根竞争枝条。对于多年生竞争枝（多见于放任管理的树木）处理，可把竞争枝回剪到下部侧枝处，使其减弱生长。一年生竞争枝的邻枝弱小，从基部一次剪除；下邻枝较强壮，可分两年剪去。若竞争枝长势较旺，原主枝弱小，若竞争枝的下邻枝又很强，则应分两年剪除原主枝头，使竞争枝当头。

7. 换头

将较弱的中央领导枝锯掉，促使树冠中下部的侧芽萌发形成丰满的树冠，此法称为换头法。此法可防止树冠中空，压低开花部位，改变树冠外貌。

8. 大枝剪截

为了使大树移栽的吸收和蒸发协调，老龄树恢复生产力，防治病虫害，防风雪危害，要进行大枝剪截，要求残留的分枝点向下部凸起，使伤口小，易愈合。大枝修剪后，会削弱伤口以上枝条的长势，增强伤口以下枝条的长势。可采用多疏枝的方法，取得削弱树势和缓和上强下弱树形的效果。

直径在 10cm 以内的大枝，可离主干 10～15cm 处锯掉，再将留下的锯口自上而下稍倾斜削正。锯直径 10cm 以上的大枝时，首先从下方离主干 10cm 处自下而上锯一个浅伤口，在离此伤口 5cm 处自上而下锯一个小伤口，然后在靠近树干处自上而下锯掉残桩（称为连三锯法，如图 6-4 所示）。这样可避免锯到半途时树枝因自身的重量而撕裂，从而造成伤口过大，不易愈合。为了避免伤口因雨水或细菌侵入而腐烂，锯后还应该用利刀将伤口修剪平整光滑，涂上消毒液或油性涂料。

9. 剪口及剪口处芽的处理

平剪口在侧芽的上方呈近似水平状态，在侧芽的对面做缓倾斜面，其上端高于芽 5cm。优点是剪口小，易愈合。

留桩平剪口在侧芽的上方呈近似水平状态，剪口至侧芽有一段残桩。优点是不影响侧芽的萌发和伸展，缺点是剪口很难愈合，第二年冬剪时，需要剪去残桩。

大斜剪口倾斜过急，伤口过大，水分蒸发多，剪口芽的养分供应受阻，抑制剪口芽生长，促进下面一个芽

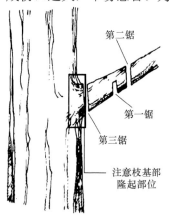

图 6-4 连三锯法

的生长。

大侧枝剪口采取平面容易凹进树干,影响愈合,故使切口稍凸成馒头形,利于愈合。剪口位置具体如图 6-5 所示。

(a) 剪切口离芽太远　　(b) 正确的剪切位置　　(c) 切口离芽太近

图 6-5　剪口位置

10. 无用枝修剪

在各个修剪的过程中,要注意剪去徒长枝、枯枝、萌生枝、萌蘖枝、轮生枝、内生枝、平行枝、直立枝等无用枝。

4.5.2　修剪的程序及安全措施

1. 园林树木修剪的程序

园林树木修剪的程序概括起来即"一知、二看、三剪、四拿、五处理、六保护"。
一知:参加修剪的全体员工,必须知道操作规程、技术规范及特殊要求。
二看:修剪前先绕树观察,对树木的修剪方法做到心中有数。
三剪:根据因地制宜、因树修剪的原则,做到合理修剪。
四拿:剪下来的枝条要及时拿掉、集体运走,保证环境整洁。
五处理:剪下的枝条要及时处理,防止病虫害蔓延。
六保护:疏除大枝、粗枝,要保护乔木。

2. 安全措施

1)操作时思想集中,不许打闹谈笑,上树前不许饮酒。
2)每个作业组,由有实践经验的工人担任安全质量检查员,负责安全、技术指导、质量检查及宣传工作。
3)上大树梯子必须牢靠,要立得稳,单面梯将上部横挡与树身捆住,人字梯中腰拴绳,角度开张适中。
4)上树后系好安全绳,将手锯绳套拴在手腕上。
5)五级以上(含五级)大风不可上树。
6)截除大枝要由有经验的工人指挥操作。

7）修剪公园及路旁的树，要有专人维护现场，树上树下互相配合，防止砸伤行人和损坏过往车辆。

8）有高血压和心脏病者，不准上树。

9）修剪工具要坚固、耐用，防止误伤和影响工作。

10）一棵树修完，不准从此树跳到另一棵树上，必须下树重上。

11）在高压线附近作业，要特别注意安全，避免触电，需要时请供电部门配合。

12）几个人同时在一棵树上修剪，要有专人指挥，注意协作，避免误伤同伴。

13）使用高车修剪，要检查车辆部件，要支放平稳，操作过程中有专人检查高车情况，有问题及时处理。

4.5.3　整形形式

整形分为自然式整形、人工式整形和自然与人工混合式整形。

1. 自然式整形

自然式整形是在树木本身特有的自然树形基础上，稍加人工调整与干预。所以树木生长良好、发育健壮，能充分发挥出该树种的观赏特性。

2. 人工式整形

1）几何形体式整形：这种整形方式采用的树种必须萌芽力与成枝力均很强，并耐修剪。

2）非规则式整形：非规则式整形又分为垣壁式和雕塑式。

① 垣壁式：在欧洲古典园林中经常可以见到此种整形方式，主要用于绿化墙面，常见的有U字形、叉形、肋骨形和扇形。首先要培养一个低矮的主干，在其干上左、右两侧呈对称或放射性配列主枝，并使枝头保持在同一平面上。

② 雕塑式：选择枝条茂密、柔软、枝叶细小而且耐修剪的树种，通过用铅丝、绳索等用具，以及蟠扎扭曲等手段，按照一定的物体造型，由其主枝、侧枝构成骨架，然后通过绳索的牵引将小枝紧紧抱合，或者直接按照仿造的物体进行细致的整形、修剪，从而整剪成各种雕塑形状。

3. 自然与人工混合式整形

这种整形方式在花木类中应用最多。修剪者根据树木的生物学特性及对生态条件的要求，将树木整形、修剪成与周围环境协调的树形，通常有自然杯状形、自然开心形、多主干形、多主枝形、有中干形等。

（1）无主干形

1）自然杯状形：此形是杯状形的改良树形，杯状形为"三股六叉十二枝"。

2）自然开心形：此种树形是自然杯状形的改良和发展，留的主枝大多数为3个，个别的植株也有2或4个的。主枝在主干上错落着生（不像杯状形那么严格）。此种整形方式比较容易，又符合树木的自然发育规律，生长势强，骨架牢固，立体开花。目前园林中干性弱、强阳性树种多采用此种整形方式。

3）多主干形和多主枝形：这两种整形方式基本相同，其区别是具有低矮主干的称为多主枝形；无主干的称为多主干形。目前海棠类多采用此种整形方式。

4）丛球形：此种整形方式颇似多主干形或多主枝形，只是主干极短或无，留枝较多，呈丛生状。该形多用在萌芽力强的灌木类，如黄刺玫、珍珠梅、贴梗海棠、厚皮香、红花继木等。

5）棚架形：这是藤本植物常用的整形方式。

（2）有主干形

1）分层形：在主干上分层配列主枝，层与层之间留有一定的层间距，每层的主枝最好临近，不要邻接。

2）疏散形：中心主干逐段合成，主枝分层，第一层3枝，第二层2枝，第三层1枝。此形主枝数目较少，每层排列不密，光线通透性较好，主要用于落叶花果树整形、修剪。

3）自然圆头形

在一明显的主干上，形成圆球形树冠，主要用于常绿阔叶树形的修剪。幼苗长至一定高度时短截，在剪口下选留4~5个强壮枝作为主枝培养，使其各相距一定距离，且各占一定方向，不使其交叉重叠生长。每年再短截这些长枝，继续扩大树冠，在适当距离上选留侧枝，以便充分利用空间。

4.6 园林中各种用途树木的修剪与整形

在园林绿化时，对任何一种树木，都要根据它的功能要求，将其修剪、整形成一定的形状，使之与周围环境相协调，更好地发挥其观赏效果。因此，修剪、整形是园林树木栽植及养护中经常性的工作之一，是调节树体结构、恢复树木生机、促进生长平衡的重要措施。

4.6.1 行道树的修剪与整形

行道树是城市绿化的骨架，它将城市中分散的绿地联系起来，能反映出城市的特有面貌和地方色彩。行道树一般为具有通直主干、树体高大的乔木树种，主干高度与形状最好能与周围的环境要求相适应，枝下一般高3m左右，在市区特别是重要行道的行道树，更要求它们的高度和分枝点基本一致，树冠要整齐，富有装饰性。栽植在道路两侧的行道树注意不要妨碍车辆的通行，公园内园路树或林荫路上的树木主干高度以不影响游人漫步为原则。

行道树除要求具有直立的主干以外，一般不做特别的选形，采用中干疏散型为好，有较强中干的行道树一般栽植在道路比较宽、上面没有高架线的道路上，中干不强或不明显的行道树一般栽植在街道比较窄或架有高压线的街道上。公园行道树与各类线路的关系处理一般采用3种措施：降低树冠高度，使线路在树冠的上方通过；修剪树冠的一侧，让线路能从其侧旁通过；修剪树冠内膛的枝干，使线路能从中间通过或使线路从树冠下通过。

行道树的基本主干和主枝在苗圃阶段就已养成，成形后不需要大量的修剪，而只要进行疏除病虫枝、衰老枝等就能够保持较理想的树形。

4.6.2 庭荫树的修剪与整形

庭荫树应具有庞大的树冠,树干定植后,尽早把1m以下的枝条全部剪除,以后再逐年疏掉树冠下部的分生侧枝。庭荫树的枝下高以3m左右为好,树冠大小及树高比例以冠高比2/3以上为宜。庭荫树的整形大多采用自然形,以培养健康、挺拔的树木姿态,条件许可的,可将过密枝、伤残枝、病枯枝及扰乱属性的枝条疏除。

4.6.3 灌木(或小乔木)的修剪与整形

对于观花类树木,修剪时必须考虑其开花习性、着花部位及花芽的性质。

1)早春开花树种:如连翘、迎春、榆叶梅、碧桃等先花后叶的树种,在前一年的枝条上形成花芽,第二年春天开花,修剪时以休眠期为主,修剪方法以截、疏为主,结合其他方法。具有顶生花芽的树木如玉兰、黄刺玫等,在休眠期修剪,决不能对着生花芽的枝条进行短截;而具有腋花芽的种类如榆叶梅、桃花等,根据需要可以对着生花芽的枝条进行短截;对具有混合芽的枝条修剪,应注意剪口芽不能留花芽。

2)夏秋开花树种:如珍珠梅、木槿、紫薇等,花芽在当年春天发出的新梢上形成,修剪应在休眠期进行,主要以短截和疏剪相结合,但不能在开花前进行重短截,因为花芽大部分着生在枝条的上部和顶端,有的花后还应去残花,使花期延长。对于一年开两次花的灌木,更应在花后将残花及其下方的2~3芽剪除,促使新枝萌发和二次开花。

对于观果类树木,如金银木、平枝荀子等,其修剪时间及方法与早春开花的种类基本相同。生长期要注意疏除过密枝,以利于通风透光,减少病虫害,有利于果实着色,提高观赏效果。在夏季,采用环剥、缚溢或疏花、疏果等技术措施,以增加果实的数量和质量。

对于观枝类树木,如红瑞木、鲫堂等,为了延长各季观赏期,多在早春芽萌动前进行修剪,以利于冬季充分发挥观赏作用。由于这类树木的嫩枝最鲜艳,观赏价值高,因此,年年需要重剪,以促发更多的新枝,同时要逐步去掉老冠以促进树冠更新。

对于观型类树木,如龙爪槐、垂枝桃、垂枝梅等,修剪方法根据种类的不同而不同。例如,对于龙爪槐、垂枝桃、垂枝梅,短截时不留下芽,而留上芽,以诱发壮枝;而对于合欢树,成形后只进行常规疏剪,通常不再进行短截修剪。

对于观叶类树木,以自然整形为主,一般只进行常规修剪,不要求进行细致的修剪和特殊的选形,主要观其自然美。对于苗木形状,要遵从因枝修剪、随树做形的原则,逐年分批进行修剪与更新。对于抽生萌生枝强的种类,可以齐地面全部剪除,令其重新发枝。

4.6.4 绿篱的修剪与整形

绿篱又称直篱、生篱,是由萌芽、成枝力、强耐修剪的树种密植而成,根据绿篱的高度不同,可分为矮绿篱(50cm左右)、中绿篱(100cm左右)和高绿篱(200~300cm)。

修剪时期绿篱定植后,最好任其自然生长一年,以免因修剪过早而妨碍地下根系的生长。从第二年开始,再按照所确定的绿篱高度进行短截,修剪时期要依照苗木大小,分别截苗高的1/3~1/2,然后在生长期内对所有新梢进行2~3次修剪,这样可降低分枝高度、多发分枝，提早郁闭。

常见的绿篱整形方式有自然式和规则式两种。

1）自然式绿篱。这种类型的绿篱一般不进行专门的整形，在栽培的过程中仅做一般修剪，剔除老、枯、病虫枝。自然式绿篱多用于高篱或绿墙。一些小乔木在密植的情况下，如果不进行规则式修剪，常长成自然式绿篱。因为栽植密度较大，侧枝相互拥挤、相互控制生长，不会过分杂乱无章，但应选择生长较慢、萌芽力弱的树种。

2）规则式绿篱。这种类型的绿篱是通过修剪，将篱体整成各种几何体或装饰形体。为了保证绿篱应有的高度和平整而匀称的外形，应经常将突出轮廓线的新梢整平剪齐，并对两面的侧枝进行适当的修剪，以防分枝侧向伸展太远，影响行人来往或妨碍其他花木的生长。修剪时最好不要使篱体上大下小，否则不但会给人以头重脚轻的感觉，还会造成下部枝叶的枯死和脱落。

绿篱的更新是指通过强度修剪来更新绿篱大部分树冠的过程，一般需要3年。第一年，首先疏除过多的老干。因为绿篱经过多年的生长，内部萌生了许多主干，加之每年短截新枝而促生许多小枝，从而造成整个绿篱内部整体通风透光不良，主枝下部的叶片枯萎脱落，因此，必须根据合理的密度要求，疏除过多的老主干以使内部具备良好的通风透光条件。然后，短截主干上的枝条，并对保留下来的主干逐个回剪，保留高度一般为30cm；对主干下部所保留的侧枝，先疏除过密枝再回剪，通常每枝留10～15cm长度即可。常绿树的更新修剪时间以5月下旬至6月底为宜，落叶树宜在休眠期进行，剪后要加强肥水管理和病虫害防治工作。第二年，对新生枝条进行多次轻短截，促发分枝。第三年，再将顶部剪至略低于所需要的高度，以后每年进行重复修剪。

对于萌芽能力较强的树种，可采用平茬的方法进行更新，仅保留一段很矮的主干，平茬后的植株可在1～2年中形成绿篱的雏形，3年后恢复成形。

4.6.5　藤本类的修剪与整形

藤本类的整形方式有以下几种。

1）棚架式。卷须类及缠绕类藤本植物多用这种方式。整形时，应在近地面处重剪，使其发生数条强壮主蔓，然后将主蔓垂直引至棚架顶部，使侧蔓在架上均匀分布，可很快形成荫棚。在华北、东北各地，对于不耐寒的树种，如葡萄，需每年下架，将病弱衰老枝剪除，均匀地选留结果母枝，经盘卷扎缚后埋于土中，翌年再去土上架；至于耐寒树种，如紫藤等，则不必下架埋土防寒，除隔数年将病老枝或过密枝疏剪外，一般不必年年修剪。

2）凉廊式。这种方式常用于卷须类及缠绕类植物，亦偶尔用于吸附类植物。因凉廊有侧方阁架，所以主蔓勿过早引至廊顶，否则侧面容易空虚。

3）篱垣式。这种方式多用于卷须类及缠绕类植物，将侧蔓水平引缚，每年对侧枝短截，形成整齐的篱垣形式。

4）附壁式。这种形式多用于吸附类植物，如地锦、凌霄、常春藤、扶芳藤等。方法很简单，只需将藤蔓引于墙面即可，自行依靠吸盘或吸附根逐渐布满墙面。修剪时主要采用短截以及回剪以促发分枝，防止基部空虚，同时要进行常规疏剪。

5）直立式。这种形式主要用于茎蔓粗壮的树种，如紫藤等。主要方法是对主蔓进行多次短截,将主蔓培养成直立的主干,从而形成直立的多干式的灌木丛。此整形方式如用在河岸边、山石旁、园路边、草坪上,均可收到良好的观赏效果。

技能训练 16 常见园林树木修剪与整形

一、训练目的

通过实训任务,掌握行道树、花灌木及植篱修剪的基本方法和技术要求,掌握常用园艺机械的使用方法。要求了解园林树木修剪与整形的原则,根据园林树木特点掌握园林树木修剪与整形的方法和措施、整形与修剪过程中的注意事项等。

二、材料用具

校园绿地中的园林树木,修枝剪、绿篱剪、手锯等。

三、方法步骤

1. 常用修剪方法

(1) 休眠期的修剪

1) 截干:对干茎或粗大的组织、骨干枝进行截断的措施。

2) 疏剪:将枝梢从基部疏除,可以减少分枝,改善树冠内光照,削弱整体和母枝的生长势。

3) 剪截:仅将枝条剪去一部分而保留基部几个芽,根据程度分为短剪和长剪。

(2) 生长期的修剪

1) 摘心和剪梢:剪掉或摘除新梢先端,可以增加养分积累,削弱顶端优势,促进分枝。

2) 除芽和除萌:除掉已萌动双芽和剪除无用的徒长枝、砧蘖,以节约养分及改善光照条件。

3) 摘叶、疏花、疏果:摘叶即摘掉遮光叶、老叶及病虫果等,有利于提高产品质量。

4) 屈枝:使枝条弯曲,改变枝梢生长方向,合理利用空间,改变枝条生长势。

(3) 在生长期和休眠期均可施行的修剪措施

1) 扭枝(梢)和拿枝(梢):扭枝(梢)是将旺梢向下扭曲或将其基部旋转扭伤,即扭伤木质部和皮层;拿枝(梢)就是用手对旺梢自基部到顶部捋一捋,伤及木质部,响而不脆。

2) 环剥和刻伤:将枝干的韧皮部剥去一环。它可以中断韧皮部的运输系统,抑制营养生长,促进生殖生长;刻伤即在芽的上方用刀横切,深达木质部,以促进芽的萌发。

3) 断根:将植物的根系在一定范围内全部切断或部分切断的措施。

2. 修剪步骤

1) 仔细观察园林树木的形状、疏密度,是否有病枝。

2）根据其形状和修剪后想要达到的效果，确定修剪方法。
3）如有病枝，将病枝剪除，再根据疏密度，将过密的枝条剪除。
4）疏除树木旺枝和未处理的竞争枝，疏剪长果枝，留中短枝结果。
5）根据树木的造型进行疏剪，将其过长的枝条剪除。

四、分析与讨论

可选取某一类园林树木的修剪与整形方法及主要形式进行分析讨论，并注明修剪与整形过程中的注意事项。

五、训练作业

1）进行行道树（香樟、栾树）的修剪。
2）进行绿篱（红花继木、红叶石楠、大叶黄杨）的修剪。

知识拓展

常见树种的修剪与整形

1. 香樟的修剪与整形

香樟属常绿大乔木，树冠为椭圆形。一年生的播种苗要进行一次剪根移植，以促进侧根生长，提高大树移植时的成活率。要将顶芽下生长超过主枝的侧枝疏剪4~6个，剥去顶芽附近的侧芽，以保证顶芽的优势。如侧枝强、主枝弱，也可去主留侧，以侧代主，并剪去新主枝的竞争枝，修去主干上的重叠枝，保持2~3个为主枝，使其上下错落分布，从下而上渐短。在生长季节，要短截主枝、延长枝附近的竞争枝，以保证主枝的顶端优势。定植后，要注意修剪冠内轮生枝，尽量使上下两层枝条互相错落分布。粗大的主枝可回剪，以利于扩大树冠（图6-6）。

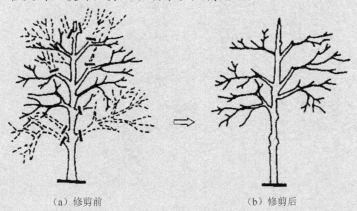

（a）修剪前　　　　（b）修剪后

图6-6　香樟的修剪

2. 悬铃木的修剪与整形

悬铃木为落叶大乔木，合轴分枝，树冠为圆球形；发枝快，分枝多，再生能力强，是良好的行道树和庭荫树种。悬铃木幼树时，保留一定高度，截去主梢而定干，并在其上部选留 3 个不同方向的枝条进行短截，剪口下留侧方芽。在生长期内，及时剥芽，保证大枝的旺盛生长。冬季可在每个主枝中选两个侧枝短截，以形成 6 个小枝。夏季摘心控制生长。来年冬季在 6 个小枝上各选两个枝条短剪，则形成"三主六枝十二叉"的分枝造型。以后每年冬季可剪去主枝的 1/3，保留弱小枝为辅养枝；剪去过密的侧枝，使其交互着生侧枝，但长度不应超过主枝；对强枝要及时回剪，以防止树冠过大、叶幕层过稀；及时剪除病虫枝、交叉枝、重叠枝、直立枝。大树形成后，每两年修剪一次，可避免污染（图 6-7）。

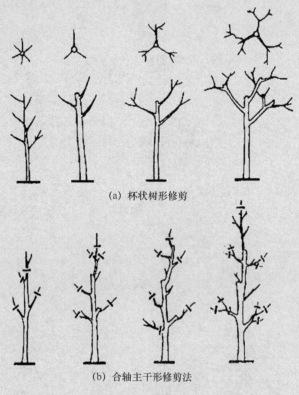

(a) 杯状树形修剪

(b) 合轴主干形修剪法

图 6-7 悬铃木修剪

3. 梅花的修剪与整形

梅花的修剪与整形是促进梅花多开花和保持树形的重要措施。由于梅花是在春季抽的当年生枝条上形成花芽，翌春开花，因此每年花后一周内，对枝条进行轻短剪，促发较多的侧枝，使其第二年多开花。梅花的树形以疏为美，不过分强调分枝的方向与距离，应修剪成自然开心形，枝条分布均匀，略显稀疏为好。冬季将病虫枝、枯枝、弱枝、徒长枝、交叉枝和密生枝疏剪去，使树冠通风透光。梅花修剪宜轻，过重会导致徒长，影响第二年开花（图 6-8）。

梅花应年年修剪，若多年不修剪，则会使梅株满树梅钉（刺状枝），长势衰弱、早衰，开花很少或者不开花。老枝或老树应在适当部位回剪，刺激休眠芽萌发，进行更新和复壮。但重剪之后，必须结合及时的肥水管理和精心养护，才能使其尽快

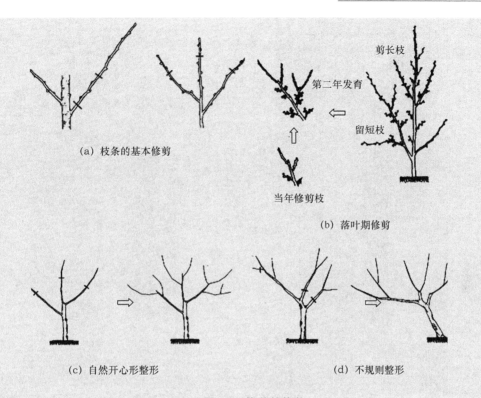

图 6-8 梅花的修剪

恢复长势，继续开花。修剪垂枝梅类时，剪口芽应选留外芽或侧芽，切不可留向内生长的内芽，否则长出的枝条向里拱垂，会搅乱树形。例如，对于枝条扭曲的龙游梅类，若发现有直立性的枝条，则应当剪去。

4. 月季的修剪与整形

月季因形式不同，其修剪与整形方法也不尽相同，如图 6-9 所示。

1）灌木状月季的修剪与整形。当幼苗的新芽伸展到 4～6 片叶时，及时剪去梢头，积聚养分于枝干内，促进根系发达，使当年形成 2～3 个新分枝。冬季剪去残花，多留腋芽，以利于早春多发新枝。主干上部枝条长势较强，可多留；下部枝条长势弱，可少留芽。夏季花后，扩展性品种应留里芽，直立性品种应留外芽。在第 2 片叶上面剪花，保留其芽，再抽新枝。来年冬，灌木型姿态初步形成。重剪上年连续开花的一年生枝条，更新老枝。注意使侧枝的各个方向相互交错，富有立体感。由于冬剪的刺激，春季会产生根蘖枝。如果根蘖枝从砧木上长出应及时剪去；如果在接穗上部长成扦插苗，则可填补空间，更新老枝，复壮效果明显。剪除干枯枝、病虫枝、细弱枝。

2）树状月季的修剪与整形。主干高 80～100cm 时，摘心，在主干上端剪口下依次选留 3～4 个腋芽，做主枝培养，除去干上其他腋芽。主枝长到 10～15cm 时即摘心，使腋芽分化，产生新枝。在生长期内对主枝进行摘心，促使主枝萌发二级枝，到秋季即可形成丰满的树干。生长期，花后要及时剪除残花、干枯枝、徒长枝、过密枝，强枝轻剪，弱枝重剪。

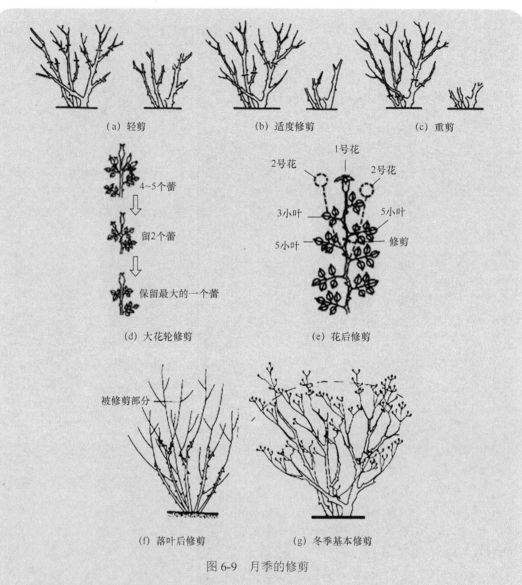

图 6-9 月季的修剪

3) 藤本月季的修剪与整形。因为要使月季生长在固定的篱架或棚架范围内，故应根据架的高矮确定主干的高度。主干确定后，对月季进行摘心，促使腋芽抽生新枝。当新枝长 20cm 时再摘心，使其萌发更多的分枝以尽早布满架子。生长期修剪同前两种。

5. 圆柏的修剪与整形

圆柏用于观赏时，不必进行修剪或少修剪，如下部枝条凋枯严重，可剪去下部侧枝，露出主干；用作绿篱栽培时，可单行，株距 30~40cm，成活后注意浇水，翌春于一定高度定干，将顶梢截去，每年于春季或节日前修剪 1~2 次，即可保持篱体的紧密与整齐（图 6-10）。圆柏耐修剪，枝条细软易造型，也可修剪成塔形、球形或通过盘扎，进行艺术造型而成狮、虎、鹤等形状。圆柏的变种龙柏、蜀桧生长中常有侧枝顶梢生长特快者，会扰乱树形，可进行摘心，令其均衡发育以维持优美树形。

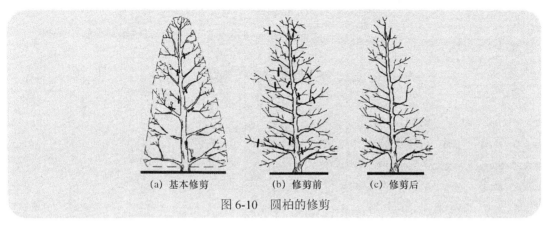

(a) 基本修剪　　(b) 修剪前　　(c) 修剪后

图 6-10　圆柏的修剪

归纳总结

本项目主要介绍园林树木的日常养护技术、病虫害防治技术、古树和名木的养护技术及园林树木修剪与整形技术等基本内容，养护管理、病虫害防治、古树、名木、整形与修剪等基本概念，园林树木养护管理的主要工序，园林树木的土壤管理、水分管理、营养管理、病虫害防治、古树名木养护、整形修剪技术等基本技能；着重阐述了园林树木栽植前的土壤改良与栽植后的土壤日常管理工作、树木对水分的需求及水分管理、园林树木的施肥依据及注意事项，病虫害防治与综合治理的技术要求，古树更新复壮的方法及关键措施，园林中各种用途树木的整形修剪、园林树木整形修剪技术与程序等技术措施，重点是园林树木日常养护的操作技术和管理能力。

思考题

简答题

1）有利于园林树木生长的土体构造及土壤的物理性质应该是怎么样的？
2）试述园林树木的土壤改良和管理的关键措施。
3）简述园林树木的水分管理的意义及灌水方法。
4）试述园林树木的施肥依据。
5）简述园林树木施肥的类型、方法及注意事项。
6）试述园林树木病虫害防治的措施与原则。
7）简述保护古树名木的意义。
8）古树衰老死亡的原因有哪些？
9）简述古树名木的养护管理的关键措施。
10）常见的园林树木修剪技法有哪些？
11）简述园林树木整形修剪的目的与原则。
12）如何确定园林树木整形修剪的时期？为什么？
13）园林树木整形修剪程序及安全措施有哪些？

主要参考文献

鲍平秋. 2010. 园林植物的生态类群与应用 [M]. 北京：科学出版社.

陈俊愉，程绪珂. 1990. 中国花经 [M]. 上海：上海文化出版社.

陈有民. 2011. 园林树木学 [M]. 2版. 北京：中国林业出版社.

郭成源. 2006. 园林设计树种手册 [M]. 北京：中国建筑工业出版社.

江世红. 2007. 园林植物病虫害防治 [M]. 重庆：重庆大学出版社.

李庆卫. 2011. 园林树木整形修剪学 [M]. 北京：中国林业出版社.

毛龙生. 2003. 观赏树木学 [M]. 南京：东南大学出版社.

南京林业学校. 1999. 园林树木学 [M]. 北京：中国林业出版社.

潘利，姚军. 2011. 园林植物识别与应用 [M]. 北京：北京大学出版社.

潘文明. 2001. 观赏树木 [M]. 北京：中国农业出版社.

齐海鹰. 2007. 园林植物栽培 [M]. 北京：机械工业出版社.

邱国金. 2011. 园林乔木 [M]. 南京：江苏教育出版社.

佘远国. 2007. 园林植物栽培与养护管理 [M]. 北京：机械工业出版社.

石宝锌. 2001. 园林树木栽培学 [M]. 北京：中国建筑工业出版社.

田如男，祝遵凌. 2009. 园林树木栽培学 [M]. 南京：东南大学出版社.

吴泽民. 2012. 园林树木栽培学 [M]. 2版. 北京：中国农业出版社.

徐晔春，吴棣飞. 2010. 观赏乔木 [M]. 北京：中国电力出版社.

张天麟. 2010. 园林树木1600种 [M]. 北京：中国建筑工业出版社.

张秀英. 2005. 园林树木栽培养护学 [M]. 北京：高等教育出版社.

周兴元. 2011. 园林植物栽培 [M]. 北京：中国林业出版社.

祝遵凌. 2007. 园林树木栽培学 [M]. 北京：中国林业出版社.

卓丽环. 2006. 园林树木 [M]. 北京：高等教育出版社.